高等学校规划教材

结 构 力 学

张代理　　　　主编

林 彦 孔 敏 主审

中国建筑工业出版社

图书在版编目（CIP）数据

结构力学/张代理主编. —北京：中国建筑工业出版
社，2011.6
高等学校规划教材
ISBN 978-7-112-13309-3

Ⅰ.①结… Ⅱ.①张… Ⅲ.①结构力学-高等学校-教
材 Ⅳ.①O342

中国版本图书馆 CIP 数据核字（2011）第 114882 号

　　本书是作为土木及相关专业本、专科教材而编写的。为更好地适应高等职业教育、自学、成人教育等多方需求，在内容的阐述和取材方面，强调理论联系实际，在重视力学概念和理论知识的同时，掌握对工程实际问题的简化思路，在保证必需的基础理论的前提下，理论证明和公式推导上适当从简，充分体现培养应用型人才的特点。本书主要内容有几何组成分析、静定结构内力分析、静定结构位移计算、静定梁的影响线、力法、位移法、力矩分配法、矩阵位移法、结构动力计算基础等，在编写中力求简单易懂、循序渐进，各章中围绕重点、难点编写了较多的例题、思考题、习题。编写中还突出解决问题的方法、步骤，结合编者在教学中的经验，指出学习中应注意的问题。

　　本书主要作为成人普通高校本科工程造价、工程管理专业教材，也可作为高职院校、自学辅导或相关专业人员参考学习之用。

＊　　＊　　＊

责任编辑：朱首明　田立平
责任设计：张　虹
责任校对：陈晶晶　王雪竹

高等学校规划教材
结　构　力　学
张代理　　　　主编
林　彦　孔　敏　主审

＊

中国建筑工业出版社出版、发行（北京西郊百万庄）
各地新华书店、建筑书店经销
北京红光制版公司制版
北京建筑工业印刷厂印刷

＊

开本：787×1092毫米　1/16　印张：13$\frac{1}{2}$　字数：328千字
2011年8月第一版　　2016年6月第四次印刷
定价：**26.00**元
ISBN 978-7-112-13309-3
(20818)

前　言

本书是根据教育部力学指导委员会非力学专业力学基础课程指导分委员会的《结构力学课程教学基本要求》和住房和城乡建设部《关于普通高等学校房屋建筑工程专业教育的培养目标、毕业生基本要求和培养方案、教学基本要求通知》的精神，针对普通高等院校、高等职业教育及成人教育本、专科土木工程类各专业的培养规格和要求编写的。

为较好的体现能力教育的特点和需要，本书在内容的阐述和取材方面，着重强调理论联系实际，为综合解决工程实际问题打好基础，重视力学概念和理论知识的应用，在保证必需的基础理论的前提下，理论证明和公式推导上适当从简，充分体现培养应用型人才的特点。在写法上力求简单易懂，循序渐进，在各章中精编了较多的例题、思考题、习题，突出了各章的重点、难点和学习中应注意的问题。

本书由山东建筑大学张代理主编，林彦、孔敏主审、于蕾、刘磊、山东城市建设职业学校李元美参编。具体编写分工为：第1章、第9章、第10章由张代理编写，第3章、第8章由林彦编写，第4章、第7章由孔敏编写，第6章由于蕾编写，第2章由刘磊编写，第5章由李元美编写。山东建筑大学赵玉星教授、张晓杰教授审阅了全稿，并提出宝贵意见，编者表示衷心感谢。

由于编写时间仓促，编者水平有限，书中难免有疏漏和错误，恳请使用该书的师生提出宝贵意见。

目　　录

第1章 绪 论

在建筑物、构筑物中承受荷载起骨架作用的构件或构件体系称为结构。例如房屋中的梁、柱基础、屋架等构件，以及由其组成的体系都是结构。

从几何尺度上讲，结构通常分为三类：①杆件结构即由杆件或若干根杆件联结组成。杆件的几何特征是长度方向尺寸较其他两向尺寸大的多。②板壳结构又称薄壁结构。它的几何特征是厚度较其他两向尺寸小得多。③实体结构其几何特征是三个方向尺寸大致相仿。

本课程研究的对象就是杆件结构，因此也可称为杆件结构力学。

结构力学是建筑、道路、桥梁、水利以及地下工程等专业重要的专业基础课，是三大力学重要的一环，在各门课程学习中起着承上启下的作用。

结构力学的任务包括以下几个方面：

(1) 结构的组成规律、受力特征、合理形式以及结构计算简图的合理选择。

(2) 结构内力与变形的计算方法。

(3) 结构的稳定性以及在动力荷载作用下的结构动力反应。

(4) 移动荷载作用下结构的支座反力和内力的变化规律。

结构力学的计算方法很多，但所有方法都要使用三个基本条件，即力系平衡条件、变形连续条件和物理条件（物理方程或本构方程）。

1.1 结构的计算简图

1.1.1 计算简图的简化原则

实际工程中的结构是非常复杂的，完全按照结构的实际工作状态进行力学分析计算是十分困难的，也是不必要的。因此，对结构进行力学分析计算之前，必须对实际结构进行简化，即用简化了的力学模型代替实际结构，我们把这种简化了的力学模型称为结构的计算简图。对结构的力学分析计算就是在计算简图上进行的。计算简图的选择尤为重要，选择不当，计算结果就不能反映结构的实际工作状态，产生误差，甚至造成工程事故。因此，我们应格外重视计算简图的选择。

计算简图的简化原则是：

(1) 从实际出发，能够正确反映实际结构的主要受力和变形情况，使计算结果接近实际情况。

(2) 分清主次，保留主要因素，略去次要因素，使计算简图便于计算。

1.1.2 计算简图的简化内容

计算简图的简化通常包含下述几方面的简化。

1. 平面简化

平面杆件结构指构成结构的所有杆件及荷载都在同一平面内。实际工程结构，一般都是空间结构。但大多结构通常在某平面内的杆系主要承担该平面内的荷载，于是可以把它看成该平面内的结构，一个空间结构可分解为几个平面结构分别进行计算。这种简化称为结构的平面简化。

2. 杆件的简化

在计算简图中，结构的杆件总可用其纵向轴线代替。如梁、柱等纵轴线为直线的杆件，就用纵轴线（直线）代替杆件；而曲杆、拱等构件的纵轴线为曲线，则用相应的曲线（纵轴曲线）代替杆件。杆件的长度则用杆件两端各杆件轴线交点之间的距离来表示。

3. 节点的简化

结构中杆件的相互连接处称为节点，根据实际构造，节点的计算简图分为两种基本类型，即铰节点和刚节点。

铰节点的特征是节点上所连接的各杆端不能相对移动，但可以绕铰产生相对自由转动。在铰节点处只能承受和传递力，而不能承受和传递力矩。图1-1是常见木制屋架、钢制房间网架等的节点形式，它们对杆件间角度的约束很弱，一般都简化为铰节点。铰节点简图如图1-1所示。

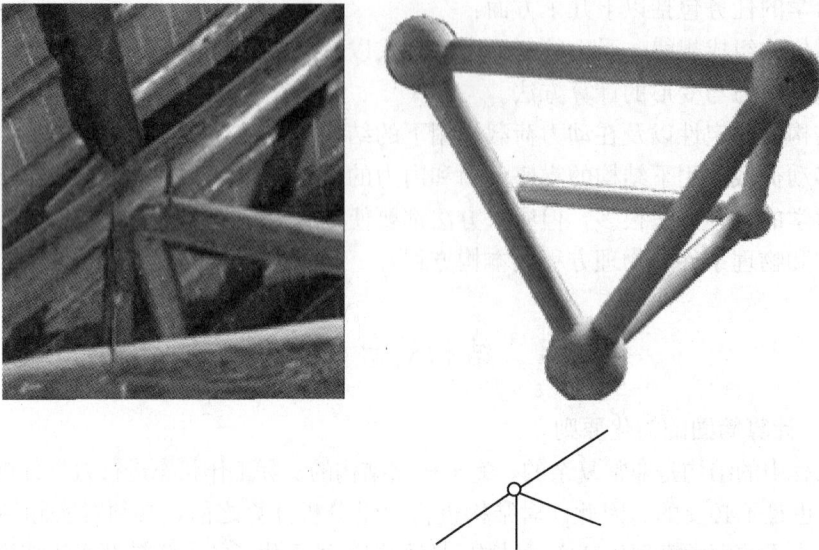

图 1-1 铰节点

刚节点的特征是节点上所连接的各杆端之间不能相对移动，也不能有相对转动。在刚节点处不但能承受和传递力，而且能够承受和传递力矩。常见的钢筋混凝土现浇的梁柱节点一般都简化为刚节点。图1-2为框架梁、柱节点构造图和刚节点的简化图。

组合节点指同一节点不同杆件间分别具有刚节点和铰节点的特征，如图1-3所示。

4. 支座的简化

结构与基础的连接部分称为支座。支座的作用是把结构固定于基础上，同时结构所受的荷载，通过支座传给基础。支座对结构的反作用力称为支座反力。根据支座的实际构造和约束特点，支座通常简化为固定铰支座、可动铰支座和固定支座三种基本类型。

（1）固定铰支座

固定铰支座的机动特征是结构可以绕铰的中心转动，但其水平和竖向移动受限制。因此其计算简图如图 1-4 所示。由于固定铰支座上述的机动特征，所以其受力特征为（若受荷载作用时）固定铰支座有水平支座反力 F_{xA} 和竖向支座反力 Y_{yA}，且通过铰的中心。

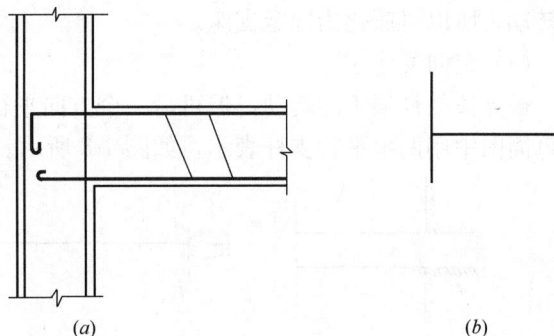

图 1-2　刚节点

实际工程中，一预制钢筋混凝土柱，插入杯形基础内，杯口与柱子之间空隙处用沥青麻丝填充，柱子可以有微小的转动，但不能在竖直方向和水平方向移动，所以可以简化为一个固定铰支座，如图 1-5 所示。

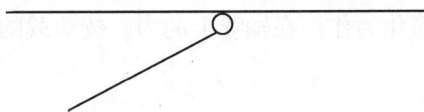

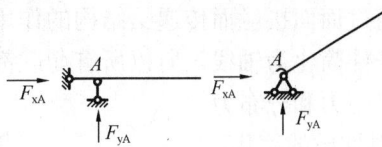

图 1-3　组合节点简图　　　　　图 1-4　固定铰支座计算简图

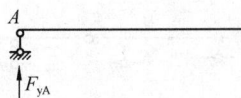

（2）可动铰支座

可动铰支座的机动特征是结构可以绕铰的中心转动，并容许结构铰沿支承面方向作微小移动，但不允许沿垂直承载面方向移动。因此，其计算简图如图 1-6 所示。由于可动铰支座的上述机动特征，所以其相应的受力特征为（若受荷载作用时）可动铰支座只有垂直于支承面方向的约束力（支座反力）F_{yA}。

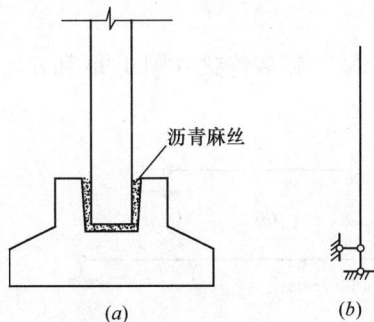

图 1-5　固定铰支座例　　　　　图 1-6　可动铰支座计算简图

（3）固定支座

固定支座的机动特征是结构不能绕支座端转动，不能沿水平和竖直方向移动。因此，其计算简图如图 1-7 所示。由于固定支座的上述机动特征，所以其相应的受力特征为（若受荷载作用时）固定支座有约束转动的力偶 M_A，有约束水平方向移动的反力 F_{xA}，还有约束竖向移动的反力 F_{yA}。

实际工程中挑梁（悬臂梁），因梁端牢固插入基础（支撑部分）内，梁端不能有移动和转动，所以可简化为固定支座。

（4）定向支座

被支撑的杆端不能转动，但可沿一个方向平行滑动，能提供反力矩和一个支反力。在计算简图中用两根平行支杆表示，如图 1-8 所示。

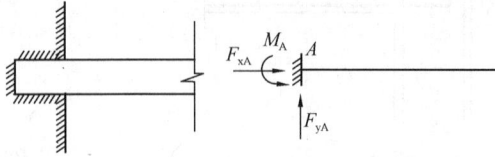

图 1-7 固定支座计算简图   图 1-8 定向支座计算简图

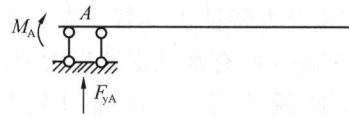

5. 荷载的简化

结构承受的荷载可分为体积力和面积力。体积力指结构的自重或惯性力等；面积力指其他物体通过面面接触而传递给结构的作用力，如建筑附属物、设备、土、车辆等的压力等。因为杆件简化为轴线，所以所有荷载都简化为作用在轴线上的力。按荷载的分布情况可简化为集中力和分布力。

6. 材料性质的简化

在结构计算中，为了简化，对材料性质一般都假设为连续、均匀、各向同性的、完全弹性或弹塑性的。

1.2 杆件结构的分类

杆件结构的分类，实际就是计算简图的分类。

杆件结构通常可分为下列几类：

1. 梁

梁是一种受弯构件，可分为单跨梁（图 1-9a 和 b）和多跨梁（图 1-9c 和 d）。梁具有构造简单、易于施工等特点，应用广泛。

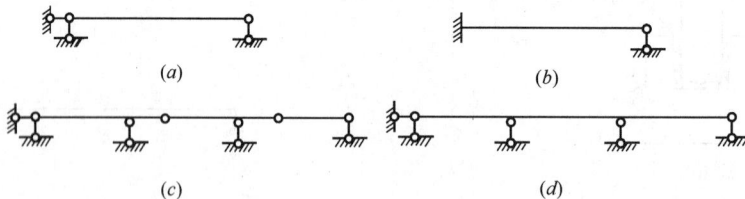

(a)   (b)

(c)   (d)

图 1-9 梁的计算简图

2. 拱

拱的轴线为曲线，在竖向荷载作用下有水平推力 H（图 1-10）。水平推力的存在，改变了拱的受力特征，主要以轴向压力为主。拱的应用在中国具有悠久的历史，有很好的力学性能，但构造稍复杂，对基础要求较高。

3. 桁架

桁架由直杆组成，杆与杆之间的节点为铰节点。当荷载仅作用于节点（即节点荷载）

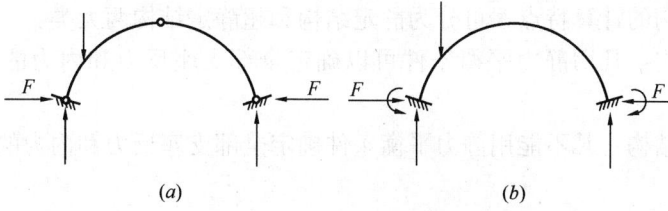

图 1-10 拱的计算简图
(a) 三铰拱；(b) 无铰拱

时，各杆只承受轴力作用（图 1-11）。桁架具有很好的力学性能，可以实现大跨度的结构体系，形式也非常丰富，但占用空间较大。

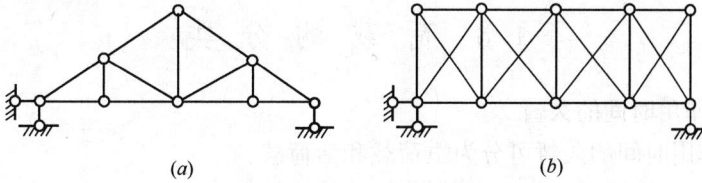

图 1-11 桁架的计算简图
(a) 三角形桁架；(b) 平行弦桁架

4. 刚架

刚架通常由若干直杆组成，杆件间的节点多为刚节点。如图 1-12 所示，杆件内力一般有弯矩、剪力和轴力，以弯矩为主。刚架内力分布较为合理，节省空间，但对节点构造、杆件刚度的比例等要求较高。

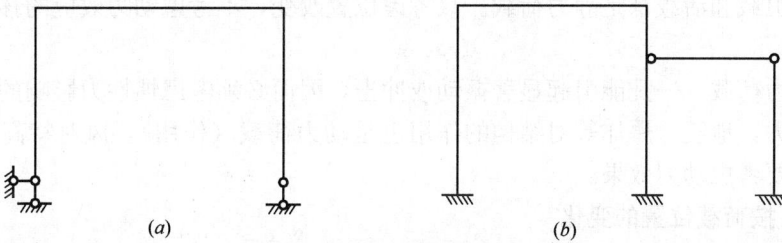

图 1-12 刚架的计算简图
(a) 简支刚架；(b) 有附属部分的刚架

5. 组合结构

组合结构是由桁架杆件和梁式杆件组合而成的结构，如图 1-13 所示。

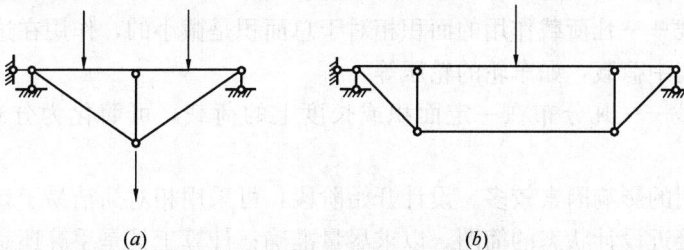

图 1-13 组合结构的计算简图

根据杆件结构的计算特点，可分为静定结构和超静定结构两大类：

（1）静定结构：凡用静力平衡条件可以确定全部支座反力和内力的结构，称为静定结构。

（2）超静定结构：凡不能用静力平衡条件确定全部支座反力和内力的结构，称为超静定结构。

根据杆件和荷载在空间的位置，结构可分为平面结构和空间结构。

（1）平面结构：各杆件的轴线和荷载都在同一平面内，称为平面结构。

（2）空间结构：各杆件的轴线和荷载不在同一平面内，或各杆件的轴线在同一平面内，但荷载不在该平面内时，称为空间结构。

1.3 荷载的分类

1.3.1 按作用时间的久暂

荷载按其作用时间的久暂可分为恒荷载和活荷载。

（1）恒荷载（简称恒载）——长期作用于结构上的不变荷载，如结构的自重，固定于结构上的设备的重量等。这种荷载的大小、方向和作用位置是不变的。

（2）活荷载（简称活载）又称可变荷载——暂时作用于结构上的荷载，如吊车荷载、结构上的人群、风、雪等荷载。

1.3.2 按荷载作用的性质

荷载根据其作用的性质可分为静力荷载和动力荷载。

（1）静力荷载——凡缓慢地施加，不引起结构的振动，因而可忽略惯性力影响的荷载。常见的恒载和活载都是静力荷载。只考虑位置改变，不考虑动力效应的移动荷载，也是静力荷载。

（2）动力荷载——凡能引起显著振动或冲击，因而必须考虑惯性力影响的荷载。如打夯机的冲击力，地震、爆炸等对结构的作用也是动力荷载（作用），风对特高、特大结构的作用也需要考虑动力效果。

1.3.3 按荷载位置的变化

荷载按其位置的变化可分为固定荷载和移动荷载。

（1）固定荷载——凡荷载的作用位置固定不变的荷载，如风、雪、结构自重等。

（2）移动荷载——凡可以在结构上自由移动的荷载，如吊车、汽车、火车等的轮压。

1.3.4 按荷载作用的范围

荷载按作用的范围可分为集中荷载和分布荷载。

（1）集中荷载——凡荷载作用的面积相对于总面积是微小的，作用在这个面积上的荷载，可以简化为集中荷载，如车轮的轮压等。

（2）分布荷载——凡分布在一定面积或长度上的荷载，可简化为分布荷载，如风，雪，结构自重等。

结构计算简图的影响因素较多。设计开始阶段，可采用相对简洁易于计算的简图，而最后要采用尽量接近设计状态的简图，以求尽量准确；计算工具是手算还是电算、问题的性质是静力还是动力等也是影响计算简图选择的因素；而结构在其施工过程、或用途改变时，计算简图都可能产生要素的改变。所以，结构计算简图的简化，是结构力学非常重要的环节，需要具体问题具体分析，达到既便于分析计算又尽量反映实际状态的目的。

思 考 题

1. 什么是结构的计算简图？计算简图的简化原则是什么？
2. 计算简图的简化内容有哪些？分别如何简化？
3. 杆件可以分为哪几类？
4. 作用于结构上的荷载如何分类？

第 2 章 平面体系的几何组成分析

2.1 概 述

2.1.1 几何不变体系和几何可变体系

杆系结构是由杆件相互连接而组成用来支承荷载的。为了能够支承荷载，结构的几何形状必须是不能改变的。

在荷载作用下，结构中的杆件有由于材料应变产生的弹性变形，它使结构的几何形状产生微小的变化。但在分析杆件体系的形状时，不考虑这种微小弹性应变引起的形状变化，即将杆件看成是没有弹性变形的刚体（平面刚体，称为刚片）。讨论平面体系的几何组成分析时，杆件都看成刚片。

由杆件组成的体系可以分为两类：

（1）几何不变体系：在不考虑材料的应变条件下，几何形状和位置保持不变的体系称几何不变体系，如图 2-1 所示。

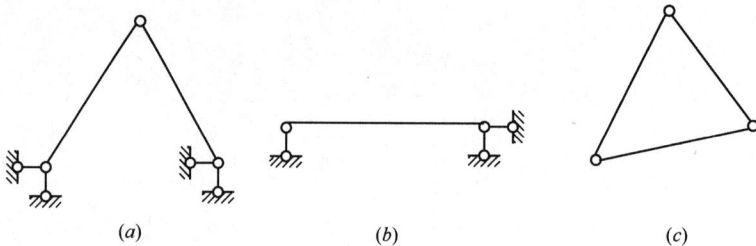

(a)　　　　　　　(b)　　　　　　　(c)

图 2-1 几何不变体系

（2）几何可变体系：在不考虑材料的应变条件下，几何形状和位置可以改变的体系称几何可变体系，如图 2-2 所示。

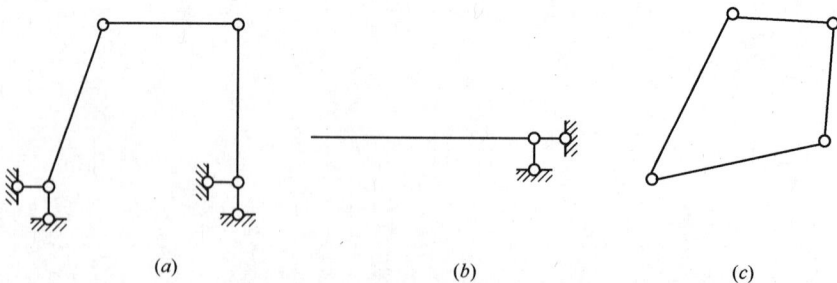

(a)　　　　　　　(b)　　　　　　　(c)

图 2-2 几何可变体系

与几何不变和几何可变体系相应的还有内部几何不变和内部几何可变体系两种情况。图 2-1 (c) 所示铰接三角形，虽然其位置在平面内是可以改变的（可以整体移动和转动），但铰接三角形的形状是不能改变的，称为内部几何不变体系，简称内部不变。图 2-2（c）所示铰接四边形，不仅其位置在平面内是可以改变的，四边形的形状也是可以改变的，称为内部几何可变体系，简称内部可变。

2.1.2 几何组成分析的目的

结构必须是几何不变体系，因此对体系必须进行几何组成分析。对体系进行几何组成分析可达如下目的：

（1）判断体系是否几何不变，从而决定体系是否可以用作结构。

（2）根据体系的几何组成，以确定结构是静定的还是超静定的，从而选择反力与内力的计算方法。

（3）通过几何组成分析，明确结构的构成特点，从而确定结构受力分析的顺序。

2.2 自由度和约束的概念

2.2.1 自由度

确定体系位置所必须的独立坐标的个数，称自由度。自由度也可以说是一个体系运动时，可以独立改变其位置的坐标个数。

1. 一个点的自由度

如图 2-3（a）所示，平面内一点，其所在平面的位置可由其直角坐标 x、y 确定，即确定 A 点位置所必须的独立坐标的个数有两个（x、y），因此，点 A 在平面内有两个自由度。上述点 A 的自由度也可以通过运动的观点分析：平面内一点 A（x、y）运动至 A'（$x+\Delta x$，$y+\Delta y$），可以分解为两种独立的运动，即沿水平方向移动 Δx，又沿垂直方向移动 Δy，因此，独立改变其位置的坐标有两个，因而有两个自由度。

2. 一个刚片的自由度

如图 2-3（b）所示，平面内一刚片，在平面内除了可以沿水平方向和垂直方向移动外，还可以自由转动。它的位置通常是用其上任一点 A 的坐标 x、y 和通过 A 的任一直线 AB 的倾角 α 三个坐标确定。所以，一个刚片在平面内有三个自由度。

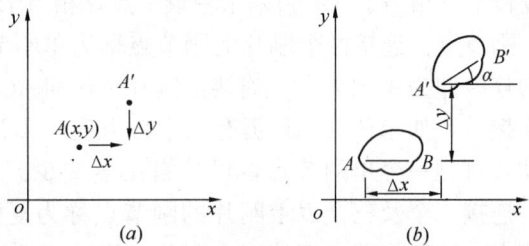

图 2-3 点和刚片的自由度

2.2.2 约束

能使体系减少自由度的装置称为约束。减少一个自由度的装置称为一个约束，减少 n 个自由度的装置，就相当于 n 个约束。约束可分为以下几种：

可动铰支座（链杆）：如图 2-4（a）所示可动铰支座（也可看成是连接两个刚片的单链杆），能限制 A 点在垂直方向移动，但不能限制其水平方向移动和绕 A 点的转动，减少了一个自由度，相当于一个约束。

固定铰支座：如图 2-4（b）所示固定铰支座，限制了刚片 A 点在水平方向和竖直方向的移动，但不能限制其绕 A 点的转动，减少了两个自由度，有两个约束，相当于两个

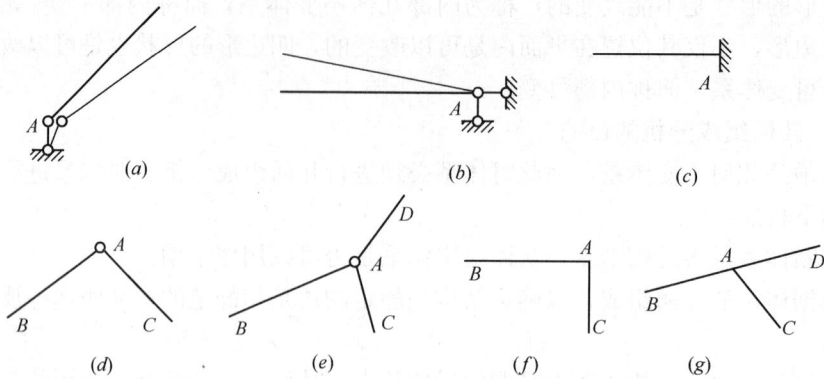

图 2-4 约束

单链杆的作用。

固定端支座：如图 2-4（c）所示固定端支座，限制了刚片在水平、竖直方向的移动和转动，减少了三个自由度，相当于三个约束。

铰节点：凡连接两个刚片的铰节点称单铰节点。如图 2-4（d）所示，AB、AC 两个刚片通过铰节点 A 连接起来。连接前 AB 和 AC 各有三个自由度，共六个自由度。连接后，AB 用三个坐标锁定后，再用一个坐标就可以锁定 AC，所以连接后有四个自由度。可见，一个单铰节点可使自由度减少两个，也就是说一个单铰节点相当于两个约束。连接三个及三个以上刚片的铰节点称为复铰节点。如图 2-4（e）所示，AB、AC、AD 用复铰节点 A 相连，可以看作 AB 与 AC 用单铰节点 A 相连，然后再与 AD 用单铰节点 A 相连，相当于两个单铰节点，体系的自由度减少了四个，相当于四个约束。同理，连接 n 个刚片的复铰节点相当于（n−1）个单铰节点，相当于 2（n−1）个约束。

刚节点：连接两个刚片的刚节点称为单刚节点，如图 2-4（f）所示，AB 和 AC 之间的连接即为单刚节点。连接前刚片 AB 和 AC 各有三个自由度，共计六个自由度。刚片连接后，如果认为 AB 仍有三个自由度，AC 则既不能上、下和左、右移动，亦不能转动，可见一个单刚节点，可使自由度减少三个。因此，一个单刚节点相当于三个约束。连接三个及三个以上刚片的刚节点称为复刚节点。如图 2-4（g）所示即为一个复刚节点。该复刚节点连接三个刚片 AB、AC、AD，相当于两个单刚节点，相当于六个约束。同理，连接 n 个刚片的复刚节点，相当于（n−1）个单刚节点，相当于 3（n−1）个约束。

2.2.3 多余约束

如果在体系中增加或减少约束，而体系的自由度数不变，则此约束称为多余约束。如

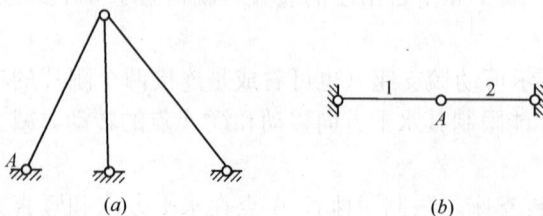

图 2-5 多余约束

图 2-5（a）中的点 A 不能自由移动，在减去任意一个链杆后，仍保持不动，减去的链杆就是多余约束。再如图 2-5（b）中的点 A，链杆 1 约束了它的水平移动，增加链杆 2 没有限制它的竖向移动，所以是多余约束。

10

2.3 几何不变体系的简单组成规则

无多余约束的几何不变平面杆件体系的基本组成规则有三个，分述如下：

2.3.1 规则一：二元体规则（一个点与一个刚片的连接规则）

平面内一个点有两个自由度，如图 2-6 所示，一个刚片与一个点 A，用一根链杆 AB 相连，A 点只能绕着 B 点以 AB 为半径转动，减少了一个自由度，若 A 点与刚片之间再加一根与 AB 不在一条直线上的链杆，又减少了一个自由度，A 点相对于刚片的两个自由度完全被约束。A 点与刚片则构成了内部不变且无多余约束的体系。

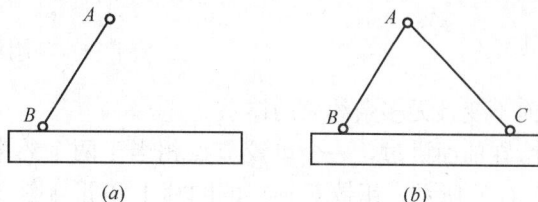

图 2-6 二元体规则

由此，可得下述规则：

规则一：一个点与一个刚片用两根不共线的链杆相连，组成内部几何不变且无多余约束的体系。

我们把两个不共线的链杆连接一个新节点的装置称为二元体，这样，规则一也可以这样叙述：在一个刚片上，增加一个二元体，仍为几何不变且无多余约束的体系。由此，我们还可以推知：在一个体系中，增加或撤去一个或若干个二元体，不会改变原体系的几何组成性质。

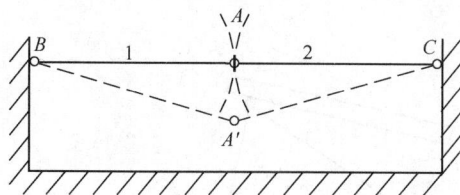

图 2-7 二元体两链杆不共线的原理图

在上述规则一的叙述中，为什么要强调组成二元体的两个链杆应不共线呢？图 2-7 中两链杆在一条直线上，链杆 1 和链杆 2 都是水平的，都能限制 A 点的水平位移，限制 A 的水平位移有多余约束，而 A 点在竖向则没有约束，A 点可沿竖向移动，体系是可变的。另外，从几何关系方面亦可说明组成二元体的两链杆应不共线，图 2-7 中，作为 BA 杆上的 A 点可沿以 B 为圆心，BA 为半径的圆弧运动；而作为 CA 杆上的 A 点可沿以 C 为圆心，以 CA 为半径的圆弧运动；因 BA 和 CA 在一条直线上，两圆弧在 A 点有一公切线，因此，A 点会发生一微小的竖向位移；但当 A 发生一个微小的位移到 A' 时，$A'B$ 和 $A'C$ 就不在一条直线上了，A' 点的位移不再继续发生改变。这种瞬时发生微小位移，经微小位移后不再运动的可变体系称为瞬变体系。瞬变体系的位移虽然很小，但如有一定荷载作用时，引起的杆件内力非常大，对结构受力极为不利，因此，瞬变体系不允许用作结构。

2.3.2 规则二：两刚片规则

平面内 AB 和 BC 两个刚片如只用一个铰 B 相连，则 AB 仍然可以绕 B 转动，如图 2-8（a）所示；如在不通过 B 铰处加一链杆 AC，如图 2-8（b）所示，则刚片 AB 的自由度被约束。构成内部几何不变且无多余约束的体系。

由此，可得下述规则：

规则二：二个刚片用一个铰和一链杆相连，且链杆及其延长线不通过该铰，构成内部

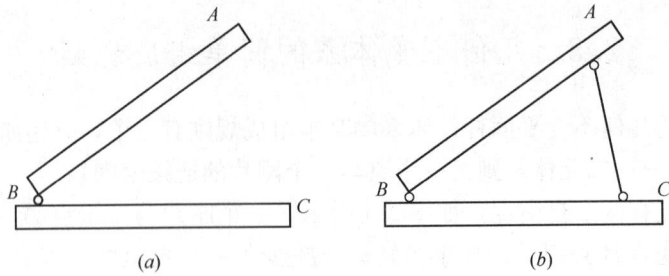

图 2-8 两刚片规则

几何不变且无多余约束的体系。

在前面讲过,一个单铰节点相当于两个约束,即相当于两根链杆。这就是说,如图 2-9（*a*）所示,用铰 *C* 连接的刚片 Ⅰ 和 Ⅱ 与图 2-9（*b*）所示用两根链杆 *AC*、*BC* 连接两刚片效果一样,两链杆的交点 *C* 称为实铰。对于图 2-9（*c*）所示刚片 Ⅰ 和 Ⅱ 用两根链杆 *AD*、*BE* 相连。如果把刚片 Ⅱ 看成固定不动的基础,那么,刚片 Ⅰ 的 *A*、*B* 两点只能分别沿所在链杆的垂直方向运动。以 *C* 表示两链杆延长线的交点,则刚片 Ⅰ 可以作以 *C* 点为转动中心的转动。*C* 点称为瞬时转动中心。刚片 Ⅰ、Ⅱ 可以看成是在点 *C* 处用铰相连接,也就是说,两根链杆所起的约束作用,相当于在链杆延长线交点处的一个铰所起的约束作用,这个铰称为虚铰。应当注意的是,当刚片作微小运动后,相应的虚铰位置将随之改变,例如图 2-9（*c*）中由 *C* 改变到 *C'*。图 2-9（*d*）两刚片 Ⅰ、Ⅱ 用两根平行链杆 *AC* 和 *BD* 相连,其虚铰 *C* 将在无穷远处。

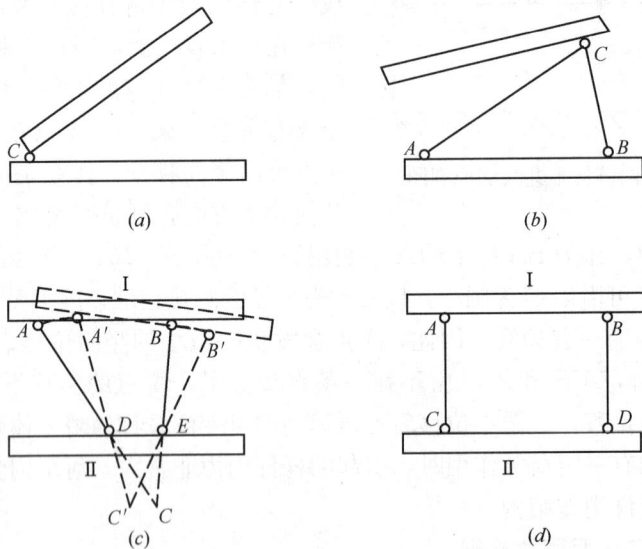

图 2-9 铰与虚铰

根据以上论述,我们可以把规则二中的那个铰换成两个链杆。因此,规则二（两刚片规则）还可表述为:两刚片用三根链杆相连,三根链杆不全平行也不全交于一点,则组成内部几何不变且无多余约束的体系。如图 2-10（*a*）所示。

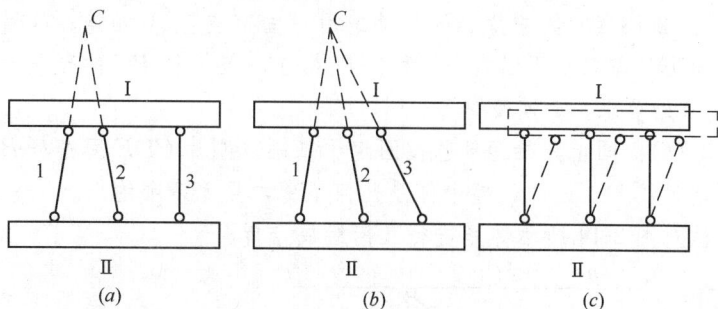

图 2-10　两刚片用三根链杆相连

图 2-10（*b*）为用全相交于一点 *C* 的三根链杆连接刚片Ⅰ、Ⅱ，这时刚片Ⅱ可绕虚铰 *C* 转动，是几何可变体系。图 2-10（*c*）为三链杆全平行情况，三链杆相交于无穷远的虚铰处，这时刚片Ⅰ相对于刚片Ⅱ可作相对平移，也是几何可变体系。

2.3.3　规则三：三刚片规则

从规则一出发，将组成二元体的不在一直线上的两根链杆看成刚片，则规则一即为规则三。

规则三：三刚片用三个不共线的铰两两相连，组成内部几何不变且无多余约束的体系，这种几何不变体系称铰接三角形。如图 2-11 所示。

上述三个规律虽然表达方式不同，但实际上可归纳为一个基本规律：三个铰不共线的铰接三角形是无多余约束的几何不变体系。而两根链杆的约束作用相当于一个瞬铰的约束作用，因此，铰接三角形规律中的每一个铰，都可以用两根链杆替换。

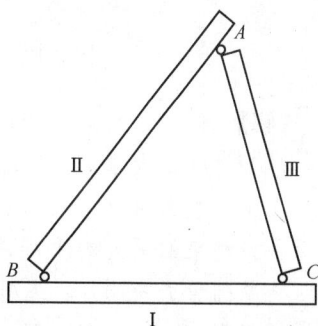

图 2-11　铰接三角形

可见，无多余约束的几何不变体系的组成规律并不复杂，关键是准确定义体系中的刚片和约束，对于这些基本规律，如果能在熟练掌握的基础上灵活运用，就能方便地对各类体系的构成进行分析。

2.4　几何组成分析举例

【例 2-1】　试对图 2-12 所示体系进行几何组成分析。

【解】　将基础视为一刚片，从基础刚片上的不动点 *A*、*E* 出发，用不在一直线的两链杆 1 和 2 固定点 *C*（即二元体 1，2 固定 *C* 点）。在此基础上依次增加二元体（3，4）、（5，6）、（7，8）、（9，10）、（11，12）、（13，14）分别固定 *B*、*D*、*G*、*F*、*H*、*I*。上述每个二元体的二根链杆均不共线，因此整个体系是几何不变体系，且无多余约束。

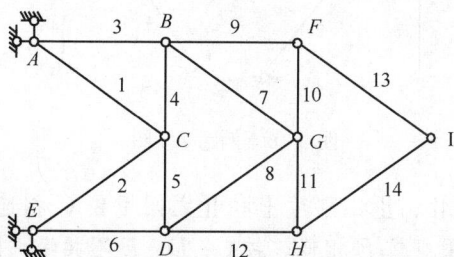

图 2-12　例题 2-1 图

【例 2-2】　试对图 2-13 所示体系进行几何组成分析。

【解】 (1) 图 2-13（a）：刚片 AB 与基础用一固定支座 A 相连，B 看成是固定于基础上的点。刚片 CDE 与基础用链杆 BC 和铰 D 相连，但链杆 BC 的延长线通过铰 D，不满足规则二对约束的要求，为瞬变体系。

(2) 图 2-13（b）：同上分析 AB 已被固定于基础。刚片 CDE 用链杆 BC 与铰 D 和基础相连，BC 不通过铰 D，因此，整个体系几何不变，且无多余约束。

【例 2-3】 试对图 2-14 所示体系进行几何组成分析。

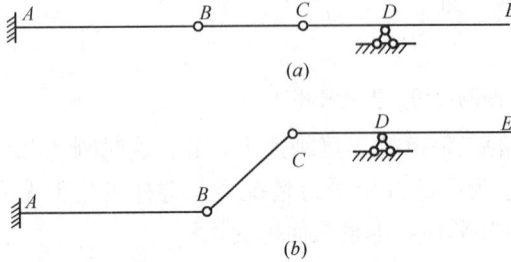

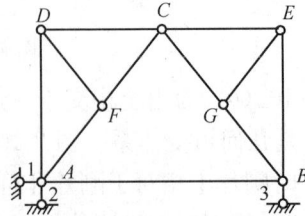

图 2-13　例题 2-2 图 　　　　　　　　图 2-14　例题 2-3 图

【解】 铰接三角形 AFD 是一刚片，在刚片 AFD 基础上，增加一个二元体，固定点 C，设 AFCD 是大刚片，同理可设 BGCE 是大刚片。

AFCD 和 BGCE 两个大刚片用铰 C 和链杆 AB 相连，且链杆 AB 不通过铰 C，组成一个无多余约束的更大的刚片 AFCDBGCE。

将基础看成一刚片，基础刚片与刚片 AFCDBGCE 通过不全相交于一点也不全平行的三根链杆 1、2、3 相连，组成几何不变且无多余约束的体系。

因此，整个体系几何不变，且无多余约束。

【例 2-4】 试对图 2-15 所示体系进行几何组成分析。

【解】 体系本身用固定铰支座 A 和不通过 A 的链杆 6 相连，符合两刚片规则，可拆除支座链杆，只分析上部体系本身即可。将 AB 看成刚片 I，在刚片 I 上增加二元体（1，2）、（3，4）分别固定点 C、D，则链杆 5 是多余约束。因此，整个体系是几何不变的，但有一个多余约束。

【例 2-5】 试对图 2-16 所示体系进行几何组成分析。

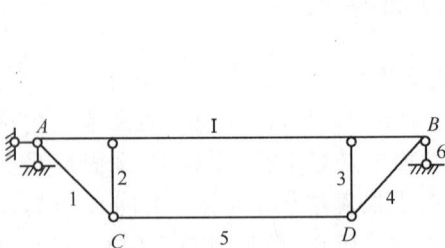

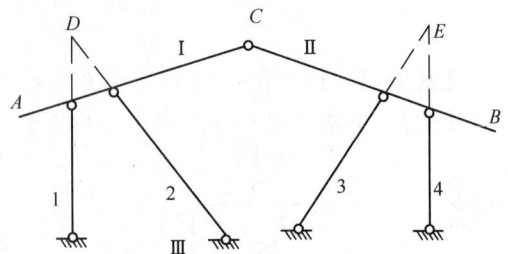

图 2-15　例题 2-4 图 　　　　　　　　图 2-16　例题 2-5 图

【解】 将 AC、BC 和基础分别看成刚片 I、II、III，刚片 I 和 II 之间用铰 C 相连，刚片 I 和 III 之间用虚铰 D 相连，同理 II、III 之间用虚铰 E 相连。铰 C、D、E 不共线，因此，体系几何不变，且无多余约束。

【例 2-6】 试对图 2-17 所示体系进行几何组成分析。

【解】 *CDE* 看成刚片Ⅰ，*AC* 和 *BD* 是折杆，其对两端的约束作用与直杆相同，即看成链杆 1 和 2，*A* 点和 *B* 点均为固定铰支座，连接刚片Ⅰ和Ⅱ的三根链杆 1、2、3 全相交于一点，因此，体系是瞬变体系。

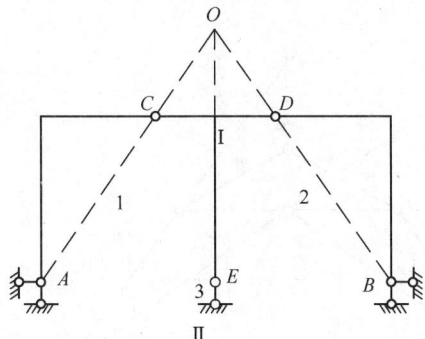

图 2-17　例题 2-6 图

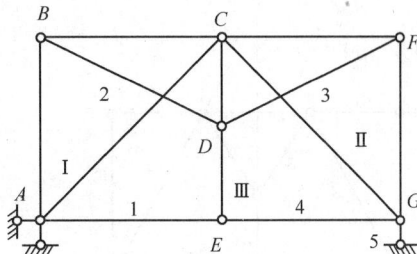

图 2-18　例题 2-7 图

【例 2-7】 试对图 2-18 所示链杆体系进行几何组成分析（*AC* 与 *BD*、*CG* 与 *DF* 交叉处未相结）。

【解】 体系本身与基础用固定铰支座 *A* 和不通过 *A* 的链杆 5 相连，符合两刚片规则，可拆除支座链杆，只分析体系本身即可。将铰接三角形 *ABC*，*CFG* 及杆件 *DE* 分别看成刚片Ⅰ、Ⅱ、Ⅲ。刚片Ⅰ、Ⅱ之间通过铰 *C* 相连；刚片Ⅰ、Ⅲ之间通过链杆 1、2 组成的虚铰相连；刚片Ⅱ、Ⅲ之间通过链杆 3、4 组成的虚铰相连。Ⅰ、Ⅱ、Ⅲ刚片之间的联结符合三刚片规则。因此，整个体系几何不变且无多余约束。

【例 2-8】 试对图 2-19 所示链杆体系进行几何组成分析（*AC* 与 *BE*、*CF* 与 *DE* 交叉处未相结）

【解】 依次剥除二元体（1，2）、（3，4）、（5，6）不影响整个体系的几何组成，现对剥除二元体剩余的部分进行几何组成分析。

将铰接三角形 *ABC*、链杆 *DE* 和基础分别看成刚片Ⅰ、Ⅱ、Ⅲ，刚片Ⅰ、Ⅱ之间通过链杆 9 和链杆 10 形成的虚铰 *B* 相连；刚片Ⅰ、Ⅲ之间通过链杆 7 和链杆 8 形成的虚铰 *F* 相连；刚片Ⅱ、Ⅲ通过链杆 11 和链杆 12 形成的虚铰（在无穷远处）相连。三刚片通

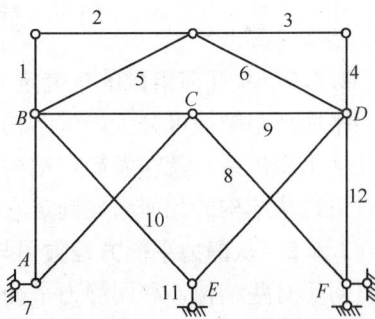

图 2-19　例题 2-8 图

过不在一条直线上的三个铰两两相联（三刚片规则）形成几何不变体系，且无多余约束。因此，整个体系几何不变，且无多余约束。

【例 2-9】 试对图 2-20 所示体系进行几何组成分析。

【解】 剥除二元体（13，15）不影响整个体系的几何组成，现对剥除二元体剩余的部分进行几何组成分析。

铰接三角形（4，5，6）与地基用三根不全平行也不全相交于一点的链杆相连，组成几何不变体系且无多余约束，看成刚片Ⅰ，将铰接三角形（7，8，9）看成刚片Ⅱ，将链

杆 12 看成刚片Ⅲ。刚片Ⅰ、Ⅱ之间通过铰 A 相联，刚片Ⅱ、Ⅲ通过链杆 10、14 延长线交点的虚铰 B 相联，刚片Ⅰ、Ⅲ通过链杆 11、16 在 C 点处形成的虚铰相联，且铰 A、虚铰 B、C 点处虚铰不在同一直线上，所以，组成几何不变体系且无多余约束。因此，整个体系是几何不变体系，且无多余约束。

【例 2-10】 试对图 2-21 所示体系进行几何组成分析。

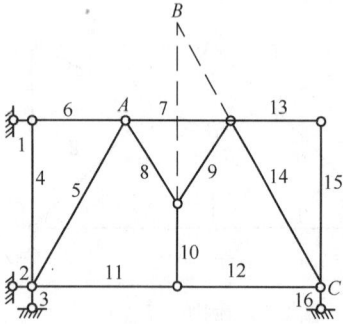

图 2-20　例题 2-9 图　　　　　　　　图 2-21　例题 2-10 图

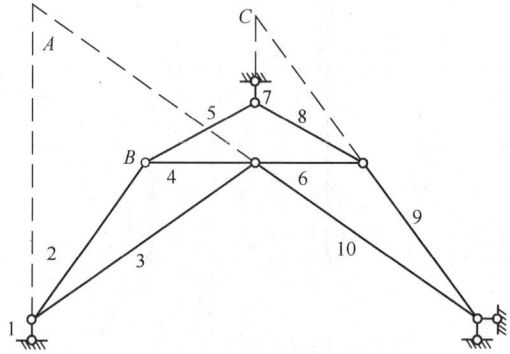

【解】　将铰接三角形（2，3，4）看成刚片Ⅰ，链杆 8 看成刚片Ⅱ，地基看成刚片Ⅲ。刚片Ⅰ、Ⅱ通过链杆 5、6 在 B 点处形成的虚铰相联；刚片Ⅱ、Ⅲ通过链杆 7、9 延长线交点虚铰 C 相联；刚片Ⅰ、Ⅲ通过链杆 1、10 延长线交点虚铰 A 相联；且 B 点处虚铰、虚铰 C 虚铰 A 不在同一直线上，因此，整个体系为几何不变体系，且无多余约束。

2.5　静定结构和超静定结构

2.5.1　从几何组成的角度定义静定结构和超静定结构

平面杆系结构可分为静定结构和超静定结构。从几何组成的角度来看，没有多余约束的几何不变体系，就叫做静定结构；有多余约束的几何不变体系，就叫做超静定结构。因此，可以从结构的几何组成判定它是静定结构还是超静定结构。

2.5.2　从静力平衡方程数目与结构反力数目的对比关系定义静定结构和超静定结构

对于有些结构，利用静力平衡方程就能求出其全部反力，然后就可以进一步确定结构中任一截面的内力，换句话说，也就是对结构所能够列的平衡方程数大于或等于其反力数目，这种结构就叫做静定结构；如果仅利用平衡方程不能求出其全部反力和内力，换句话说，也就是对结构所能够列的平衡方程数小于其反力数目，这种结构就叫做超静定结构。

图 2-22 (a) 所示简支梁，三根支座链杆对梁有三个支座反力。取梁 AB 为脱离体，可以建立三个相应的静力平衡条件方程 $\Sigma X = 0$，$\Sigma Y = 0$，$\Sigma M = 0$，以确定三个支座反力，并进一步由截面法确定任一截面的内力。因此，简支梁是静定的。

图 2-22 (b) 所示的连续梁，四个支座链杆有四个约束反力。但取梁 ACB 为脱离体所建立的静力平衡方程只有三个。显然，三个方程解不出四个未知数，即只由静力平衡方程无法求出其全部支座反力，也就无法进一步计算杆件的内力。因此，连续梁是超静定结构。

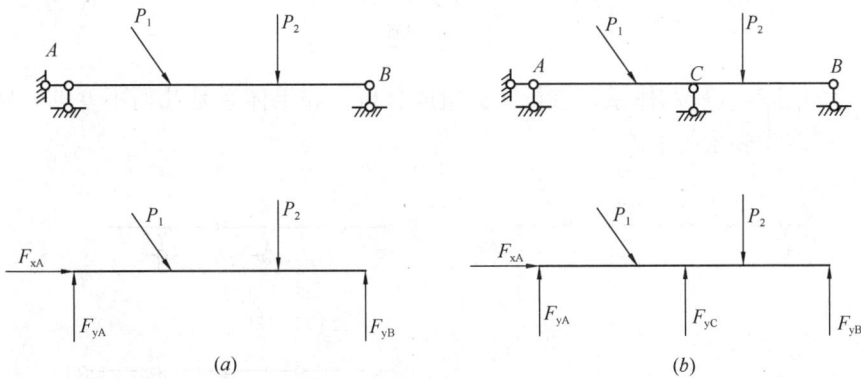

图 2-22　静定结构和超静定结构

小　结

1. 几何组成分析的目的：判定体系是否几何不变，从而决定体系是否可以用做结构；根据体系的几何组成，以确定结构是静定的还是超静定的，从而选择反力与内力的计算方法；通过几何组成分析，明确结构的构成特点，从而确定结构受力分析的次序。

2. 几何不变无多余约束体系的简单组成规则

规则一：一个点与一个刚片用两根不共线的链杆相连，组成内部几何不变且无多余约束的体系；

规则二：二个刚片用一个铰和一链杆相连，且链杆及其延长线不通过该铰，或者二个刚片用三根不全平行也不全相交于一点的链杆相连，构成内部几何不变且无多余约束的体系；

规则三：三个刚片用不共线的三个铰两两相连，组成内部几何不变且无多余约束的体系，这种几何不变体系称铰接三角形。

以上三个规则的实质是三角形规则，即三角形边长一定，其几何图形是唯一确定的。了解这三个规则并不难，重要的是能够熟练地去运用它来分析各种复杂的杆件体系。这是本章的重点，初学者的困难是难于下手，为此，进行一定量的练习是必要的。

3. 静定结构与超静定结构

几何不变，无多余约束——静定结构；

几何不变，有多余约束——超静定结构；

几何可变——不能用做结构。

思　考　题

1. 什么是几何可变体系？什么是几何不变体系？

2. 为什么要对结构进行几何组成分析？

3. 什么是自由度？什么是约束？通常约束有哪几种？

4. 试述几何组成分析的三个规则？

5. 什么是静定结构？什么是超静定结构？它们有什么共同点？其根本区别是什么？

1. 试对如图 2-23 所示体系，进行几何组成分析，如果体系是几何不变的，确定有无多余约束，有多少多余约束。

(a)

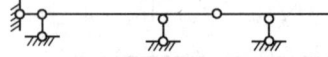

(b)

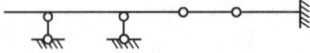

(c)

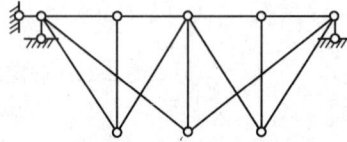

(d)

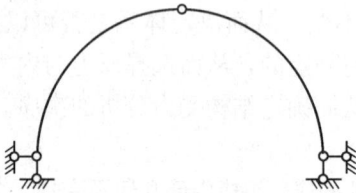

(e)

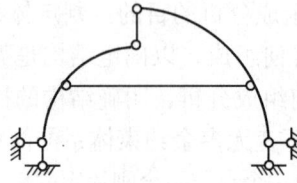

(f)

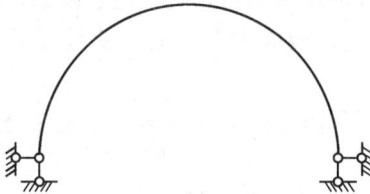

(g)

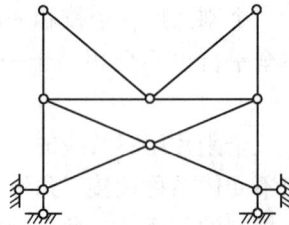

(h)

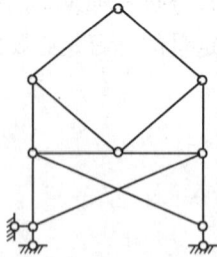

(i)

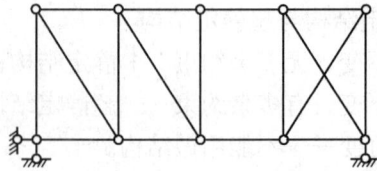

(j)

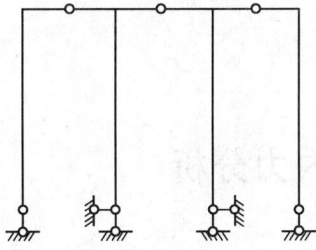

(k)

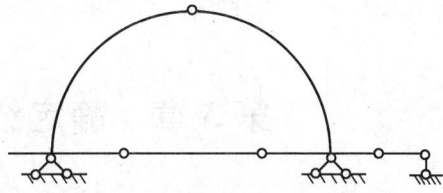

(l)

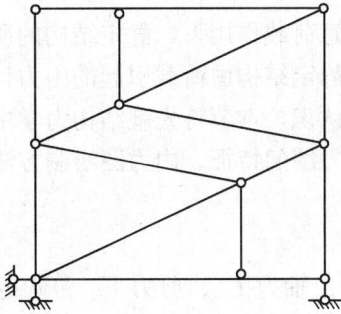

(m)

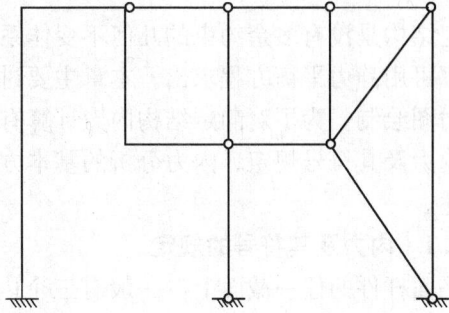

(n)

图 2-23　习题 1 图

第3章 静定结构的内力分析

3.1 静定结构内力计算概述

静定结构是没有多余约束的几何不变体系，在任意荷载作用下，静定结构的所有反力和内力都可用静力平衡方程求出。本章主要讨论各类静定结构由荷载引起的内力计算和相应的内力图绘制。为了对静定结构内力计算有系统的认识，本节首先就结构力学中对静定结构的内力及其符号规定、内力分析的基本方法、内力图的特征、内力图绘制方法做一整体的概述。

3.1.1 内力及其符号的规定

在平面杆件的任一截面上，一般有三个内力分量：轴力 F_N、剪力 F_Q 和弯矩 M，如

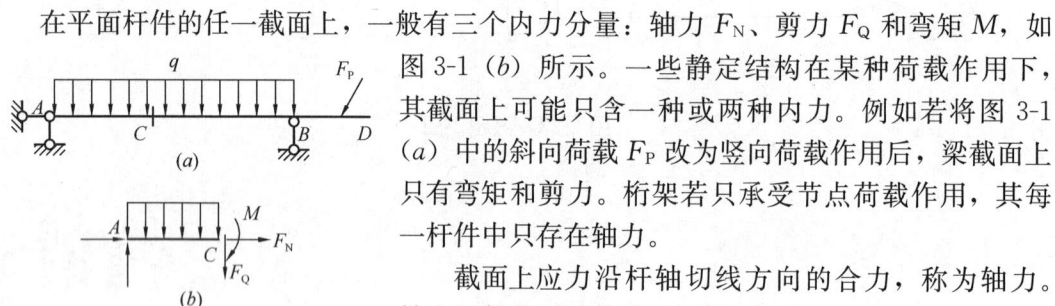

图 3-1 梁的内力分量

图 3-1 （b）所示。一些静定结构在某种荷载作用下，其截面上可能只含一种或两种内力。例如若将图 3-1 （a）中的斜向荷载 F_P 改为竖向荷载作用后，梁截面上只有弯矩和剪力。桁架若只承受节点荷载作用，其每一杆件中只存在轴力。

截面上应力沿杆轴切线方向的合力，称为轴力。轴力以使截面受拉为正（图 3-2）。

截面上应力沿杆轴法线方向的合力，称为剪力。剪力以使隔离体有顺时针方向转动趋势者为正（图 3-3）。

图 3-2 轴向力的正负

截面上应力对截面形心的力矩，称为弯矩。弯矩一般不作正负号的规定，但规定弯矩图的纵坐标应画在杆件受拉侧一边（图 3-4）。

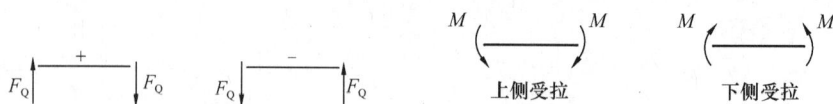

图 3-3 剪力的正负

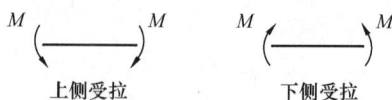

图 3-4 弯矩的正负

3.1.2 内力分析的基本方法

内力分析的基本方法是截面法，即将杆件在指定截面切开，取截面任一侧部分为隔离体，利用隔离体的静力平衡条件，确定此截面的内力。

轴力=截面一侧所有外力沿杆轴切线方向的投影代数和。

剪力=截面一侧所有外力沿杆轴法线方向的投影代数和。

弯矩＝截面一侧所有外力对截面形心的力矩代数和。

用截面法计算内力时，需注意以下几点：

（1）所取隔离体与其周围的约束要全部截断，而以相应的约束力代替。

（2）约束力要符合约束的性质。截断链杆（两端为铰的直杆，杆上无荷载作用）时，在截面上加轴力。截断受弯杆件时，在截面上加轴力、剪力和弯矩。去掉滚轴支座、固定铰支座、固定支座时分别加一个、两个、三个支座反力。

（3）截面两侧的隔离体可任取其一，一般按其上外力最简原则选取，而且在其受力图中只绘制隔离体本身所受到的力，不要遗漏力。

（4）绘制隔离体的受力图时，未知的截面内力一般先按正方向假设，对于未知外力（支座反力），可先任意假定其方向；已知力一般按实际方向画出。

【例 3-1】 求如图 3-5（a）所示简支梁 C 截面的内力。

【解】 （1）选整体为隔离体（图 3-5b），利用平衡条件求得支座反力。

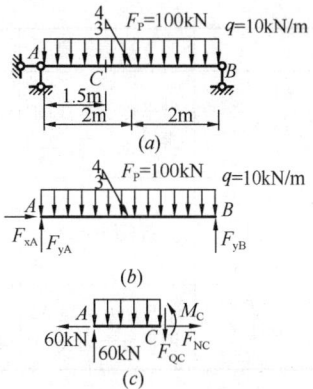

$$\Sigma M_A = 0，F_{yB} \times 4 - 10 \times 4 \times 2 - 100 \times \frac{4}{5} \times 2 = 0$$

$$F_{yB} = 60\text{kN}(\uparrow)$$

$$\Sigma F_y = 0，F_{yA} + F_{yB} - 10 \times 4 - 100 \times \frac{4}{5} = 0$$

$$F_{yA} = 60\text{kN}(\uparrow)$$

$$\Sigma F_x = 0，F_{xA} + 100 \times \frac{3}{5} = 0$$

$$F_{xA} = -60\text{kN}(\leftarrow)$$

（2）求 C 截面内力

图 3-5　例题 3-1 图

用一假想的截面在 C 处将梁切开，取 C 截面左侧部分为隔离体（图 3-5（c）），利用平衡条件求得 C 截面内力。

$$\Sigma F_x = 0，F_{NC} - 60 = 0$$

$$F_{NC} = 60\text{kN}$$

$$\Sigma F_y = 0，60 - F_{QC} - 10 \times 1.5 = 0$$

$$F_{QC} = 45\text{kN}$$

$$\Sigma M_C = 0，M_C - 60 \times 1.5 + 10 \times 1.5 \times \frac{1.5}{2} = 0$$

$$M_C = 78.75\text{kN} \cdot \text{m}$$

3.1.3　内力图及其特征

内力图是表示结构上各截面内力变化规律的图形，通常是以杆轴为基线表示截面的位置，在垂直于杆轴的方向量取竖标表示内力的数值而绘出的。内力图主要包括轴力图、剪力图和弯矩图，剪力图和轴力图可绘在杆件的任一侧，但需注明正负号；弯矩图习惯绘在杆件受拉的一侧，图上不注明正负号。

为了说明内力图的一些特征，首先需掌握荷载与内力的关系。图 3-6 为某直杆中的一

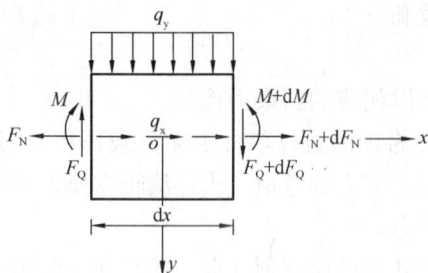

图 3-6 某直杆一个微段的内力图

个微段，其中 q_x 和 q_y 分别为沿 x 和 y 方向的荷载集度，考虑该微段的平衡，可得如式（3-1）的微分关系：

$$\left.\begin{array}{l} \dfrac{\mathrm{d}F_N}{\mathrm{d}x} = -q_x \\[2mm] \dfrac{\mathrm{d}F_Q}{\mathrm{d}x} = -q_y \\[2mm] \dfrac{\mathrm{d}M}{\mathrm{d}x} = F_Q \end{array}\right\} \qquad (3\text{-}1)$$

根据式（3-1）的几何意义，可推出荷载与内力图形状之间的对应关系，见表 3-1。

荷载与内力图形状之间的关系　　　　　　　表 3-1

	无荷载区段	均布荷载区段	集中荷载作用点	集中力偶作用点	分布荷载两端
F_Q 图	平行于基线的直线	斜直线	有突变，突变值等于该集中荷载的大小	无变化	
M 图	斜直线	二次抛物线，凸向与荷载指向相同	有尖角，尖角指向同集中荷载指向	有突变，突变值等于该集中力偶的大小	直线段与曲线段在此相切
备注	$F_Q=0$ 区段 M 图平行于基线	$F_Q=0$ 处，M 达到极值			

3.1.4 分段叠加法作弯矩图

在材料力学中绘制梁的弯矩图时，是将梁分成若干段，将各段的弯矩表示为截面位置的函数 $M(x)$，然后根据弯矩方程式 $M(x)$ 绘出弯矩图。结构力学中所遇到的杆件不仅有梁，而且还有柱子。在杆件众多、荷载复杂的结构里，无疑按上述方法作弯矩图会有诸多不便，通常利用叠加原理进行弯矩图的绘制，这就是所要介绍的分段叠加法。

先讨论简支梁弯矩图的叠加方法。图 3-7（a）所示简支梁上作用的荷载包括两部分：跨间均布荷载 q 和端部集中力偶 M_A、M_B。绘制弯矩图时，先作出端部力偶单独作用产生的弯矩图（图 3-7b），再以此直线 $A'B'$ 为基线，叠加简支梁单独在均布荷载作用下的弯矩图，则最后所得的图形与最初的水平基线之间所包含的图形就是最终弯矩图，如图 3-7（c）所示。

应当注意，这里所说的弯矩图叠加，是指纵坐标的叠加，而不是指图形的简单拼合，即图 3-7（c）中的纵坐标 $\dfrac{1}{8}ql^2$ 应垂直于杆轴 AB，而不是垂直于图中的直线 $A'B'$。

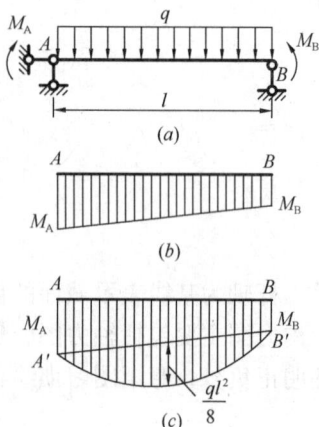

图 3-7　简支梁弯矩图的叠加

下面讨论结构中任意直杆的弯矩图。以图 3-8（a）中的杆段 AB 为例，其隔离体如图 3-8（b）所示，其上作用力除荷载 q 外，在杆端还有弯矩 M_A、M_B，轴力 F_{NA}、F_{NB} 和剪力 F_{QA}、F_{QB}。为了说明杆段 AB 弯矩图的特征，将它

22

与图 3-8（c）中的简支梁相比，该简支梁的跨度与杆段 AB 的长度相等，并承受相同的荷载 q 和相同的杆端力偶 M_A、M_B。设简支梁的支座反力为 F_{yA} 和 F_{yB}，则由平衡条件可知：$F_{QA}=F_{yA}$、$F_{QB}=F_{yB}$，又因杆段 AB 的轴力对截面弯矩没有影响，因此两者的弯矩图完全相同，故可以利用上述作简支梁弯矩图的方法来绘制直杆段 AB 的弯矩图（图 3-8d）。这种利用相应简支梁弯矩图的叠加法来作直杆某一区段弯矩图的方法，称分段叠加法，即首先根据 A、B 两点的弯矩 M_A、M_B 作直线弯矩图，然后以此直线为基线，再叠加相应简支梁 AB 在跨间荷载作用下的弯矩图。

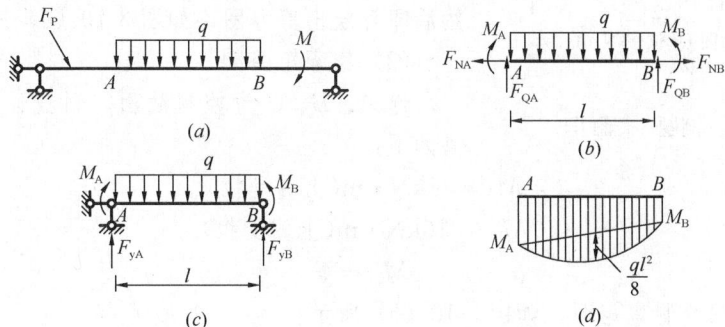

图 3-8　任意直杆的弯矩图

综上所述，利用分段叠加法作直杆弯矩图的一般步骤如下：

（1）选择两杆端以及外力的不连续点（即集中力作用点、集中力偶作用点、分布荷载的起点和终点）为控制界面，用截面法求出控制截面的弯矩值。

（2）分段画弯矩图。当控制截面间无荷载作用时，直接将两控制截面的弯矩纵标连以直线；当控制截面间有荷载作用时，首先将两控制截面的弯矩纵标连以直线，然后以此直线为基线，叠加相应简支梁在跨间荷载下的弯矩图。

利用分段叠加法绘制弯矩图应注意以下两点：

（1）各截面弯矩纵标应与杆轴垂直，而不是与基线垂直。

（2）叠加上去的弯矩纵标值，应从垂直杆轴方向并由基线量出。

【例 3-2】　试作如图 3-9 所示伸臂梁的内力图。

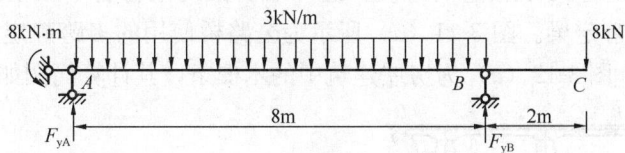

图 3-9　例题 3-2 图 I

【解】　（1）求支座反力

由梁的整体平衡条件求出支座反力。

$$\Sigma M_A = 0, F_{yB}\times 8 - 8\times 10 - 3\times 8\times 4 + 8 = 0$$
$$F_{yB} = 21kN(\uparrow)$$
$$\Sigma F_y = 0, F_{yA} + F_{yB} - 3\times 8 - 8 = 0$$
$$F_{yA} = 11kN(\uparrow)$$

（2）作剪力图

F_Q图（单位：kN）

(a)

M图（单位：kN·m）

(b)

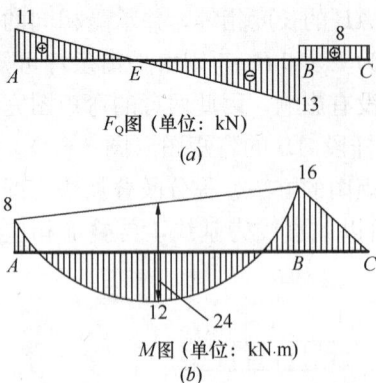

图 3-10 例题 3-2 图Ⅱ

AB 段有均布荷载，F_Q 图是斜直线；BC 段无荷载作用，F_Q 图为水平线。用截面法计算出下列各控制截面的剪力值：

$$F_{QA} = F_{yA} = 11kN$$
$$F_{QB}^R = 8kN$$
$$F_{QB}^L = -13kN$$
$$F_{QC} = 8kN$$

然后即可绘出剪力图，如图 3-10（a）所示。

（3）作弯矩图

选 A、B、C 为控制截面，用截面法求出其弯矩值如下：

$$M_A = 8kN \cdot m(上侧受拉)$$
$$M_B = 16kN \cdot m(上侧受拉)$$
$$M_C = 0$$

利用分段叠加法绘制弯矩图，如图 3-10（b）所示。

根据微分关系 $\dfrac{dM}{dx} = F_Q$ 得知，最大弯矩所在截面为剪力为零的截面。F_Q 图的零点 E 的位置确定如下：在 AE 段中，剪力图的斜率为 $\dfrac{dF_Q}{dx} = -\dfrac{11}{AE}$，又因为 $\dfrac{dF_Q}{dx} = -q$，由此求出 $AE = \dfrac{11}{3} = 3.67m$。$E$ 点的位置确定后，即可求出最大弯 M_{max}。

$$M_{max} = 11 \times 3.67 - 8 - \frac{1}{2} \times 3 \times 3.67^2 = 12.17kN \cdot m$$

3.2 多跨静定梁

简支梁、悬臂梁和伸臂梁是静定梁中最简单的情形，都属于单跨静定梁。在实际工程中，常利用静定梁跨越几个相连的跨度，这即需要由约束将若干根单跨静定梁连接在一起，从而形成多跨静定梁。图 3-11（a）所示为公路桥使用的多跨静定梁，其计算简图如图 3-11（b）所示。图 3-12（a）为房屋建筑中的木檩条，其计算简图如图 3-12（b）所示。

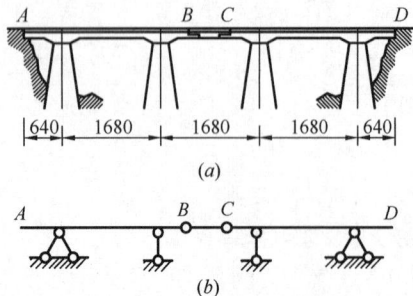

图 3-11 公路桥使用的多跨静定梁及其计算简图

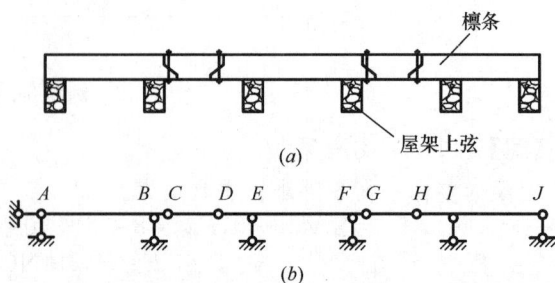

图 3-12 房屋建筑中的木檩条及其计算简图

3.2.1 多跨静定梁的几何组成特点

多跨静定梁的组成形式主要有图 3-13 所示的两种。图 3-13（a）所示的是在伸臂梁 AC 上依次加上 CE、EF 两根梁；图 3-13（b）所示的是在 AC 和 DF 两根伸臂梁上再加一小跨 CD。

从几何组成特点看，多跨静定梁可分为基本部分和附属部分，所谓基本部分是指不依赖其他部分的存在，本身就能独立地承受荷载并维持平衡的结构部分；附属部分是指依赖于其他部分的存在，才能独立地承受荷载并维持平衡的结构部分。如图 3-13（a）所示的梁中，AC 梁通过 A 处的固定铰支座和 B 处的支座链杆直接与大地联结组成几何不变部分，它的几何不变性不受 CE 和 EF 的影响，故 AC 为该多跨静定梁的基本部分；CE 梁通过铰 C 和支座链杆 D 联结在 AC 与基础组成的几何不变部分上，它的几何不变性需要依靠 AC 梁保证，故 CE 梁为 AC 梁的附属部分；EF 梁又通过铰 E 和支座链杆 F 联结在 AC、CE 与基础组成的几何不变部分上，需要依靠 AC、CE 梁保证其几何不变性，故 EF 梁也是附属部分，但 EF 的附属程度较 CE 更大些。对于图 3-13（b）所示的梁，如果仅承受竖向荷载作用，AC 梁不但能独立承受荷载维持平衡，DF 梁也能独立承受荷载维持平衡。此时 AC 梁和 DF 梁都可分别视为基本部分，CD 梁视为附属部分。

一个铰相当于两根支杆的约束，若将多跨静定梁中的中间铰替代成两根支杆组成的约束，从而显示出基本部分和附属部分之间的关系，形成梁的层次图。图 3-14（a）、（b）分别为图 3-13（a）、（b）所示梁的层次图。

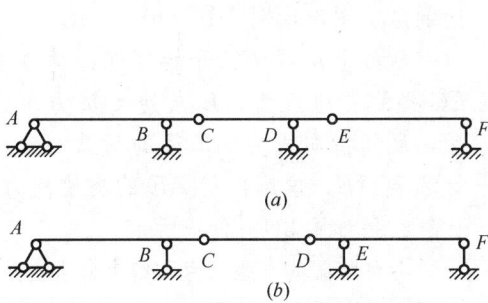

图 3-13　多跨静定梁的组成形式

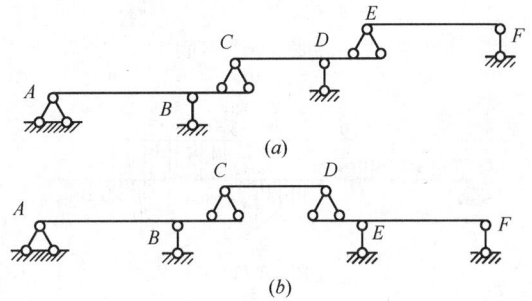

图 3-14　多跨静定梁的层次图

3.2.2 多跨静定梁的静力分析特点

通过多跨静定梁的层次图，可以看出梁的受力特点。如图 3-15 所示的梁，作用在最上面的附属部分 EF 上的荷载 F_3 不但会使 EF 梁受力，而且还通过 E 支座将力传给 CE 梁，再通过 C 支座传给 AC 梁；同理，荷载 F_2 能使 CE 梁和 AC 梁受力，但不会影响 EF 梁；作用在基本部分 AC 梁上的荷载 F_1 只会引起 AC 梁的受力，而对附属部分 CE 和 EF 不会产生影响。

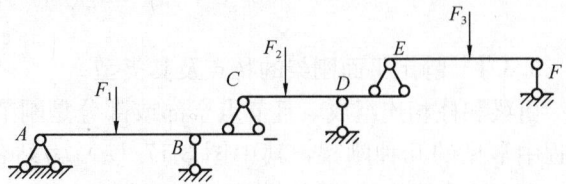

图 3-15　多跨静定梁的受力特点

由上面分析得出如下结论：作用在基本部分上的荷载只对基本部分产生反力和内力，

而对附属部分无影响；作用在附属部分上的荷载不仅引起自身的反力和内力，而且还会影响到支承它的基本部分。据此，计算多跨静定梁时，应先计算附属部分，后计算基本部分，逐一按单跨静定梁计算。

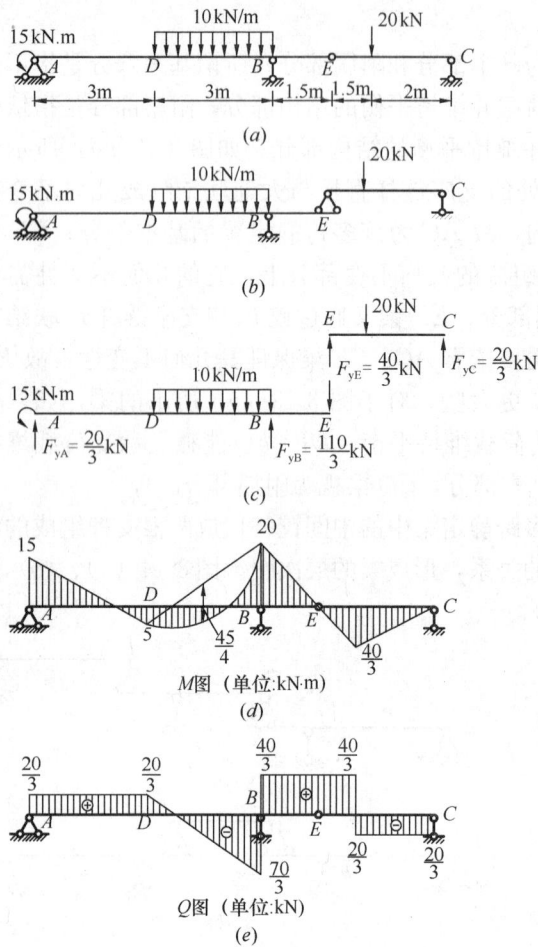

(a)

(b)

$F_{yE} = \frac{40}{3}$ kN $F_{yC} = \frac{20}{3}$ kN

$F_{yA} = \frac{20}{3}$ kN $F_{yB} = \frac{110}{3}$ kN

(c)

M图（单位:kN·m）

(d)

Q图（单位:kN）

(e)

图 3-16   例题 3-16 图

综上所述，多跨静定梁的分析步骤可归纳为：

（1）根据几何组成关系，绘制多跨静定梁的层次图。

（2）从层次图上最高层梁开始算起，将高层梁的支座反力反其指向成为低层梁的荷载，依次进行各单跨静定梁的内力计算。

（3）分别绘制各单跨梁的内力图，然后将各梁内力图合并在一起，即得多跨静定梁的内力图。

【例 3-3】 试作如图 3-16（a）所示多跨静定梁的内力图。

【解】 根据几何组成分析，AE 梁属于基本部分，EC 梁为附属部分，由此绘制层次图，如图 3-16（b）所示。

从最上层梁 EC 开始算起，计算出 EC 梁的支座反力，E 点处支反力求出后，反其指向成为 AE 梁的荷载，然后计算梁 AE，求解出梁 AE 的支座反力。计算结果如图 3-16（c）所示。

各单跨梁的支座反力和约束力求出后，即可绘出各梁的内力图，将各梁的内力图置于同一基线上，则得出该多跨静定梁的内力图如图 3-16（d）、（e）所示。

3.3 静 定 平 面 刚 架

3.3.1 静定平面刚架的特点及其类型

由梁和柱相连组成，且节点全部或部分是刚节点的结构称为刚架。如图 3-17 所示为工程中常见的几种刚架，其中图 3-17（a）为站台上常用的"T"形刚架简图；图 3-17（b）为多跨多层房屋的平面刚架简图；图 3-17（c）为厂房中常采用的门式刚架简图。

图 3-18（a）是一个几何可变的铰接体系，为了使它成为几何不变，一种方法是增设斜杆，如图 3-18（b）所示，但是牺牲了相应的空间；另一种方法是把原来的铰节点 B 和 C 改为刚节点，使其成为刚架结构，如图 3-18（c）所示。由此看出，刚架中由于具有刚节点，因而不用斜杆也可组成几何不变体系，从而使结构内部具有较大的空间，便于

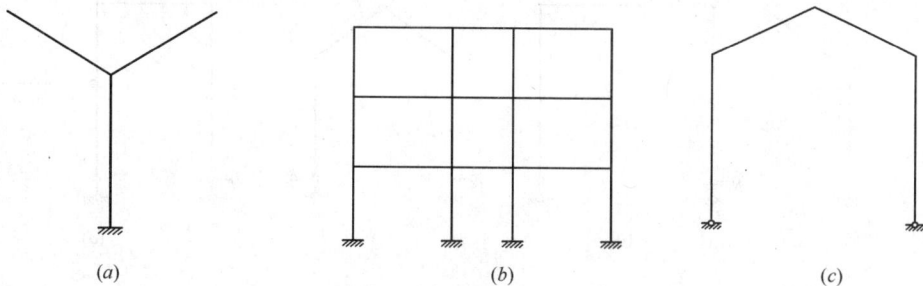

图 3-17　工程中常见刚架

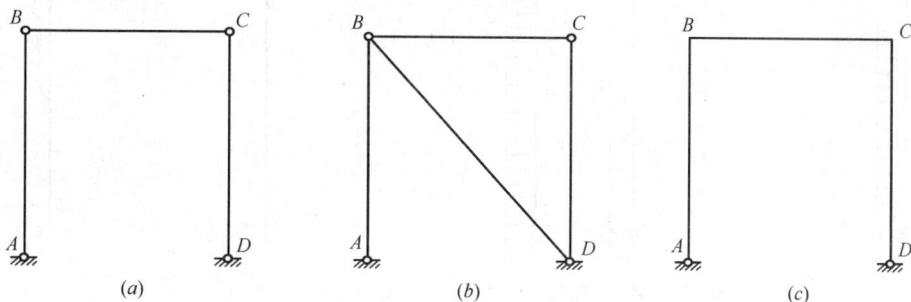

图 3-18　刚架的空间优势

使用。

如图 3-19（a）所示为一刚架在横梁均布荷载作用下的弯矩图，图 3-19（b）为与刚架横梁相同长度的简支梁承受相同荷载下的弯矩图，由于刚架中刚节点处产生弯矩，故横梁跨中弯矩峰值得到消减，内力分布比较均匀。

常见的静定平面刚架主要有悬臂刚架（图 3-20a）、简支刚架（图 3-20b）、三铰刚架（图 3-20c）、主从刚架（图 3-20d）四种类型。

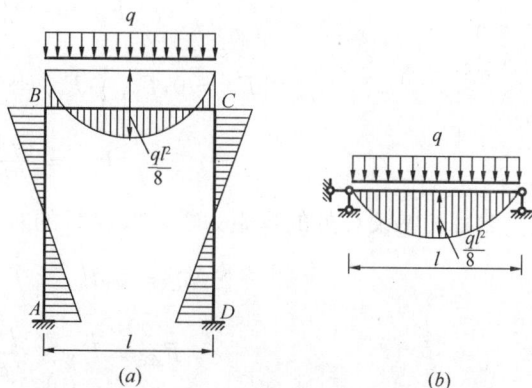

图 3-19　刚架与简支梁相同荷载下的弯矩对比图

3.3.2　静定平面刚架的支座反力

静定平面刚架的受力分析，通常是先求支座反力，再求控制截面的内力，最后作内力图。

悬臂刚架、简支刚架的支座反力求解比较简单，可由刚架的整体平衡条件直接计算出相应的支座反力，在反力的计算过程中，注意方程形式的选取，避免解算联立方程。

现结合如图 3-21（a）所示的三铰刚架，说明其支座反力的求解方法。

首先选取整体隔离（图 3-21b），由其两个平衡方程求出 F_{yA} 和 F_{yB}。

$$\sum M_B = 0, F_{yA} \times l + \frac{qf^2}{2} = 0$$

27

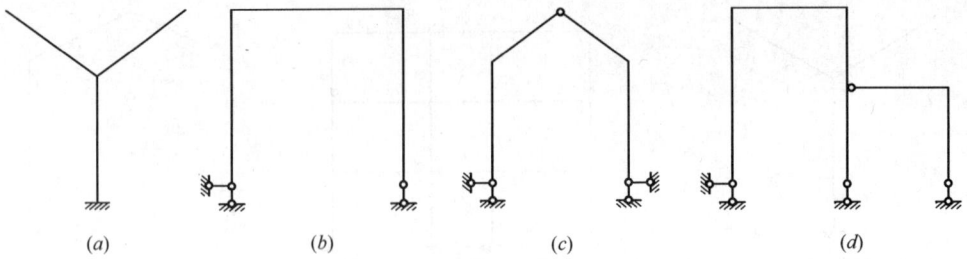

图 3-20　常见静定平面刚架类型

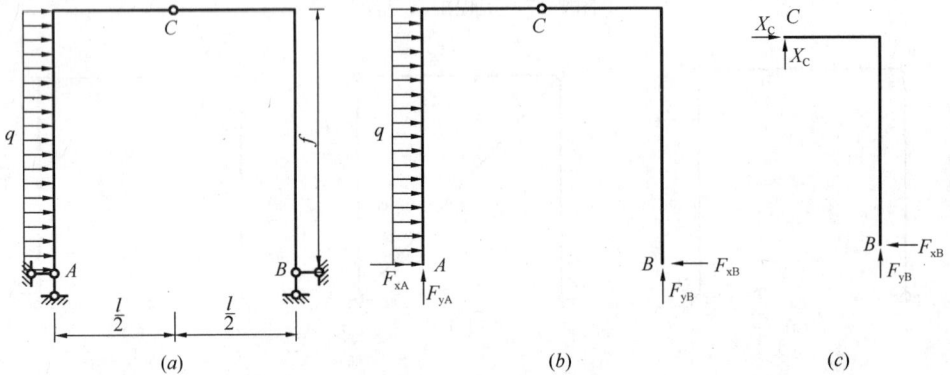

图 3-21　三铰刚架受力分析

$$F_{yA} = -\frac{qf^2}{2l}(\downarrow)$$

$$\Sigma F_y = 0, F_{yA} + F_{yB} = 0, -\frac{qf^2}{2l} + F_{yB} = 0$$

$$F_{yB} = \frac{qf^2}{2l}(\uparrow)$$

然后利用铰 C 处的弯矩为零，取铰 C 的右半边刚架为隔离体（图 3-21c），则有：

$$\Sigma M_C = 0, F_{xB} \times f - F_{yB} \times \frac{l}{2} = 0$$

$$F_{xB} = F_{yB} \times \frac{l}{2f} = \frac{qf}{4}(\leftarrow)$$

最后利用整体隔离的第三个平衡方程求 F_{xA}。

$$\Sigma F_x = 0, F_{xA} - F_{xB} + qf = 0$$

$$F_{xA} = -\frac{3}{4}qf(\leftarrow)$$

主从刚架支座反力的求解需结合几何组成分析，分清基本部分、附属部分，按与组成相反的顺序选取隔离体，即先计算附属部分的支座反力，再计算基本部分的支座反力。

3.3.3　静定平面刚架的内力计算

静定平面刚架内力计算方法仍为截面法，控制截面为集中力作用点、集中力偶作用点、分布荷载的两端以及各杆的杆端。现结合刚架的特点说明其内力计算的几个注意问题。

（1）刚架杆件的截面内力有弯矩、剪力、轴力。各内力符号的规定在 3.1 节已经介绍。

（2）注意在刚架节点处有不同的杆端截面。如图 3-22（a）所示刚架，在节点 C 处有三根杆件 CA、CB、CD 相交。因此，在节点 C 处有三个不同的截面 C_1、C_2、C_3。如果笼统地说截面 C，则是无意义的。因此为了使内力表达得清晰，在内力符号的右下方以两个下标标明内力所属的杆件，第一个下标表示该内力所属的杆端。例如杆段 CD，C 端的弯矩用 M_{CD} 表示；D 端的弯矩用 M_{DC} 表示。

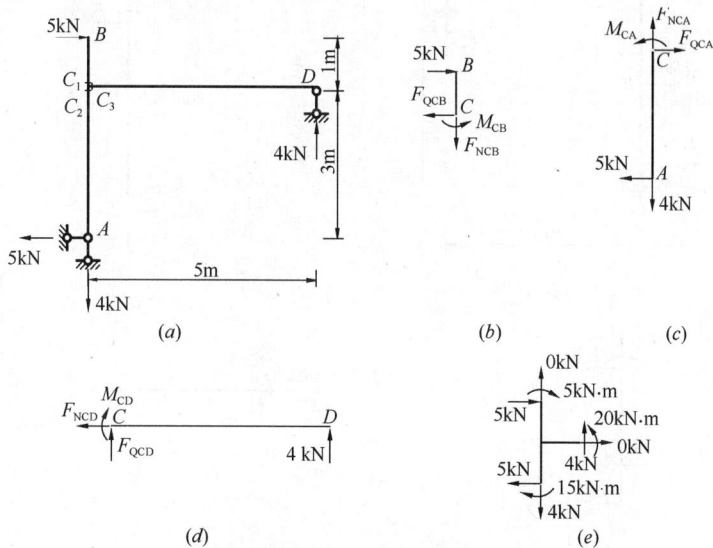

图 3-22　刚架的内力计算

（3）正确地选取隔离体。用截面法求解如图 3-22（a）所示刚架中的三个指定截面 C_1、C_2、C_3 的内力时，应分别在指定截面切开，得出隔离体如图 3-22（b）、（c）、（d）所示。其中各截面的未知剪力和轴力都按正方向画出，未知弯矩可按任意方向画出。

对如图 3-22（b）所示隔离体应用平衡条件，可求得内力如下：

$$\Sigma F_x = 0, 5 - F_{QCB} = 0, F_{QCB} = 5kN$$

$$\Sigma F_y = 0, -F_{NCB} = 0, F_{NCB} = 0$$

$$\Sigma M_C = 0, 5 \times 1 - M_{CB} = 0, M_{CB} = 5kN \cdot m(左侧受拉)$$

同理，分别对另外两个隔离体应用平衡条件，求得内力如下：

$$F_{NCA} = 4kN \qquad\qquad F_{NCD} = 0$$

$$F_{QCA} = 5kN \qquad\qquad F_{QCD} = -4kN$$

$$M_{CA} = 15kN \cdot m(右侧受拉) \quad M_{CD} = 20kN \cdot m(下侧受拉)$$

（4）截面内力求出后，应进行校核，为此，取相应的隔离体检验是否满足平衡条件。上述求得的三个截面 C_1、C_2、C_3 的内力可取节点 C 为隔离体，它们应满足节点 C（图 3-22e）的三个平衡条件：$\Sigma F_x = 0$，$\Sigma F_y = 0$，$\Sigma M_C = 0$。

3.3.4　静定平面刚架内力图的绘制

刚架内力图基本作法是把刚架拆成杆段，杆段的端点即为求解内力时的各控制截面。

先利用截面法求出各控制截面的内力，然后结合内力图的特征，作出各杆段的内力图，最后将各杆段内力图组合在一起就是刚架内力图。刚架的弯矩图一律绘在杆件受拉的一侧，图中不必标明正负号；刚架的剪力图和轴力图可绘在杆件的任何一侧，但图中必需注明正负号。绘制刚架弯矩图时，注意采用分段叠加法。

下面以如图 3-23（a）所示的刚架说明其计算过程。

【例 3-4】 试作如图 3-23（a）所示刚架的内力图。

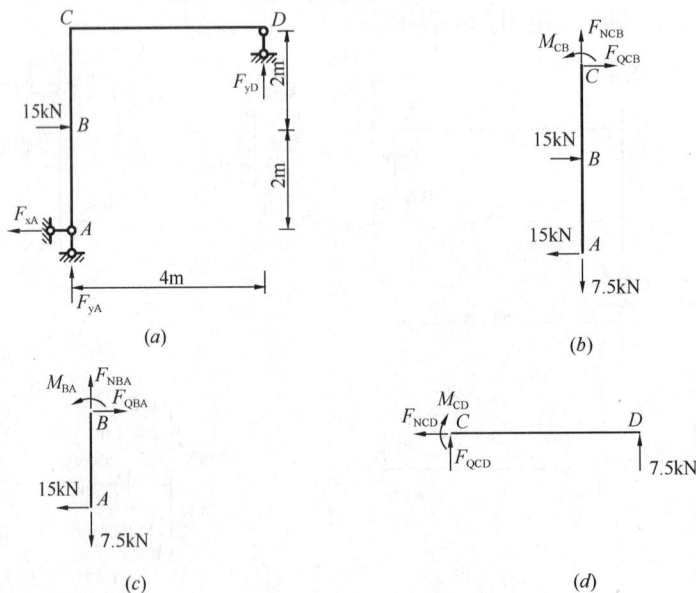

图 3-23 例题 3-4 图 I

【解】 （1）求支座反力

$$\Sigma F_x = 0, 15 - F_{xA} = 0, F_{xA} = 15 \text{kN}(\leftarrow)$$

$$\Sigma M_A = 0, 15 \times 2 - F_{yD} \times 4 = 0, F_{yD} = 7.5 \text{kN}(\uparrow)$$

$$\Sigma F_y = 0, F_{yA} + F_{yD} = 0, F_{yA} = -7.5 \text{kN}(\downarrow)$$

（2）求控制截面的内力

根据前述控制截面的定义，本刚架计算内力的控制截面为 AB、BC、CD 各杆段的两端。利用截面法，求得内力如下：

A 端和 D 端分别与固定铰支座和可动铰支座相连，其剪力和轴力与求出的支座反力相等，弯矩为零。

截取如图 3-23（b）所示隔离体：

$$\Sigma F_x = 0, F_{QCB} + 15 - 15 = 0, F_{QCB} = 0$$

$$\Sigma F_y = 0, F_{NCB} - 7.5 = 0, F_{NCB} = 7.5 \text{kN}$$

$$\Sigma M_C = 0, 15 \times 4 - 15 \times 2 - M_{CB} = 0, M_{CB} = 30 \text{kN} \cdot \text{m}(\text{内侧受拉})$$

截取如图 3-23（c）所示隔离体：

$$\Sigma F_x = 0, F_{QBA} - 15 = 0, F_{QBA} = 15 \text{kN}$$

$$\Sigma F_y = 0, F_{NBA} - 7.5 = 0, F_{NBA} = 7.5 \text{kN}$$

$$\Sigma M_B = 0, 15 \times 2 - M_{BA} = 0, M_{BA} = 30 \text{kN} \cdot \text{m}(\text{内侧受拉})$$

截取如图 3-23 (d) 所示隔离体：

$$\Sigma F_x = 0 , F_{NCD} = 0$$
$$\Sigma F_y = 0 , F_{QCD} + 7.5 = 0 , F_{QCD} = -7.5kN$$
$$\Sigma M_C = 0 , M_{CD} - 7.5 \times 4 = 0 , M_{CD} = 30kN \cdot m(下侧受拉)$$

（3）绘制内力图

绘制弯矩图时，可将刚架分为 AB、BC 和 CD 三段来绘制，每段都是无荷载作用区段，可直接将各杆段的杆端弯矩连以直线，如图 3-24 (a) 所示。

弯矩图的绘制也可将刚架分为 AC 和 CD 两段，其中 AC 为荷载作用区段，将杆端弯矩连以直线后再叠加简支梁在跨中荷载作用下的弯矩图。

利用杆端剪力可作出剪力图，AB、BC 和 CD 段均无荷载作用，剪力图分别为平行于各自杆轴的直线。剪力图需注明正负号，如图 3-24 (b) 所示。

利用杆端轴力可作出轴力图，本例中各杆的轴力都为常数。轴力图需注明正负号，如图 3-24 (c) 所示。

（4）校核

可取节点 C 隔离（图 3-24d），检验计算结果是否满足力矩和力的平衡条件。

由
$$\Sigma M_C = 0 , 30 - 30 = 0$$
$$\Sigma F_y = 0 , 7.5 - 7.5 = 0$$

可见计算无误。

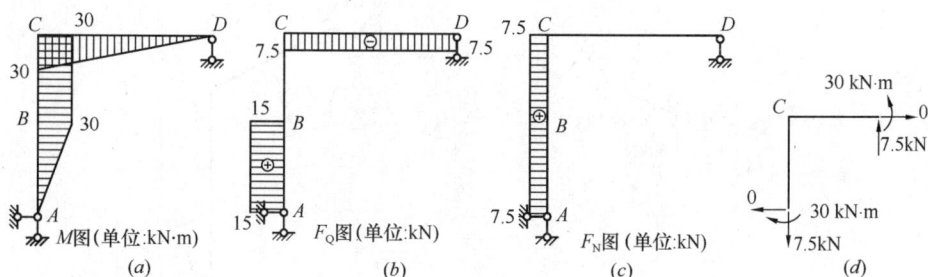

图 3-24　例题 3-4 图Ⅱ

3.3.5　作静定平面刚架 F_Q、F_N 内力图的另一种方法

上面求解杆端剪力和杆端轴力时，都是根据截面一边的荷载及支座反力直接求出的。现介绍另外一种求解方法：首先求解杆端弯矩，然后取杆件作隔离体，利用杆端弯矩求杆端剪力，最后取节点作隔离体，利用杆端剪力求杆端轴力。

下面结合一例题说明这种方法的求解过程。

【例 3-5】 试作如图 3-25 (a) 所示三铰刚架的内力图。

【解】 （1）求支座反力

截取整体为隔离体，由
$$\Sigma M_B = 0 , F_{yA} \times 8 - 20 \times 4 \times 6 = 0 , F_{yA} = 60kN(\uparrow)$$
$$\Sigma F_y = 0 , F_{yA} + F_{yB} - 80 = 0 , F_{yB} = 20kN(\uparrow)$$
$$\Sigma F_x = 0 , F_{xA} = F_{xB}$$

截取 CB 部分为隔离体（图 3-25b），由
$$\Sigma M_C = 0 , F_{xB} \times 8 - 20 \times 4 = 0 , F_{xB} = 10kN(\leftarrow)$$

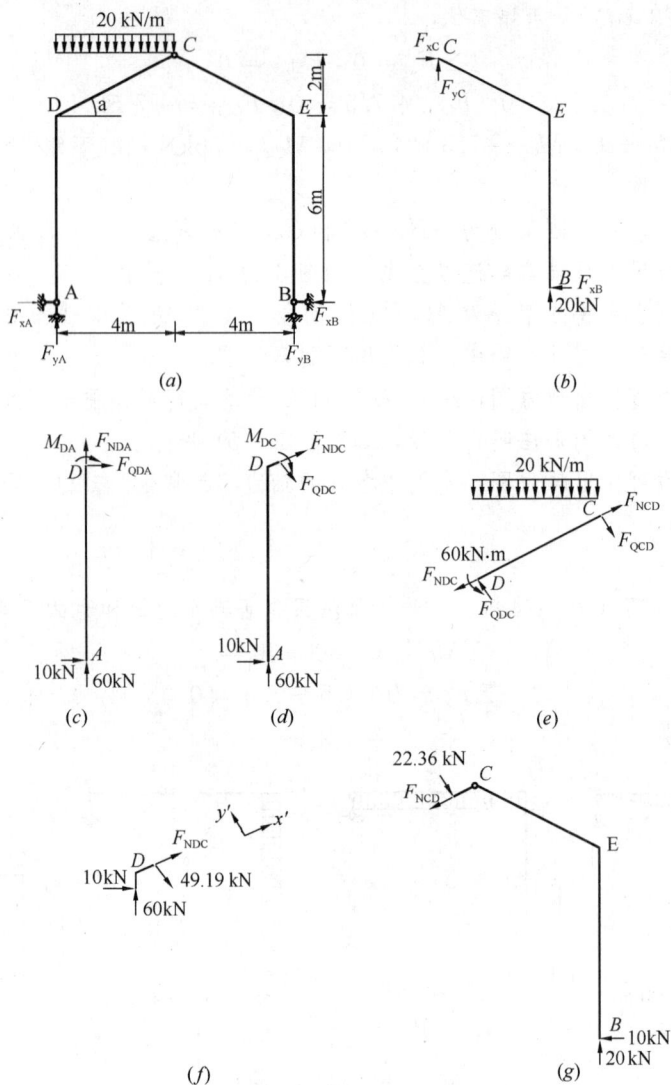

图 3-25 例题 3-5 图 Ⅰ

于是

$$F_{xA} = 10\text{kN}(\rightarrow)$$

(2) 求控制截面的内力

根据荷载情况，可分为 AD、DC、CE 和 EB 四段，分别计算出各控制截面的内力。对于 AD 和 EB 段仿照前例方法求解，即取截面一边为隔离体，求得内力。

截取如图 3-25 (c) 所示隔离体，由

$$\sum F_x = 0 , F_{QDA} + 10 = 0 , F_{QDA} = -10\text{kN}$$

$$\sum F_y = 0 , F_{NDA} + 60 = 0 , F_{NDA} = -60\text{kN}$$

$$\sum M_D = 0 , M_{DA} - 6 \times 10 = 0 , M_{DA} = 60\text{kN} \cdot \text{m}(外侧受拉)$$

同理，截取 EB 段隔离，求得内力如下：

$$F_{NEB} = -20\text{kN} , F_{QEB} = 10\text{kN} , M_{EB} = 60\text{kN} \cdot \text{m}(外侧受拉)$$

对于 DC 和 CE 杆，先求杆端弯矩，再取杆件隔离求杆端剪力，最后选取节点隔离，

32

求杆端轴力，计算过程如下：

截取如图 3-25 (d) 所示隔离体，由
$$\Sigma M_D = 0 , M_{DC} - 6 \times 10 = 0 , M_{DC} = 60 \text{kN} \cdot \text{m}(外侧受拉)$$
$$M_{CD} = 0$$

截取如图 3-25 (e) 所示隔离体，由
$$\Sigma M_D = 0 , F_{QCD} \times 2\sqrt{5} - 60 + 20 \times 4 \times 2 = 0$$
$$F_{QCD} = -10\sqrt{5}\text{kN} = -22.36\text{kN}$$
$$\Sigma M_C = 0 , F_{QDC} \times 2\sqrt{5} - 60 - 20 \times 4 \times 2 = 0$$
$$F_{QDC} = 22\sqrt{5}\text{kN} = 49.19\text{kN}$$

同理，截取 CE 段隔离可求出：
$$F_{QCE} = -6\sqrt{5}\text{kN} = -13.42\text{kN} , F_{QEC} = -6\sqrt{5}\text{kN} = -13.42\text{kN}$$

截取如图 3-25 (f) 所示隔离体，为了便于计算，取 $x'y'$ 坐标系。
$$\Sigma F_x' = 0 , F_{NDC} + 10 \times \cos \alpha + 60 \times \sin \alpha = 0 ,$$
$$F_{NDC} = -16\sqrt{5}\text{kN} = -35.78\text{kN}$$

同理，截取节点 E 为隔离体，以 EC 为轴线列投影方程：
$$F_{NEC} = -8\sqrt{5}\text{kN} = -17.89\text{kN}$$

因为杆 EC 上沿轴线方向没有荷载，所以沿杆长轴力不变，即
$$F_{NCE} = -8\sqrt{5}\text{kN} = -17.89\text{kN}$$

为了求得 F_{NCD}，截取如图 3-25 (g) 所示隔离体，以 CD 为轴线列投影方程
$$F_{NCD} = 0$$

（3）绘制内力图

根据各控制截面的内力，即可绘出内力图如图 3-26 所示，其中 DC 段的弯矩图叠加

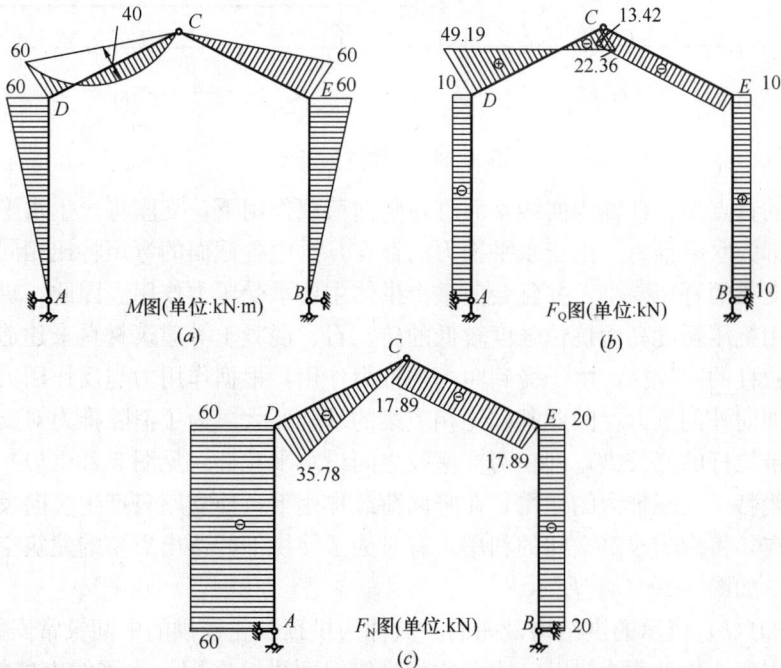

图 3-26　例题 3-5 图 Ⅱ

方法与均布荷载作用下水平杆件的弯矩图叠加方法相同，只需注意竖标应与杆轴垂直。

3.4 三 铰 拱

3.4.1 概述

三铰拱是一种静定的拱式结构，在桥梁和屋盖结构中都得到广泛的应用。如图 3-27 所示为屋面承重结构中使用的三铰拱。

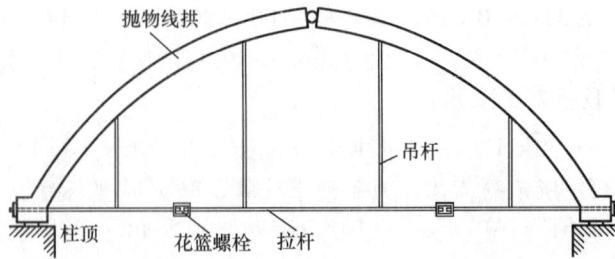

图 3-27 屋面承重结构中使用的三铰拱

三铰拱主要有两种基本类型：图 3-28（a）为无拉杆的三铰拱，AC 和 BC 是两根曲杆，在 C 点用铰连接，A、B 处由固定铰支座与基础相连。图 3-28（b）为有拉杆的三铰拱，支座 B 处改为可动铰支座，同时加上拉杆 AB。

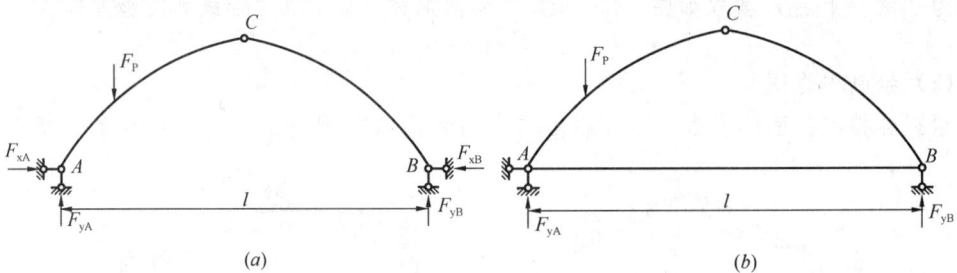

图 3-28 三铰拱的类型

拱结构的特点是：杆轴为曲线，而且在竖向荷载作用下，支座将产生水平反力，这种水平反力通常为水平推力。由于水平推力的存在，拱中各截面的弯矩将比相同跨度相同荷载作用下简支梁的弯矩要小，并且会使整个拱体主要承受压力作用。因此，拱能跨越较大的空间且可用抗压强度高而抗拉强度较低的砖、石、混凝土等建筑材料来建造。

对于无拉杆的三铰拱，由于受到向内的推力作用，根据作用力与反作用力的原理，必然给基础施加向外的推力，因此基础比相应梁的基础要大。为了消除推力对支承结构的影响，常采用带拉杆的三铰拱，即在两支座铰之间设水平拉杆，见图 3-28（b）。这样拉杆内产生的拉力代替了支座推力的作用，在竖向荷载作用下，使支座只产生竖向反力。但是由于拉杆的存在，将影响建筑空间的利用，有时为了使拱下能留出更多的建筑空间，可适当把拉杆提高，如图 3-29（a）所示。

如图 3-29（b）所示的拱结构最高的一点称为拱顶。三铰拱的中间铰常安置在拱顶处。拱的两端与支座连接处称为拱趾，或者称为拱脚。两拱趾在同一水平线上的拱称为平拱，

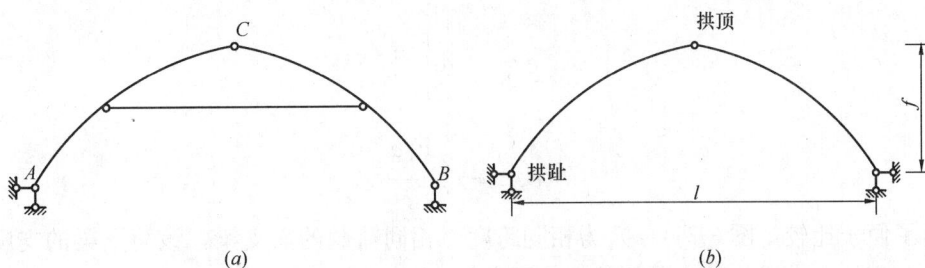

图 3-29 三铰拱的形式与部位名称

否则为斜拱。两个拱趾间的水平距离 l 称为跨度。拱顶到两拱趾连线的竖向距离 f 称为拱高。拱高与跨度之比 f/l 称为高跨比，拱的力学性能与高跨比有关。

值得注意的是，具有曲线形状的结构，不一定都是拱结构。如图 3-30 所示的结构，在竖向荷载作用下，支座不产生推力，因此不能称它为拱，而是一根曲梁。

3.4.2 三铰拱的计算

三铰拱为静定结构，其全部反力和内力都可由静力平衡方程算出。为了说明三铰拱的计算方法，现以如图 3-31 （a）所示在竖向荷载作用下的平拱为例，分析求解方法，导出计算公式。

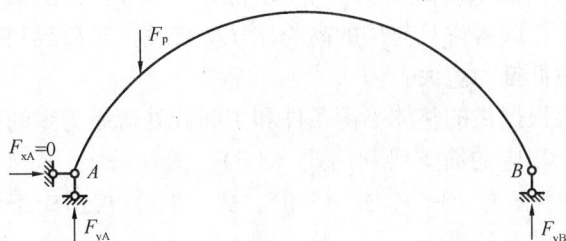

图 3-31 相同跨度、相同荷载的平拱与简支梁的计算简图

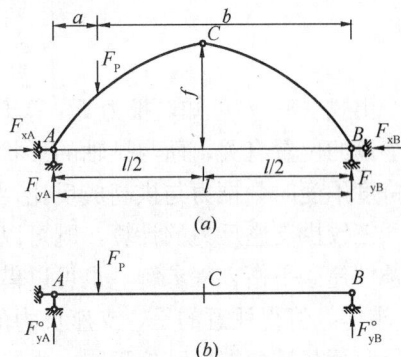

图 3-30 曲梁

1. 支座反力的计算

三铰拱的两端都是固定铰支座，因此有四个未知反力，需列四个平衡方程求解。

首先考虑三铰拱的整体平衡：

$$\Sigma M_{\mathrm{B}} = 0 , \quad F_{\mathrm{yA}} l - F_{\mathrm{p}} b = 0$$

$$F_{\mathrm{yA}} = \frac{F_{\mathrm{P}} b}{l} \tag{3-2}$$

$$\Sigma M_{\mathrm{A}} = 0 , \quad F_{\mathrm{yB}} l - F_{\mathrm{p}} a = 0$$

$$F_{\mathrm{yB}} = \frac{F_{\mathrm{P}} a}{l} \tag{3-3}$$

$$\Sigma F_{x} = 0 , \quad F_{\mathrm{xA}} = F_{\mathrm{xB}} = F_{\mathrm{H}}$$

然后利用铰 C 处的弯矩为零，考虑拱右半部分的平衡：

$$\Sigma M_{\mathrm{C}} = 0 , \quad F_{\mathrm{yB}} \frac{l}{2} + F_{\mathrm{xB}} f = 0$$

35

$$F_{xB} = \frac{\frac{1}{2}F_P a}{f}$$

$$F_{xA} = \frac{\frac{1}{2}F_P a}{f}$$

$$(3-4)$$

为了便于比较，图 3-31（b）为相同跨度、相同荷载的简支梁，该简支梁的支座反力为 F_{yA}° 和 F_{yB}°，由梁的整体平衡条件，可求得：

$$F_{yA}^{\circ} = \frac{F_P b}{l}, \quad F_{yB}^{\circ} = \frac{F_P a}{l}$$

简支梁截面 C 的弯矩：

$$M_C^{\circ} = \frac{1}{2}F_P a$$

与简支梁相比较，式（3-2）和式（3-3）右边的值，等于如图 3-31（b）所示相应简支梁的竖向支座反力 F_{yA}° 和 F_{yB}°。式（3-4）右边的分子等于相应简支梁上与拱的中间铰位置相对应的截面 C 的弯矩 M_C°，由此可得：

$$F_{yA} = F_{yA}^{\circ} \tag{3-5}$$

$$F_{yB} = F_{yB}^{\circ} \tag{3-6}$$

$$F_H = F_{xA} = F_{xB} = \frac{M_C^{\circ}}{f} \tag{3-7}$$

由式（3-7）可知，推力 F_H 等于相应简支梁截面 C 的弯矩 M_C° 除以拱高 f。其值只与三个铰的位置有关，而与拱轴的形状无关，或者说只与拱的高跨比 f/l 有关。当荷载和拱的跨度不变时，推力与拱高成反比，拱愈低推力愈大。

三铰拱支座反力的计算，既可以直接根据拱的整体平衡条件和中间铰处弯矩为零的补充条件建立平衡方程求解，也可以借助于相应的简支梁利用式（3-5）、式（3-6）、式（3-7）求解。值得注意的是，支座反力的计算公式（3-5）、式（3-6）、式（3-7）仅适应于承受竖向荷载且两端拱趾位于同一水平线上的三铰拱。

2. 内力的计算

三铰拱任意截面内力的求解方法仍为截面法。计算内力时，应注意到拱轴为曲线，所取截面与拱轴的切线相垂直。任一截面的位置取决于该截面形心的坐标以及该处拱轴切线与水平线的夹角 φ，拱任意截面上的内力有轴力 F_N、剪力 F_Q、弯矩 M，其中轴力 F_N 沿垂直于截面的方向，即沿拱轴切线方向，剪力 F_Q 沿截面方向，即沿截面法线方向。下面分别推导这三种内力的计算公式。

以如图 3-32（a）所示三铰拱截面 D 的内力求解为例，研究三铰拱的内力求解方法。

（1）弯矩

在拱的内力计算中，弯矩 M 以使拱的内侧受拉为正，反之为负。取 AD 段为隔离体（图 3-32c）：

$$\Sigma M_D = 0, \quad F_{yA}x_D - F_H y_D - F_P(x_D - a) - M_D = 0$$

$$M_D = [F_{yA}x_D - F_P(x_D - a)] - F_H y_D$$

相同跨度、相同荷载的简支梁图 3-32（b）截面 D 的弯矩 M_D° 为：

$$M_D^{\circ} = F_{yA}^{\circ}x_D - F_P(x_D - a)$$

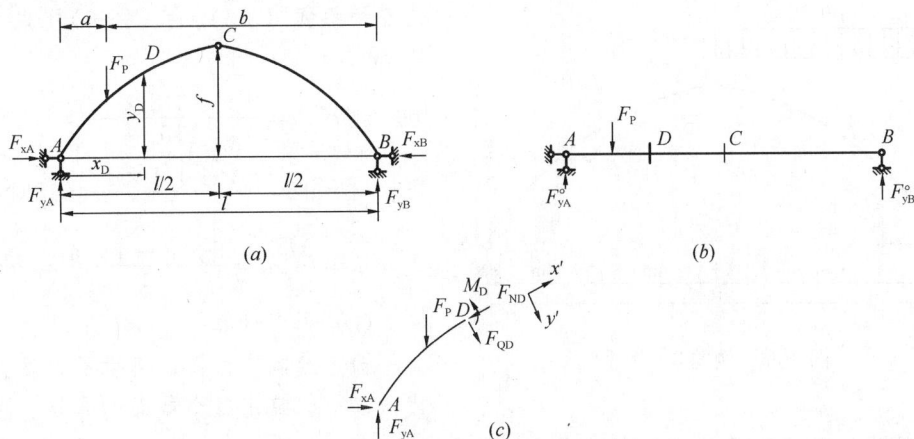

图 3-32 三铰拱内力计算简图

根据 $F_{yA} = F_{yA}^\circ$ ，比较以上两式可得：

$$M_D = M_D^\circ - F_H y_D \qquad (3-8)$$

即拱内任一截面的弯矩等于相应简支梁对应截面的弯矩减去由于拱的推力 F_H 所引起的弯矩 $F_H y_D$ 。由此可以看出，由于推力的存在，三铰拱中的弯矩比相应简支梁的要小。

(2) 剪力

拱内剪力的符号规定与前述相同，即使隔离体有顺时针方向转动趋势的为正，反之为负。选取 AD 段为隔离体（图 3-32c），沿杆轴法线方向列投影方程，其中 φ_D 为截面 D 处拱轴切线的倾角：

$$\sum F_{y'} = 0 , \quad F_{QD} + F_P \cos \varphi_D - F_{yA} \cos \varphi_D + F_H \sin \varphi_D = 0$$
$$F_{QD} = (F_{yA} - F_P) \cos \varphi_D - F_H \sin \varphi_D$$

式中 $(F_{yA} - F_P)$ 等于相应简支梁截面 D 处的剪力 F_{QD}° ，于是可得：

$$F_{QD} = F_{QD}^\circ \cos \varphi_D - F_H \sin \varphi_D \qquad (3-9)$$

(3) 轴力

因拱轴通常为受压，所以拱内轴力的符号规定以受压为正，反之为负。选取 AD 段为隔离体（图 3-32c），沿杆轴切线方向列投影方程：

$$\sum F_{x'} = 0 , \quad -F_{ND} - F_P \sin \varphi_D + F_{yA} \sin \varphi_D + F_H \cos \varphi_D = 0$$
$$F_{ND} = (F_{yA} - F_P) \sin \varphi_D + F_H \cos \varphi_D$$

即：

$$F_{ND} = F_{QD}^\circ \sin \varphi_D + F_H \cos \varphi_D \qquad (3-10)$$

必须注意，式（3-9）和式（3-10）中的角度 φ_D 有正负之分，当拱轴在截面 D 处的切线自左向右向上倾斜时，角度 φ_D 取正值，反之取负值。

内力计算公式（3-8）、（3-9）、（3-10）仅适用于承受竖向荷载且两端拱趾位于同一水平线上的三铰拱。对于不满足上述条件的三铰拱，可直接利用截面法，由所选取隔离体的平衡条件求出所需截面中的内力。

【例 3-6】 三铰拱及其所受荷载如图 3-33 所示，拱的轴线为抛物线，当坐标原点选在支座时，拱轴方程为 $y = \dfrac{4f}{l^2} x(l-x)$ 。试绘制内力图。

【解】 (1) 求支座反力

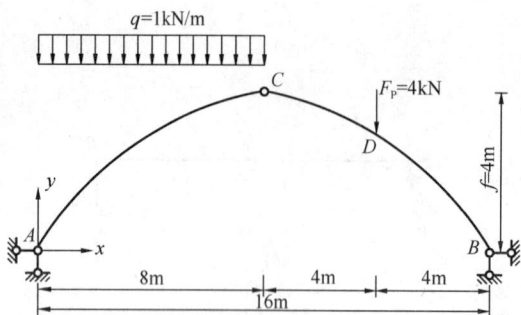

图 3-33 例题 3-6 图 I

根据式（3-5）、式（3-6）、式（3-7）可得：

$$F_{yA} = F_{yA}^\circ = \frac{4 \times 4 + 8 \times 12}{16} = 7kN(\uparrow)$$

$$F_{yB} = F_{yB}^\circ = \frac{8 \times 4 + 4 \times 12}{16} = 5kN(\uparrow)$$

$$F_H = \frac{M_C^\circ}{f} = \frac{5 \times 8 - 4 \times 4}{4} = 6kN$$

（2）内力计算

为了绘制内力图，将拱沿跨度方向分成八等分，算出每个截面的弯矩、剪力和轴力的数值。现以截面 D 为例来说明计算步骤。

① 截面 D 的几何参数

根据拱轴线的方程：

$$y = \frac{4f}{l^2} x(l-x) = \frac{4 \times 4}{16^2} \times 12 \times (16-12) = 3m$$

$$\tan\varphi = \frac{dy}{dx} = \frac{4f}{l^2}(l-2x) = \frac{4 \times 4}{16^2} \times (16 - 2 \times 12) = -0.5$$

$$\varphi = -26°34', \sin\varphi = -0.447, \cos\varphi = 0.894$$

② 截面 D 的内力

根据式（3-8）求得弯矩：

$$M_D = M_D^\circ - F_H y_D = 5 \times 4 - 6 \times 3 = 2kN \cdot m$$

根据式（3-9）、式（3-10）求得剪力。因为 D 截面处作用集中荷载，F_Q° 有突变，所以 F_Q 和 F_N 都有突变，要分别算出左、右两边的剪力 F_{QL}、F_{QR} 和 F_{NL}、F_{NR}。

$$F_{QL} = F_{QL}^\circ \cos\varphi - F_H \sin\varphi$$
$$= -1 \times 0.894 - 6 \times (-0.447) = 1.79kN$$

$$F_{NL} = F_{QL}^\circ \sin\varphi + F_H \cos\varphi$$
$$= -1 \times (-0.447) + 6 \times 0.894 = 5.81kN$$

$$F_{QR} = F_{QR}^\circ \cos\varphi - F_H \sin\varphi$$
$$= -5 \times 0.894 - 6 \times (-0.447) = -1.79kN$$

$$F_{NR} = F_{QR}^\circ \sin\varphi + F_H \cos\varphi$$
$$= -5 \times (-0.447) + 6 \times 0.894 = 7.6kN$$

其他截面的内力见表 3-2，由此可绘出内力图，如图 3-34 所示。

三铰拱内力计算   表 3-2

截面几何参数						F_Q°	弯矩计算			剪力计算			轴力计算		
x	y	$\tan\varphi$	φ	$\sin\varphi$	$\cos\varphi$		M°	$-F_H y$	M	$F_Q^\circ\cos\varphi$	$-F_H\sin\varphi$	F_Q	$F_Q^\circ\sin\varphi$	$F_H\cos\varphi$	F_N
0	0	1	45°	0.707	0.707	7	0	0	0	4.95	−4.24	0.71	4.95	4.24	9.19
2	1.75	0.75	36°52'	0.600	0.800	5	12	−10.5	1.5	4.00	−3.60	0.4	3.00	4.80	7.8

38

截面几何参数						F_Q°	弯矩计算			剪力计算			轴力计算		
x	y	$\tan\varphi$	φ	$\sin\varphi$	$\cos\varphi$		M°	$-F_Hy$	M	$F_Q^\circ\cos\varphi$	$-F_H\sin\varphi$	F_Q	$F_Q^\circ\sin\varphi$	$F_H\cos\varphi$	F_N
4	3.00	0.50	26°34′	0.447	0.894	3	20	−18.0	2	2.68	−2.68	0	1.34	5.36	6.7
6	3.75	0.25	14°2′	0.243	0.970	1	24	−22.5	1.5	0.97	−1.46	−0.49	0.24	5.82	6.06
8	4.00	0	0	0	1	−1	24	−24.0	0	−1.00	0	−1.00	0	6.00	6.00
10	3.75	−0.25	−14°2′	0.243	0.970	−1	22	−22.5	−0.5	−0.97	1.46	0.49	0.24	5.82	6.06
12	3.00	−0.50	−26°34′	−0.447	0.894	−1	20	−18.0	2	−0.89	2.68	1.79	0.45	5.36	5.81
						−5				−4.47		−1.79	2.24		7.60
14	1.75	−0.75	−36°52′	−0.600	0.800	−5	10	−10.5	−0.5	−4.00	3.60	−0.4	3.00	4.80	7.80
16	0	−1	−45°	−0.707	0.707	−5	0	0	0	−3.54	4.24	0.7	3.54	4.24	7.78

注：表中尺寸单位为m，弯矩单位为kN·m，剪力、轴力单位为kN。

3.4.3 三铰拱的合理轴线

对于三铰拱来说，一般情况下截面上有弯矩、剪力和轴力的作用，而处于偏心受压状态，其正应力分布不均匀。为了使截面上产生均匀的正应力，从而充分利用材料，在给定荷载作用下，可以选取适当的拱轴线，使拱上各截面弯矩为零，只承受轴力，这样的拱轴线就称为所作用荷载下的合理轴线。

竖向荷载作用下三铰拱合理拱轴的一般表达式：

由式（3-8），任意截面的弯矩表达式为：

$$M = M^\circ - F_Hy$$

当拱轴为合理拱轴时，$M=0$

故得：
$$y = \frac{M^\circ}{F_H} \qquad (3\text{-}11)$$

由式（3-11）可知：合理轴线的竖标 y 与相应简支梁的弯矩竖标成正比。当拱上所受荷载为已知时，只需求出相应简支梁的弯矩方程，然后除以推力 F_H，便可得到拱的合理轴线方程。

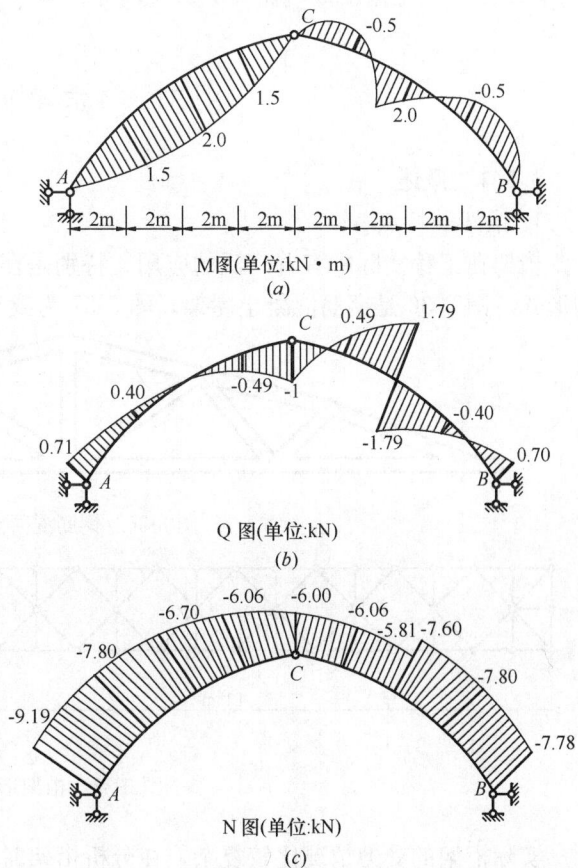

M图(单位:kN·m)
(a)

Q图(单位:kN)
(b)

N图(单位:kN)
(c)

图 3-34　例题 3-6 图Ⅱ

【例3-7】 设三铰拱承受沿水平方向满跨均匀分布的竖向荷载，试求其合理轴线。

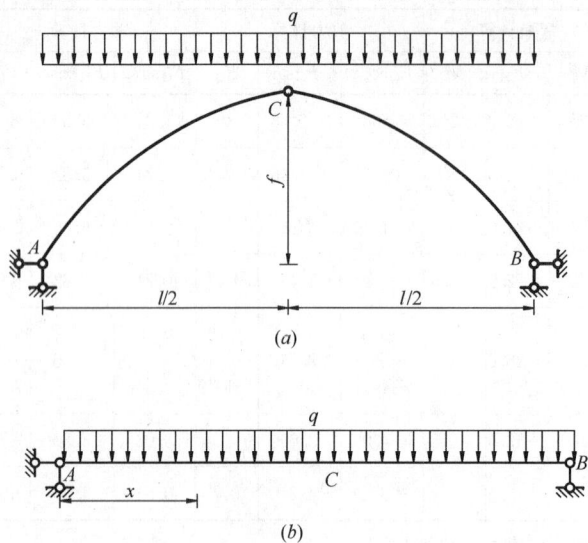

图3-35 例题3-7图

【解】 相应简支梁（图3-35b）的弯矩方程：

$$M^\circ = \frac{1}{2}qlx - \frac{1}{2}qx^2 = \frac{1}{2}qx(l-x)$$

三铰拱的推力：

$$F_H = \frac{M^\circ_C}{f} = \frac{ql^2}{8f}$$

所以

$$y = \frac{M^\circ}{F_H} = \frac{4f}{l^2}x(l-x)$$

由此可知，在满跨的竖向均布荷载作用下，三铰拱的合理轴线为一抛物线。正因为如此，房屋建筑中拱的轴线常用抛物线。

3.5 静定平面桁架

3.5.1 概述

1. 桁架的特点

桁架在工程实际中有着广泛的应用，特别是在大跨度结构中，桁架更是一种常用的结构形式。图3-36是钢筋混凝土屋架，图3-37为武汉长江大桥所采用的桁架形式。

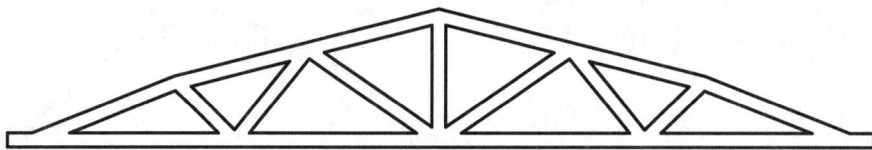

图3-36 钢筋混凝土屋架

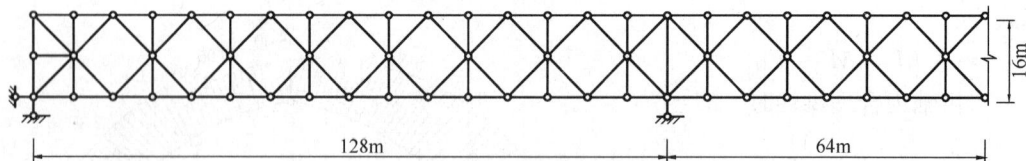

图3-37 桁架形式

实际桁架的受力情况比较复杂，在分析桁架时，必须抓住主要矛盾，对实际结构作必要的简化。通常在桁架的内力计算中，采用下列假定：

（1）桁架的节点都是光滑的铰节点；

（2）各杆的轴线均为直线，并都通过铰的中心；

（3）荷载和支座反力都作用在节点上。

符合上述假定的桁架称为理想桁架。

图 3-38（a）就是根据上述假定作出的一个桁架计算简图，各杆均用轴线表示，节点的小圆圈代表铰。图 3-38（b）所示为从这个桁架中任意取出的一根杆件 CD，按上述三个假定，杆件 CD 内不会产生弯矩和剪力，而只产生轴力，即桁架中每一杆件只在两端承受互相平衡的一对轴向力作用，其轴力可能是拉力，也可能是压力。

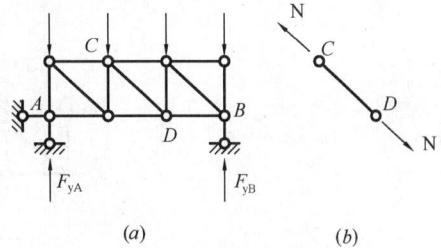

实际的桁架与理想桁架之间是有差别的，除木桁架的榫接节点比较接近于铰节点外，钢桁架和钢筋混凝土桁架的节点都有很大的刚性，有些杆件在节点处是连续不断的，或杆件之间的夹角

图 3-38　桁架计算简图

不能发生变化。另外，各杆的轴线不一定全是直线，节点上各杆的轴线也不一定全交于一点，荷载不一定都作用在节点上等。因此实际桁架中的某些杆件并非只受轴力，还将产生弯矩。通常把按理想桁架计算出来的内力称为主内力，由于实际情况与理想桁架不同而产生的附加内力称为次内力。本节只限于讨论理想桁架的情况。

2. 桁架的组成

根据几何组成的特点，静定平面桁架可分为三类：

（1）简单桁架：由基础或一个基本铰接三角形开始，依次增加二元体组成的桁架，如图 3-39（a）、（b）所示。

（2）联合桁架：由几个简单桁架按几何组成规则形成的桁架，如图 3.39（c）所示。

（3）复杂桁架：凡不属于前两类的桁架，如图 3.39（d）所示。

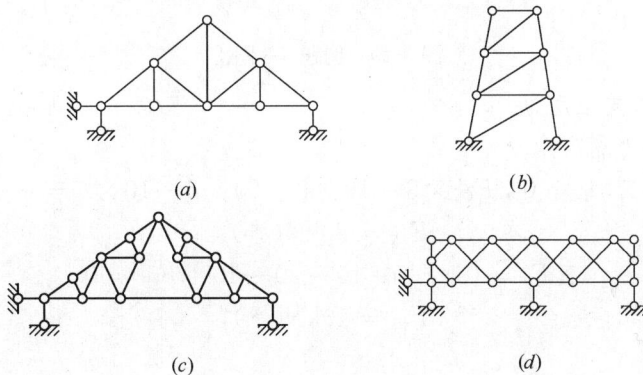

图 3-39　静定平面桁架分类

3.5.2　桁架的内力计算

1. 节点法

节点法就是取桁架的节点为隔离体，利用平面汇交力系的两个平衡条件计算杆件的内力。

由于每个节点只有两个独立的平衡方程，故截取节点时，应力求作用于该节点的未知力不超过两个。在简单桁架中，实现这一点并不困难，因为简单桁架是由某一铰接三角形或基础依次增加二元体所组成的，最后一个节点必定只包含两根杆件。因此只要保证截取节点的次序与桁架节点组成次序相反，就能顺利地求解全部轴力。

下面用例题说明节点法的详细计算步骤。

【例 3-8】 试用节点法求解如图 3-40（a）所示桁架中各杆的轴力。

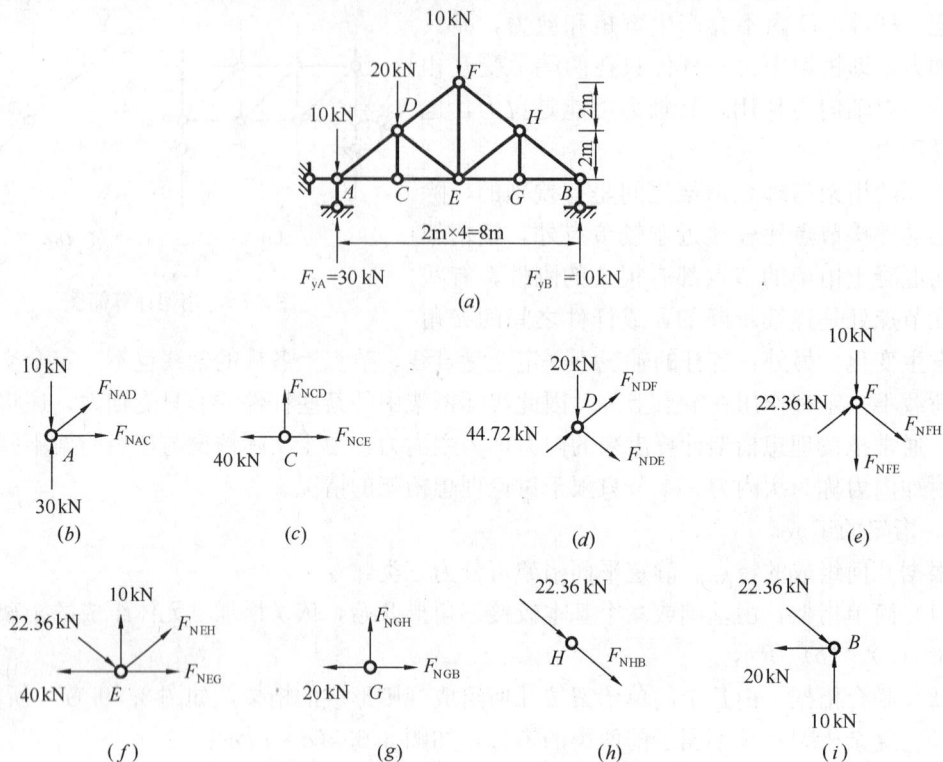

图 3-40 例题 3-8 图 I

【解】 （1）求支座反力

选取整个桁架为隔离体

$$\Sigma M_B = 0 , F_{yA} \times 8 - 10 \times 8 - 20 \times 6 - 10 \times 4 = 0$$

$$F_{yA} = 30kN(\uparrow)$$

$$\Sigma F_y = 0 , F_{yA} - 10 - 20 - 10 + F_{yB} = 0$$

$$F_{yB} = 10kN(\uparrow)$$

（2）选取节点 A

如图 3-40（a）所示桁架，可认为它是从三角形 BGH 开始，每次用两杆连接一个新节点 E、F、D、C、A 组成的。因此计算时先从节点 A 开始，依次选取 C、D、F、E、G、H 节点进行计算。在计算过程中，通常先假设杆的未知轴力为拉力，如所得结果为负，则为压力。

取节点 A 为隔离体（图 3-40b）

$$\Sigma F_y = 0 , F_{NAD} \times \frac{1}{\sqrt{5}} - 10 + 30 = 0$$

$$F_{NAD} = -44.72kN$$

$$\sum F_x = 0, \ F_{NAD} \times \frac{2}{\sqrt{5}} + F_{NAC} = 0$$

$$F_{NAC} = -F_{NAD} \times \frac{2}{\sqrt{5}} = -(-44.72) \times \frac{2}{\sqrt{5}} = 40\text{kN}$$

（3）取节点 C 为隔离体（图 3-40c）

$$\sum F_x = 0, \ F_{NCE} = 40\text{kN}$$

$$\sum F_y = 0, \ F_{NCD} = 0$$

（4）取节点 D 为隔离体（图 3-40d）

$$\sum F_x = 0, \ 44.72 \times \frac{2}{\sqrt{5}} + F_{NDF} \times \frac{2}{\sqrt{5}} + F_{NDE} \times \frac{2}{\sqrt{5}} = 0$$

$$\sum F_y = 0, \ -20 + 44.72 \times \frac{1}{\sqrt{5}} + F_{NDF} \times \frac{1}{\sqrt{5}} - F_{NDE} \times \frac{1}{\sqrt{5}} = 0$$

联立求解得： $\quad F_{NDF} = -22.36\text{kN}, \ F_{NDE} = -22.36\text{kN}$

（5）取节点 F 为隔离体（图 3-40e）

$$\sum F_x = 0, \ F_{NFH} = -22.36\text{kN}$$

$$\sum F_y = 0, \ F_{NFE} = 10\text{kN}$$

（6）取节点 E 为隔离体（图 3-40f）

$$\sum F_y = 0, \ F_{NEH} = 0$$

$$\sum F_x = 0, \ F_{NEG} = 20\text{kN}$$

（7）取节点 G 为隔离体（图 3-40g）

$$\sum F_y = 0, \ F_{NGH} = 0$$

$$\sum F_x = 0, \ F_{NGB} = 20\text{kN}$$

（8）取节点 H 为隔离体（图 3-40h）

$$F_{NHB} = -22.36\text{kN}$$

最后选取节点 B 为隔离体（图 3-40i），校核是否满足平衡条件。

$$\sum F_x = 0, \ -20 + 22.36 \times \frac{2}{\sqrt{5}} = 0$$

$$\sum F_y = 0, \ 10 - 22.36 \times \frac{1}{\sqrt{5}} = 0$$

为了清晰起见，将各杆的内力标注在图 3-41 中。

对于图 3-40（a）所示的简单桁架，也可以认为由三角形 ACD 开始，依次连接节点 E、F、H、G、B 组成的，所以这个桁架也可以按 B、G、H、F、E、D、C、A 的次序截取节点。

现将节点法求解简单桁架的注意事项总结如下：

①为了保证所截取节点上的未知轴力个数不多于两个，截取节点的次序与桁架节点的组成次序相反。

②求解过程中，为了避免使用三角函数，对于斜杆轴力的计算，时常用杆轴力 F_N 的

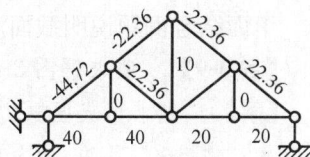

图 3-41　例题 3-8 图 Ⅱ

水平分力 F_x 或竖向分力 F_y 作为未知数，待求出其中一个分力后，即可利用公式求出另一个分力和斜杆轴力。

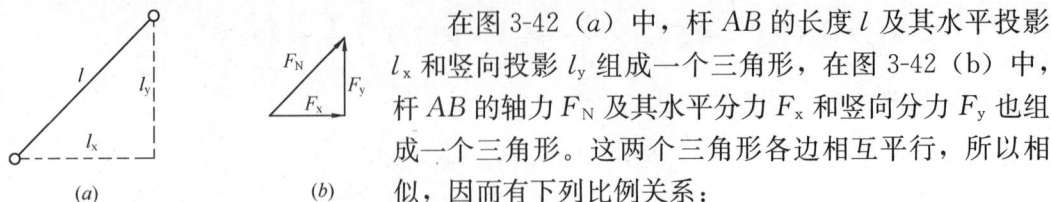

图 3-42 轴力三角形与跨度三角形

在图 3-42（a）中，杆 AB 的长度 l 及其水平投影 l_x 和竖向投影 l_y 组成一个三角形，在图 3-42（b）中，杆 AB 的轴力 F_N 及其水平分力 F_x 和竖向分力 F_y 也组成一个三角形。这两个三角形各边相互平行，所以相似，因而有下列比例关系：

$$\frac{F_N}{l} = \frac{F_x}{l_x} = \frac{F_y}{l_y} \qquad (3-12)$$

利用这个比例关系，可以很简便地由一个分力推算出另一个分力。

③在计算过程中，已知的力按实际方向画出，未知的轴力通常假设为拉力。

2. 零杆的判定

桁架中内力为零的杆件称为零杆

根据节点的平衡条件，很容易得出零杆的判定准则。

（1）节点只包含两根杆件，两杆不共线且无节点荷载，则两杆内力都为零。（图 3-43a）

（2）节点包含三根杆件，其中两杆共线且无节点荷载，则不共线杆内力为零。（图 3-43b）

（3）节点包含两根杆件，荷载沿一杆轴方向作用，则另一杆内力为零。（图 3-43c）

在求解桁架内力之前，若能预先判别出零杆，就能使其余杆件的内力计算得到简化。

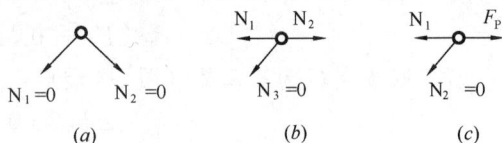

图 3-43 零杆的判定准则

3. 截面法

截面法是用截面切断拟求内力的杆件，从桁架中截出一部分为隔离体（隔离体包含两个以上的节点），利用平面一般力系的三个平衡方程，计算所切各杆中的未知轴力。如果所切各杆中的未知轴力只有三个，它们既不相交，也不平行，则用截面法直接可求出这三个未知轴力。截面法适用于计算联合桁架以及简单桁架中只需求解少数指定杆件轴力的情况。

由于每个隔离体只有三个平衡方程，故作截面时，切断的未知轴力的杆件不多于三根。

下面结合例题说明截面法求解杆件轴力的计算步骤和技巧。

【例 3-9】 试求解图 3-44（a）所示桁架中 CE、DE、DF 三杆的轴力。

【解】 先求出支座反力

由［例 3-8］已得：$F_{yA} = 30\text{kN}(\uparrow)$，$F_{yB} = 10\text{kN}(\uparrow)$

此桁架是简单桁架，虽然可以采用节点法计算，但必须从端部开始，逐步截取节点 A、C、D、F，才能求出指定杆件的轴力，计算过程比较繁琐。因此，对于这种只求少数杆件轴力的问题，以直接采用截面法较为方便。

作截面 I - I，切断 CE、DE、DF 三杆，取桁架左边部分为隔离体（图 3-44b），应

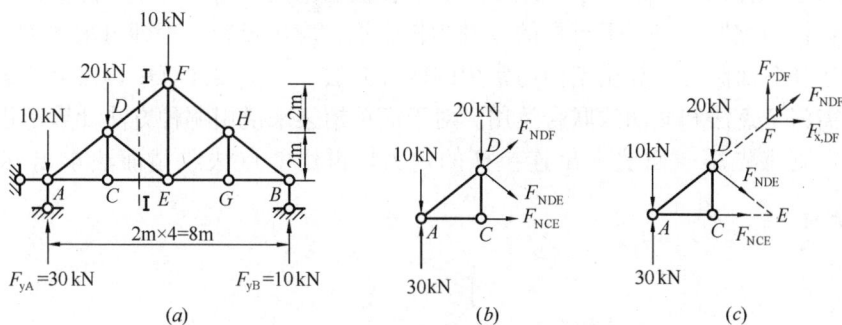

图 3-44 例题 3-9 图

用平衡方程求轴力时，应注意避免解联立方程。例如，为了求未知力 F_{NCE}，可选取另外两个未知力 F_{NDE} 和 F_{NDF} 的交点 D 为力矩中心，列出力矩平衡方程。

$$\Sigma M_D = 0 , (30-10) \times 2 - F_{NCE} \times 1 = 0$$

$$F_{NCE} = 40kN$$

为了求得 F_{NDF}，选取 F_{NDE} 和 F_{NCE} 两力的交点 E 为矩心。此外，为了便于计算斜杆轴力 F_{NDF} 的力臂，可将 F_{NDF} 沿其作用线移到节点 F，并分解为水平与竖向两分力（图 3-44c），因竖向分力通过矩心 E，故由 $\Sigma M_E = 0$ 得：

$$(30-10) \times 4 - 20 \times 2 + F_{xDF} \times 2 = 0$$

$$F_{xDF} = -20kN$$

由

$$\frac{F_{xDF}}{2} = \frac{F_{NDF}}{\sqrt{5}} \ 得$$

$$F_{NDF} = -22.36kN$$

同理，为求得 F_{NDE}，选取 F_{NCE} 和 F_{NDF} 两力的交点 A 为矩心，将力 F_{NDE} 沿其作用线移至 E 点分解，其中水平力通过矩心 A，由 $\Sigma M_A = 0$ 得 $F_{NDE} = -22.36kN$。

F_{NDE} 也可利用力的投影方程 $\Sigma F_x = 0$ 或 $\Sigma F_y = 0$ 求解。

在某些情况下，若截面所切未知轴力的杆件数超过三根，而除了拟求的一个未知轴力外，其他各未知轴力均汇交于同一点或相互平行，则仍可用力矩方程或者投影方程求出该杆轴力，这是截面法中的特殊情况。例如图 3-45（a）所示的 K 式桁架，拟求上弦杆轴力 F_{N1}，可作截面 I-I，在被切割的四根杆件中，除 1 杆外，其余三杆均交与一点，由截面以左或以右的任一隔离体，应用力矩方程 $\Sigma M=0$，极易求出 F_{N1}。再如图 3-45（b）所示

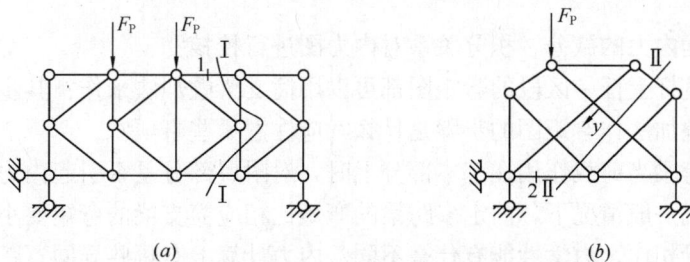

图 3-45　特殊截面的选择

桁架，拟求下弦杆轴力 F_{N2}，可作截面Ⅱ-Ⅱ，在被切割的四根杆件中，除2杆外其余三杆均相互平行，因此取垂直于平行杆的 y 轴为投影轴，应用投影方程即可求出 F_{N2}。

节点法和截面法为计算桁架内力常用的两种方法，在桁架计算中，需灵活运用两种方法，有时需将节点法和截面法联合运用。对于简单桁架来说用哪种方法计算都很方便。对联合桁架，则宜先用截面法求出连接杆的内力，再用节点法或截面法求出其他杆件的内力。

小　　结

本章主要讨论各种静定结构的受力分析。基本方法是选取隔离体，建立平衡方程，求解支座反力和杆件内力。下面将各种结构形式的分析要点及其受力特点总结如下。

1. 梁和刚架

梁和刚架受力分析的结果通常是绘出结构各杆的 M 图及相应的 F_Q 图和 F_N 图。其内力图的绘制方法都是首先利用截面法，求出控制截面的内力，然后根据荷载与内力图的关系分段绘出内力图，弯矩图常采用分段叠加法。

梁和刚架中的杆件均是受弯杆件。在受弯杆件中，由于弯曲变形引起截面上的应力分布不均匀，因此材料强度得不到充分的利用。

2. 桁架

对于理想桁架，各杆件的截面只有轴力，处于无弯矩状态。受力分析的结果是计算桁架各杆的轴力。节点法和截面法是计算桁架内力的基本方法，要熟练掌握，并会联合运用。由于桁架中的杆件只产生轴力，杆件截面上的应力分布均匀，能充分利用材料的强度，因此桁架能跨越较大跨度。

3. 三铰拱

三铰拱在竖向荷载作用下，产生水平推力，由于水平推力的存在，三铰拱截面的弯矩比相应简支梁的要小。而在给定荷载作用下，若恰当地选择轴线，可使整个拱只承受压力，因此三铰拱结构不仅能跨越较大的空间，而且可以采用抗压强度较高的砖、石、混凝土等建筑材料来建造。

不同结构形式，均有其各自使用的范围，在选择结构形式时，除从受力状态方面考虑外，还应进行全面的分析和比较，才能获得最佳方案。

思 考 题

1. 如何根据内力的微分、积分关系对内力图进行校核？
2. 为什么直杆上任一区段的弯矩图都可以用简支梁叠加法来作？其步骤如何？
3. 用分段叠加法作弯矩图的步骤是什么？应注意哪些事项？
4. 静定多跨梁当荷载作用在基本部分上时，对附属部分是否引起内力，为什么？
5. 为什么说一般情况下，静定多跨梁的弯矩比相应简支梁的弯矩要小？
6. 刚架与梁相比，力学性能有什么不同？内力计算上有哪些异同？
7. 怎样根据弯矩图来作剪力图？又怎样进而作出轴力图？

8. 对于简单桁架和联合桁架，怎样利用桁架几何构造的特点简化计算，以避免解联立方程？

9. 桁架零杆的判定准则有哪些？

10. 为什么三铰拱式屋架常加拉杆？

11. 能利用拱的反力和内力的计算公式求三铰刚架的反力和内力吗？

12. 什么是拱的合理轴线？拱高对合理轴线有无影响？

习 题

1. 试作图示单跨静定梁的内力图。

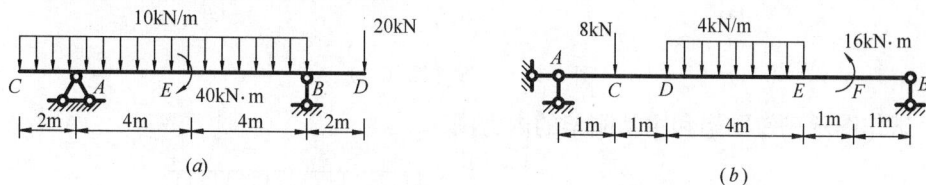

图 3-46 习题 1 图

2. 试作图示多跨静定梁的内力图。

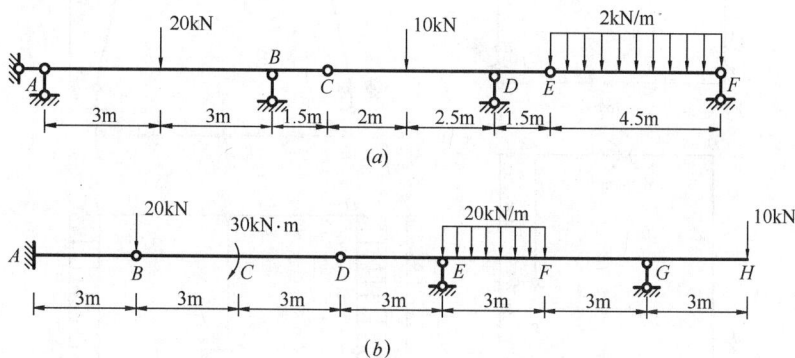

图 3-47 习题 2 图

3. 试作图示刚架的内力图。

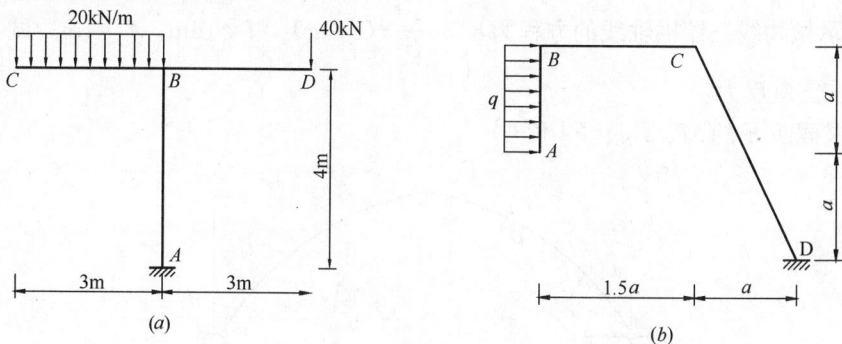

图 3-48 习题 3 图（一）

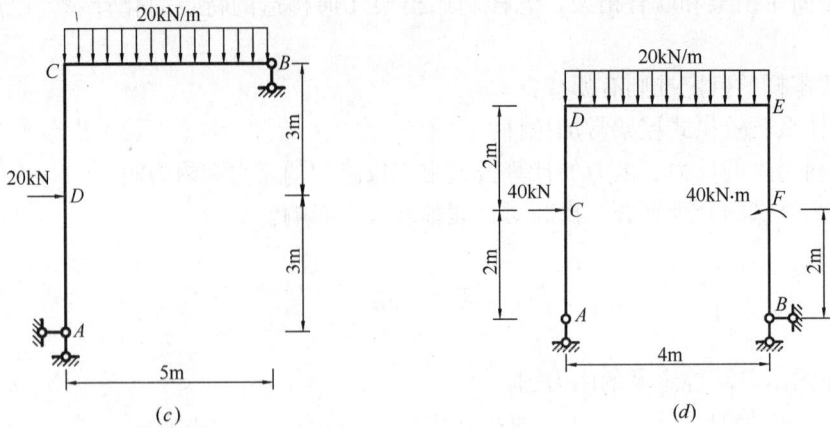

图 3-48 习题 3 图（二）

4. 试作图示三铰刚架和主从刚架的内力图。

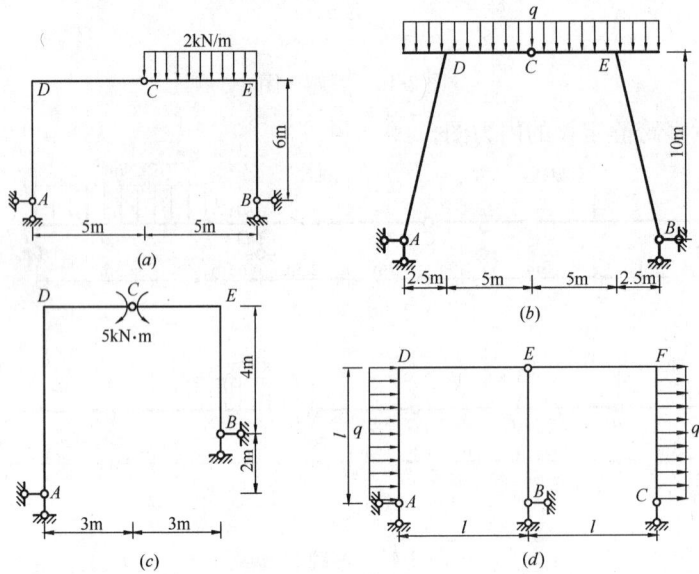

图 3-49 习题 4 图

5. 图示抛物线三铰拱轴线的方程为 $y = \dfrac{4f}{l^2}x(l-x)$，$l=16\text{m}$，$f=4\text{m}$。试：

（1）求支座反力。

（2）求截面 E 的 M、F_N、F_Q 值

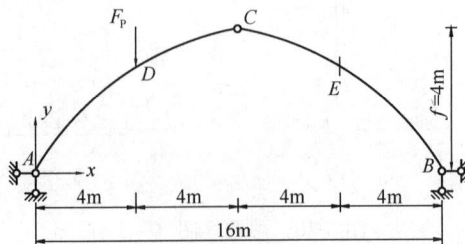

图 3-50 习题 5 图

（3）求 D 点左右两侧截面的 F_N、F_Q 值

6. 试用节点法计算图示桁架中各杆的轴力。

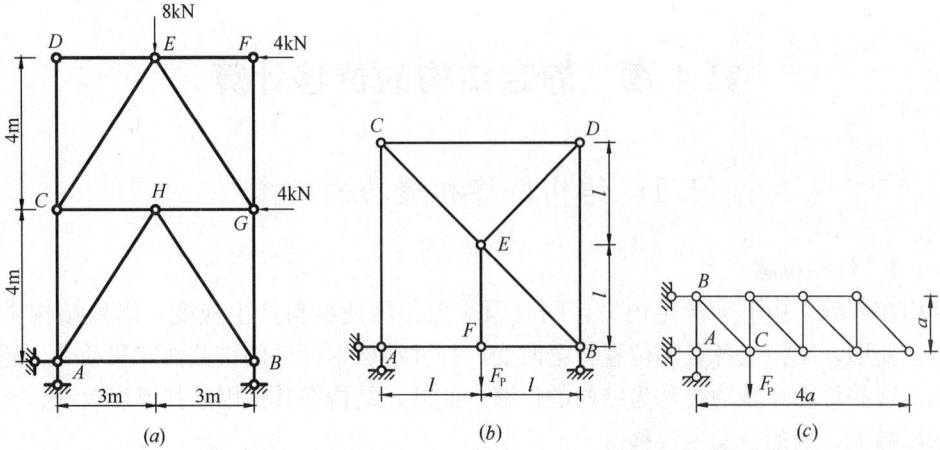

图 3-51 习题 6 图

7. 试用较简捷的方法计算图示桁架中指定杆件的轴力。

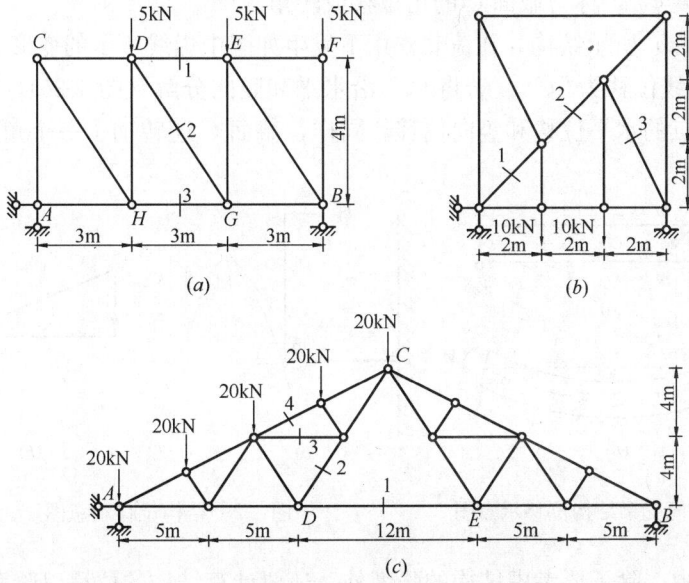

图 3-52 习题 7 图

第4章 静定结构的位移计算

4.1 结构位移和虚功的概念

4.1.1 结构位移

结构在荷载作用下会产生内力，同时因应力作用使材料产生应变，以致结构发生变形。由于变形，结构上各点的位置将会改变。杆件结构中杆件的横截面除移动外，还将发生转动。这些移动和转动统称为结构的位移。此外，结构在其他因素如温度改变、支座位移等的影响下，也都会发生位移。

例如图 4-1（a）所示简支梁，在荷载作用下梁的形状由直变弯，如图 4-1（b）所示。这时，横截面 m—m 的形心 C 移动了一个距离 CC′，称为 C 点的线位移。同时截面 m—m 还转动了一个角度 φ_C，称为截面 C 的角位移或转角。

又如图 4-2（a）所示结构，在荷载作用下发生如图中虚线所示的变形。此时，C 点移至 C′，即 C 点的线位移为 CC′。若将 CC′ 沿水平和竖向分解（图 4-2b），则分量 C′C′ 和 CC″ 分别称为 C 点的水平位移和竖向位移。同样，截面 C 还转动了一个角度 φ_C，这就是截面 C 的角位移。

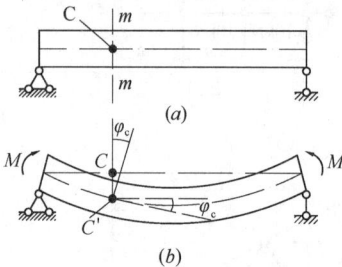

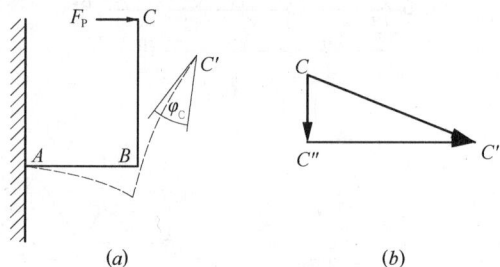

图 4-1　简支梁结构位移示意图　　　图 4-2　结构位移示意图

在结构设计中，除了要考虑结构的强度外，还要计算结构的位移以验算其刚度。验算刚度的目的，是保证结构在使用过程中不发生过大的位移。

计算结构位移的另一个重要目的，是为超静定结构的计算打下基础。在计算超静定结构的反力和内力时，除利用静力平衡条件外，还必须考虑结构的位移条件。这样，位移的计算就成为解算超静定结构时必然会遇到的问题。

此外，在结构的制作、架设等过程中，常需预先知道结构位移后的位置，以便采取一定的施工措施，因而也需要计算其位移。

本章所研究的是线性变形体系位移的计算。所谓线性变形体系是指位移与荷载成比例的结构体系，荷载对这种体系的影响可以叠加，而且当荷载全部撤除后，由荷载引起的位移也完全消失。这样的体系，应力与应变的关系符合胡克定律，且变形应是微小的，在计算结构的反力和内力时，可认为结构的几何形状和尺寸，以及荷载的位置和方向保持不变。

4.1.2 功和虚功

力学中功的定义是：一个不变的集中力所作的功等于该力的大小与其作用点沿力作用线方向的分位移的乘积。

例如在图 4-3（a）所示结构中，A 点处作用一个集中力 F，待达到平衡以后，假设由于某种其他原因结构继续发生如图 4-3（b）中虚线所示的变形，力 F 的作用点由 A 移动到 A'。在移动过程中，如果力的大小和方向均保持不变，则力 F 所作的功为

$$W = F\Delta$$

式中，Δ 是 A 点的线位移 AA' 在力作用线方向的分位移，也称为与力 F 相应的位移。为了清晰，在图 4-3（a）中没有标明由于力 F 作用而使结构发生的变形，在图 4-3（b）中则没有标明使结构发生变形的原因。

对于其他形式的力或力系所作的功，也常用两个因子的乘积来表示，其中与力相应的因子称为广义力，而与位移相应的因子称为广义位移，即广义力在广义位移上作功。下面分别对几种力系所作的功加以说明。

如图 4-4（a）所示结构，在 A、B 两点受有一对大小相等、方向相反并沿 AB 连线作用的力 F。当此结构由于某种其他原因发生图 4-4（b）中虚线所示的变形时，A、B 两点分别移至 A' 和 B'。设以 Δ_A 和 Δ_B 分别代表 A、B 两点沿 AB 连线方向的分位移，则这一对大小和方向保持不变的力 F 所作的功为

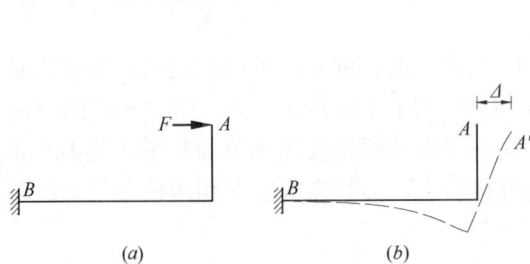

图 4-3　集中力与线位移　　　　图 4-4　相对力与相对位移

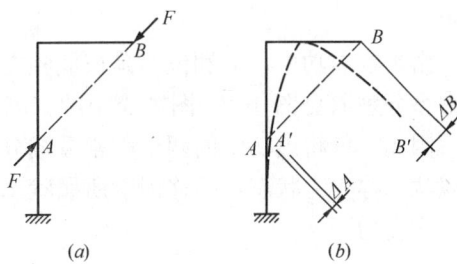

$$W = F\Delta_A + F\Delta_B = F(\Delta_A + \Delta_B) = F\Delta$$

式中，$\Delta = \Delta_A + \Delta_B$ 代表 A、B 两点沿其连线方向的相对线位移，它就是广义位移，而广义力是作用于 A、B 两点，并沿该两点连线方向的一对等值而反向的力 F。

又如图 4-5（a）所示结构，在 C、D 两节点上作用着与杆 CD 垂直的等值而反向的两个力 F。设由于某种其他原因使结构发生变形时，C、D 两点分别移至 C'、D' 的位置（图 4-5b），并用 Δ_C 和 Δ_D 分别表示 C、D 两点沿力 F 方向的分位移，则这两个大小和方向不变的力 F 所作的功为

$$W = F\Delta_C + F\Delta_D = F(\Delta_C + \Delta_D) = Fd\frac{\Delta_C + \Delta_D}{d}$$

式中，d 为 CD 杆的长度，Fd 即代表两个等值而反向的力 F 所形成力偶的力偶矩 $M = Fd$。又注意到在小变形假设的前提下，结构产生的位移也是微小的。因此，在图 4-5（b）中，当 CD 杆的转角为 φ 时，则有

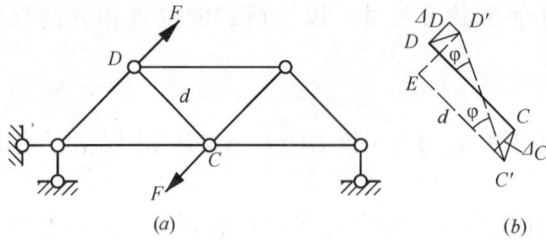

$$\varphi \approx \frac{ED'}{EC'} = \frac{\Delta_C + \Delta_D}{d}$$

故两力所作总功可写为

$$W = M\varphi$$

此时，所取的广义力为力偶 M，广义位移为 CD 杆的转角 φ。

再如图 4-6（a）所示两端受等值而反向力偶 M 作用的简支梁 AB，当由于

图 4-5　力偶与转角位移

某种其他原因发生图 4-6（b）中虚线所示的变形时，其力偶矩大小不变的两端力偶所作总功为

$$W = M\alpha + M\beta = M\varphi$$

此时取作用于 A、B 两端等值而反向的力偶 M 作为广义力，而取 A、B 两端截面的相对转角 φ 作为广义位移。

由以上例子可见，作功时广义力与相应广义位移的乘积都具有功的量纲。

由前述定义可知，功包含两个要素——力和位移。当力与位移分属于两个相互无关的状态时，这类功称为虚功。

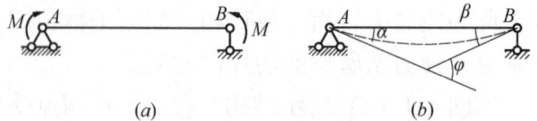

图 4-6　相对力偶与相对转角位移

而作用在结构上的外力（包括荷载和支座反力）所作的虚功，则称为外力虚功，以 W 表示。

由于在虚功中，力和位移是彼此独立无关的两个因素，例如以上讨论的功，其中作功的力系分别取自图 4-3～图 4-6 中的（a）图，而位移对应取自图 4-3～图 4-6 中的（b）图。因此，可将虚功中的两个因素看成分属于同一结构的两种彼此无关的状态，其中力系所属状态称为力状态，位移因素所属状态称为位移状态，力状态的力在相应位移状态的位移上作虚功。

4.2　变形体系的虚功原理和单位荷载法

4.2.1　虚应变能

当结构力状态的外力在结构位移状态的相应位移上作虚功时，力状态的内力也因位移状态的相对变形而作虚功，这种虚功称为虚应变能，以 V 表示。

对于杆件结构，设力状态（图 4-7a）中杆件任一微段 ds 上的内力为 F_{N1}、F_{Q1}、M_1（图 4-7c）；而位移状态（图 4-7b）中杆件对应微段的轴向、剪切和弯曲变形分别为 du_2、dv_2 和 $d\varphi_2$，如图 4-7（d）、（e）、（f）所示。当略去高阶微量后，微段上的虚应变能可表示为

$$dV = F_{N1} du_2 + F_{Q1} dv_2 + M_1 d\varphi_2$$

将微段虚应变能沿杆长进行积分，然后对结构的全部杆件求和，即得杆件结构总的虚应变能为

$$V = \Sigma \int F_{N1} du_2$$

$$+ \Sigma \int F_{Q1} \mathrm{d}v_2 + \Sigma \int M_1 \mathrm{d}\varphi_2$$

或　$V = \Sigma \int F_{N1} \varepsilon_2 \mathrm{d}s$

$$+ \Sigma \int F_{Q1} \gamma_2 \mathrm{d}s + \Sigma \int M_1 \kappa_2 \mathrm{d}s$$

对于由直杆构成的结构，有

$$V = \Sigma \int F_{N1} \varepsilon_2 \mathrm{d}x + \Sigma \int F_{Q1} \gamma_2 \mathrm{d}x$$

$$+ \Sigma \int M_1 \kappa_2 \mathrm{d}x \qquad (4\text{-}1)$$

式中，ε_2、γ_2 和 κ_2 分别为微段的正应变、切应变和曲率。

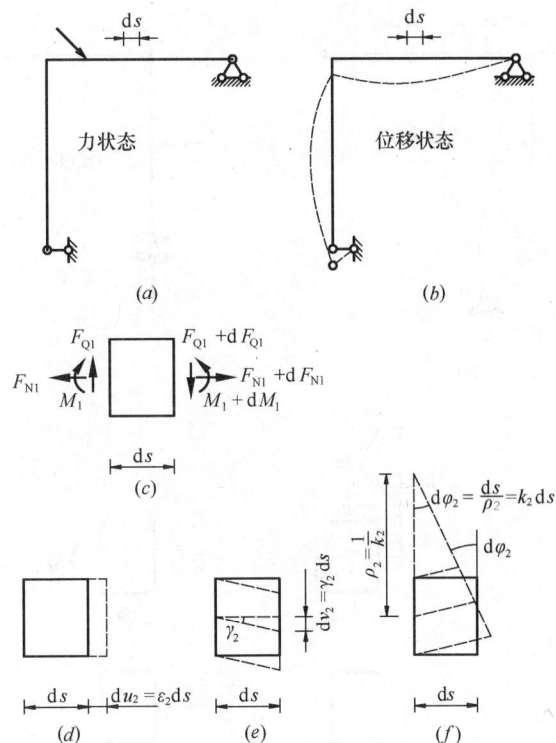

图 4-7　杆件结构的力状态和位移状态

4.2.2　变形体系的虚功原理

变形体系的虚功原理可表述为：设变形体系在力系作用下处于平衡状态（力状态），而该变形体系由于其他原因产生符合约束条件的微小连续变形（位移状态），则力状态的外力在位移状态的位移上所作的虚功 W，恒等于力状态的内力在位移状态的变形上所作的虚功，即虚应变能 V。简写为

$$W = V$$

对于杆件结构虚功原理可用下式表达

$$W = \Sigma \int F_{N1} \mathrm{d}u_2 + \Sigma \int F_{Q1} \mathrm{d}v_2 + \Sigma \int M_1 \mathrm{d}\varphi_2$$

或　　　$$W = \Sigma \int F_{N1} \varepsilon_2 \mathrm{d}s + \Sigma \int F_{Q1} \gamma_2 \mathrm{d}s + \Sigma \int M_1 \kappa_2 \mathrm{d}s \qquad （4\text{-}2）$$

对于由直杆构成的结构

$$W = \Sigma \int F_{N1} \varepsilon_2 \mathrm{d}x + \Sigma \int F_{Q1} \gamma_2 \mathrm{d}x + \Sigma \int M_1 \kappa_2 \mathrm{d}x$$

式（4-2）称为杆件结构的虚功方程。

虚功原理有两种用法：

（1）虚设位移状态——可求实际力状态的未知力。这是在实际的力状态与虚设的位移状态之间应用虚功原理，这种形式的应用即为虚位移原理。

（2）虚设力状态——可求实际位移状态的位移。这是在实际的位移状态与虚设的力状态之间应用虚功原理，这种形式的应用即为虚力原理。

4.2.3　单位荷载法

从虚力原理出发，利用虚功方程（4-2）即可导出计算杆件结构位移的单位荷载法。

如图 4-8（a）所示为某一结构，由于荷载 F_{P1} 和 F_{P2}、支座 A 的位移 c_1 和 c_2 等各种因素的作用而发生如图中虚线所示的变形，这一状态称为结构的实际状态。现要求出实际状态中 D 点的水平位移 Δ，所以应将此实际状态作为结构的位移状态。

为了利用虚功方程求得 D 点的水平位移，应选取如图 4-8（b）所示虚设的力状态，即在该结构 D 点处沿水平方向加上一个单位荷载 $F_P = 1$。这时，虚设力状态中 A 处的支座反力为 $\overline{R}_1$、$\overline{R}_2$，B 处的反力为 $\overline{F}_{By}$，结构在单位力和各支座反力的作用下维持平衡，其内力用 $\overline{M}$、$\overline{F}_N$、$\overline{F}_Q$ 来表示。由于结构的力状态是虚设的，故称为虚拟状态。虚拟状态的外力（包括反力）对实际状态的位移所作的总外力虚功为

$$W = 1 \cdot \Delta + \overline{R}_1 c_1 + \overline{R}_2 c_2$$

一般可写为

$$W = \Delta + \Sigma \overline{R} c$$

式中，$\overline{R}$ 表示虚拟状态中的广义支座反力，c 表示实际状态中的广义支座位移，$\Sigma \overline{R} c$ 表示支座反力所作虚功之和。

以 $\mathrm{d}\varphi$、$\mathrm{d}u$、$\mathrm{d}v$ 表示实际状态（图 4-8a）中微段的变形，则总虚应变能为

$$V = \Sigma \int \overline{M} \mathrm{d}\varphi + \Sigma \int F_{\overline{N}} \mathrm{d}u + \Sigma \int \overline{F}_Q \mathrm{d}v$$

由杆件结构的虚功方程（4-

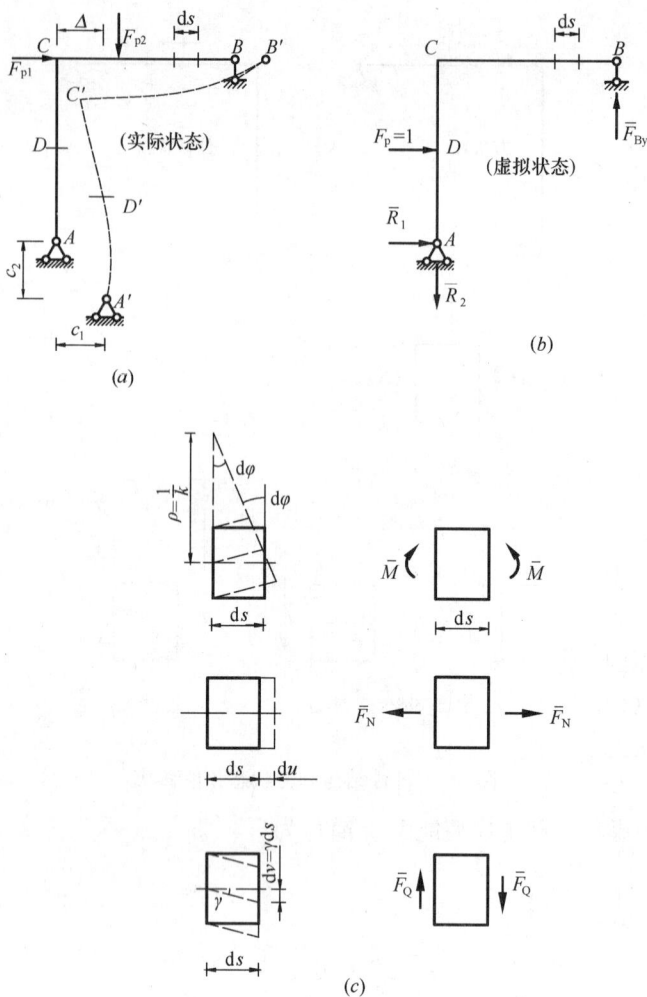

图 4-8 单位荷载法计算杆件结构位移的示意图

2）可得

$$\Delta + \Sigma \overline{R} c = \Sigma \int \overline{M} \mathrm{d}\varphi + \Sigma \int F_{\overline{N}} \mathrm{d}u + \Sigma \int \overline{F}_Q \mathrm{d}v$$

即 $$\Delta = \Sigma \int \overline{M} \mathrm{d}\varphi + \Sigma \int F_{\overline{N}} \mathrm{d}u + \Sigma \int \overline{F}_Q \mathrm{d}v - \Sigma \overline{R} c \qquad (4\text{-}3)$$

这种通过虚设单位广义力作用的力状态，利用虚功方程求位移的方法，称为单位荷载法。式（4-3）适用于任何材料制作、任何外因影响的杆件结构，因此是杆件结构位移计算的一般公式。

应用单位荷载法，每次只能求得一个位移。在计算时，虚拟单位荷载的指向可以任意假定，若按式（4-3）计算出来的结果为正，则表示实际位移的方向与虚拟单位荷载的方向相同，否则相反。这是因为公式中左边的 Δ，实际上为虚拟单位荷载所作的虚功，若计算结果为负，则表示该项虚功为负，即位移的方向与虚拟单位荷载的方向相反。

单位荷载法不仅可用来计算结构的线位移，而且可用来计算其他性质的位移，只要虚

拟状态中的单位荷载与所求位移相应即可。现列举以下几种典型的虚拟状态。

当求结构某两点 A、B 沿其连线方向的相对线位移时，可在该两点沿其连线加上两个方向相反的单位荷载（图 4-9a、b）。

当求梁或刚架某一截面 K 的角位移时，可在该截面处施加一个单位力偶（图 4-9c）；但求桁架中某一杆件 i 的角位移时，则应加一个由两个集中力构成的单位力偶（图 4-9d），其中每一个集中力为 $\frac{1}{l_i}$，分别作用于该杆的两端并与该杆垂直，这里的 l_i 为杆件 i 的长度。

当求梁或刚架上两个截面的相对角位移时，可在这两个截面施加两个方向相反的单位力偶，例如图 4-9e 所示为求铰 C 处左右两侧截面相对角位移的虚拟状态；当求桁架中两根杆件的相对角位移时，则应加两个方向相反的单位力偶，例如图 4-9（f）所示为求 i、j 两杆相对转角的虚拟状态。

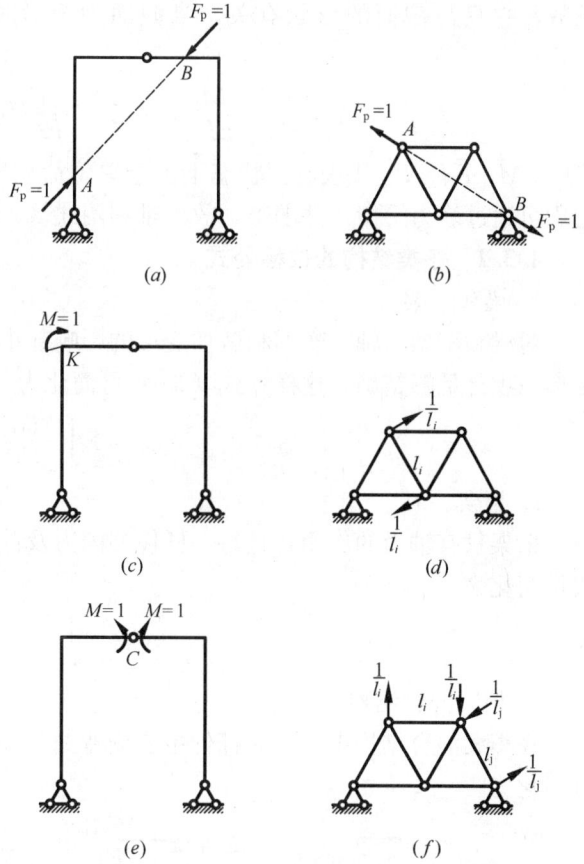

图 4-9　单位荷载假设方法举例

4.3　静定结构由荷载引起的位移计算

4.3.1　荷载引起的位移的计算公式

如果结构只受到荷载作用，无支座移动（即 $c = 0$），则式（4-3）成为

$$\Delta = \Sigma\int \overline{M}\mathrm{d}\varphi + \Sigma\int F_{\overline{N}}\mathrm{d}u + \Sigma\int \overline{F}_Q\mathrm{d}v \tag{4-4}$$

以 M_P、F_{NP}、F_{QP} 表示结构实际状态的内力，则在实际状态下微段的变形分别为

$$\left.\begin{array}{l} \mathrm{d}\varphi = \kappa\mathrm{d}s = \dfrac{M_P}{EI}\mathrm{d}s \\[2mm] \mathrm{d}u = \varepsilon\mathrm{d}s = \dfrac{F_{NP}}{EA}\mathrm{d}s \\[2mm] \mathrm{d}v = \gamma\mathrm{d}s = \dfrac{kF_{QP}}{GA}\mathrm{d}s \end{array}\right\} \tag{4-5}$$

式中，EI、EA 和 GA 分别是杆件的抗弯、抗拉和抗剪刚度；k 为截面的切应力分布不均匀

系数，它只与截面的形状有关，当截面为矩形时，$k = 1.2$。将式（4-5）代入式（4-4），得

$$\Delta = \Sigma \int \frac{\overline{M}M_P}{EI}\mathrm{d}s + \Sigma \int \frac{\overline{F}_N F_{NP}}{EA}\mathrm{d}s + \Sigma \int \frac{k\overline{F}_Q F_{QP}}{GA}\mathrm{d}s \qquad (4\text{-}6)$$

式中，$\overline{M}$、$\overline{F}_N$、$\overline{F}_Q$ 代表虚拟状态下由于单位荷载所产生的内力。在静定结构中，上述内力均可通过静力平衡条件求得，故不难利用式（4-6）求出相应的位移。

4.3.2 各类结构的位移公式

1. 梁和刚架

对梁和刚架，轴向变形和剪切变形的影响甚小，可以略去，其位移的计算只考虑弯曲变形一项已足够精确。这样，式（4-6）可简化为

$$\Delta = \Sigma \int \frac{\overline{M}M_P}{EI}\mathrm{d}s \qquad (4\text{-}7)$$

2. 桁架

桁架只有轴力的作用，且每一杆件的内力及截面都沿杆长 l 不变，故其位移的计算公式可简化为

$$\Delta = \Sigma \int \frac{\overline{F}_N F_{NP} l}{EA} \qquad (4\text{-}8)$$

3. 桁梁混合结构

在桁梁混合结构中，一些杆件主要受弯曲，一些杆件只受轴力，故其位移的计算公式可简化为

$$\Delta = \Sigma \int \frac{\overline{M}M_P}{EI}\mathrm{d}s + \Sigma \int \frac{\overline{F}_N F_{NP} l}{EA} \qquad (4\text{-}9)$$

4. 拱

在拱中，当压力线与拱的轴线相近（即二者的距离与杆件的截面高度为同量级）时，应考虑弯曲变形和拉伸变形的影响，即

$$\Delta = \Sigma \int \frac{\overline{M}M_P}{EI}\mathrm{d}s + \Sigma \int \frac{\overline{F}_N F_{NP}}{EA}\mathrm{d}s \qquad (4\text{-}10)$$

当压力线与拱的轴线不相近时，则只需考虑弯曲变形的影响，按式（4-7）计算位移。

【例 4-1】 试求如图 4-10（a）所示等截面简支梁中点 C 的竖向位移 Δ_{CV}。已知 $EI =$ 常数。

【解】 在 C 点加一竖向单位荷载作为虚拟状态（图 4-10b），分别求出实际荷载和单位荷载作用下梁的弯矩。设以 A 为坐标原点，则当 $0 \leqslant x \leqslant \dfrac{l}{2}$ 时，有

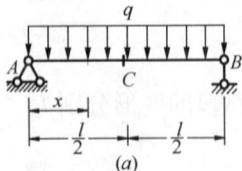

$$\overline{M} = \frac{1}{2}x, \quad M_P = \frac{q}{2}(lx - x^2)$$

因为对称，所以由式（4-7）得

$$\Delta_{CV} = 2\int_0^{\frac{l}{2}} \frac{1}{EI} \times \frac{x}{2} \times \frac{q}{2}(lx - x^2)\mathrm{d}x$$

$$= \frac{q}{2EI}\int_0^{\frac{l}{2}}(lx^2 - x^3)\mathrm{d}x = \frac{5ql^4}{384EI}(\downarrow)$$

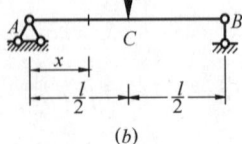

图 4-10 例题 4-1 图

计算结果为正，说明 C 点竖向位移的方向与虚拟单位荷载的方向相同，即向下。

【例 4-2】 试求如图 4-11（a）所示刚架 C 端的水平位移 Δ_{CH} 和角位移 φ_C。已知 EI 为一常数。

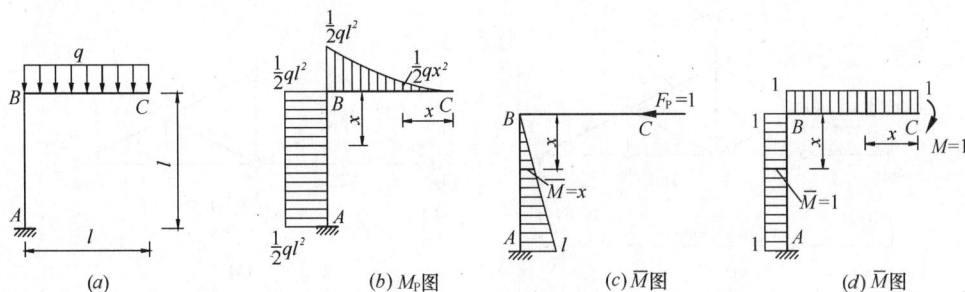

图 4-11　例题 4-2 图

【解】 略去轴向变形和剪切变形的影响，只计算弯曲变形一项。在荷载作用下，弯矩如图 4-11（b）所示。

（1）求 C 端的水平位移时，可在 C 点加上一水平单位荷载作为虚拟状态，其方向取为向左，如图 4-11（c）所示。

两种状态的弯矩假定以内侧受拉为正，分别为

横梁 BC 上　　　　　　　$\overline{M}=0$，$M_P=-\dfrac{1}{2}qx^2$

竖柱 AB 上　　　　　　　$\overline{M}=x$，$M_P=-\dfrac{1}{2}ql^2$

代入式（4-7），得 C 端水平位移为

$$\Delta_{CH}=\Sigma\int\frac{\overline{M}M_P}{EI}\mathrm{d}x=\frac{1}{EI}\int_0^l x\left(-\frac{1}{2}ql^2\right)\mathrm{d}x=-\frac{ql^4}{4EI}(\rightarrow)$$

计算结果为负，表示实际位移与所设虚拟单位荷载的方向相反，即向右。

（2）求 C 端的角位移时，可在 C 点加一单位力偶作为虚拟状态，其方向设为顺时针方向，如图 4-11（d）所示。

两种状态的弯矩分别为

横梁 BC 上　　　　　　　$\overline{M}=-1$，$M_P=-\dfrac{1}{2}qx^2$

竖柱 AB 上　　　　　　　$\overline{M}=-1$，$M_P=-\dfrac{1}{2}ql^2$

代入式（4-7），得 C 端角位移为

$$\varphi_C=\frac{1}{EI}\int_0^l(-1)\left(-\frac{1}{2}qx^2\right)\mathrm{d}x+\frac{1}{EI}\int_0^l(-1)\left(-\frac{1}{2}ql^2\right)\mathrm{d}x=\frac{2ql^3}{3EI}(\circlearrowright)$$

计算结果为正，表示 C 端转动的方向与虚拟力偶的方向相同，即为顺时针方向转动。

【例 4-3】 试求如图 4-12（a）所示木桁架下弦中间节点 5 的挠度。设各杆的截面面积均为

$$A=0.12\mathrm{m}\times 0.12\mathrm{m}=0.0144\mathrm{m}^2，E=850\times10^7\mathrm{Pa}。$$

【解】 虚拟状态如图 4-12（b）所示。实际状态和虚拟状态所产生的杆件内力均列在表 4-1 中，根据式（4-8），可得所求节点 5 的挠度为

$$\Delta_{5V} = \frac{(125\sqrt{5}+260)\text{kN}\cdot\text{m}}{850\times10^4\text{kN/m}^2\times0.0144\text{m}^2} = 0.0044\text{m} = 0.44\text{cm}(\downarrow)$$

正号表示节点 5 的挠度向下。

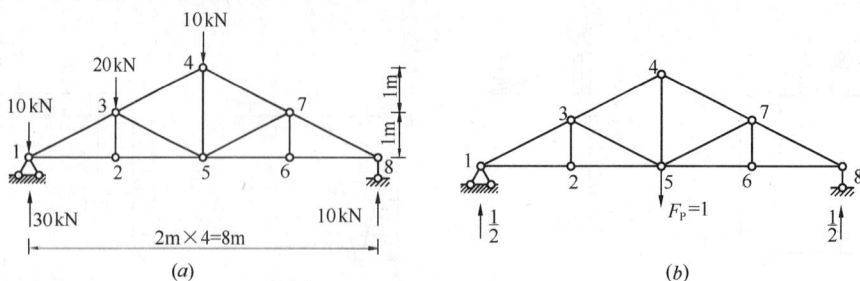

图 4-12　例题 4-3 图

例 4-3 的计算表　　　　　　　　　　表 4-1

杆件		l (m)	$\overline{F}_N$	$\overline{F}_P$(kN)	$\overline{F}_N\,\overline{F}_P l$(kN·m)
上弦	1-3	$\sqrt{5}$	$-0.5\sqrt{5}$	$-20\sqrt{5}$	$50\sqrt{5}$
	3-4	$\sqrt{5}$	$-0.5\sqrt{5}$	$-10\sqrt{5}$	$25\sqrt{5}$
	4-7	$\sqrt{5}$	$-0.5\sqrt{5}$	$-10\sqrt{5}$	$25\sqrt{5}$
	7-8	$\sqrt{5}$	$-0.5\sqrt{5}$	$-10\sqrt{5}$	$25\sqrt{5}$
下弦	1-2	2	1	40	80
	2-5	2	1	40	80
	5-6	2	1	20	40
	6-8	2	1	20	40
竖杆	2-3	1	0	0	0
	4-5	2	1	10	20
	6-7	1	0	0	0
斜杆	3-5	$\sqrt{5}$	0	$-10\sqrt{5}$	0
	5-7	$\sqrt{5}$	0	0	0
					$\Sigma = 125\sqrt{5}+260$

4.4　图　乘　法

在荷载作用下求结构弹性位移的一般公式（4-6）中，需要求下列积分项的值：

$$\int\frac{M_iM_K}{EI}\text{d}x \tag{4-11}$$

本节介绍一种求式（4-11）这类积分值的方法——图乘法。在规定的应用条件下，图乘法可给出积分（4-11）的数值解，而且是精确解。

4.4.1　图乘法及其应用条件

如图 4-13 所示为一直杆或直杆段 AB 的两个弯矩图，其中有一个弯矩图（M_i 图）是直线图。如果在 AB 范围内该杆截面抗弯刚度 EI 为一常数，则式（4-11）这类积分可按下式求出积分值：

$$\int \frac{M_i M_K}{EI} \mathrm{d}x = \frac{1}{EI} \int M_i M_K \mathrm{d}x = \frac{1}{EI} A y_0 \tag{4-12}$$

式中，A 是 AB 段内 M_K 图的面积，y_0 是与 M_K 图形心 C 对应处的 M_i 图标距，即纵坐标。

式（4-12）可证明如下：

先看直线图形（M_i 图）。以 M_i 图中两直线的交点 O 作为坐标原点，以 α 表示 M_i 图直线的倾角，则 M_i 图任一点标距可表示为

$$M_i = x \tan\alpha \tag{4-13}$$

因此

$$\int_A^B M_i M_K \mathrm{d}x = \tan\alpha \int_A^B x M_K \mathrm{d}x \tag{4-14}$$

式中，$M_K \mathrm{d}x$ 可看作 M_K 图的微分面积（图 4-13 中画阴影线的部分）；$x M_K \mathrm{d}x$ 是这个微分面积对 y 轴的面积矩。于是，$\int_A^B x M_K \mathrm{d}x$ 就是 M_K 图的面积 A 对 y 轴的面积矩。以 x_0 表示 M_K 图的形心 C 到 y 轴的距离，则

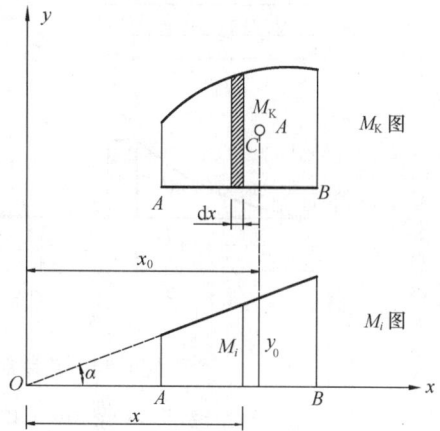

图 4-13 图乘法推导示意图

$$\int_A^B x M_K \mathrm{d}x = A x_0 \tag{4-15}$$

将上式代入式（4-14），得

$$\int_A^B M_i M_K \mathrm{d}x = \tan\alpha A x_0 = A y_0 \tag{4-16}$$

式中，y_0 是在 M_K 图形心 C 对应处的 M_i 图标距。利用式（4-16），即可导出式（4-12），证毕。

式（4-12）是图乘法所使用的公式。它将式（4-11）形式的积分运算问题简化为求图形的面积、形心和标距的问题。

应用图乘法计算时要注意两点：

（1）应用条件：杆段应是等截面直杆段，两个图形中至少应有一个是直线，标距 y_0 应取自直线图中。

（2）正负号规则：面积 A 与标距 y_0 在杆的同一边时，乘积 $A y_0$ 取正号；A 与 y_0 在杆的不同边时取负号。

4.4.2　几种常见图形的面积和形心位置

在图 4-14 中，给出了位移计算中几种常见图形的面积公式和形心位置。应当注意，在所示的各次抛物线图形中，抛物线顶点处的切线都是与基线平行的，这种图形可称为抛物线标准图形。应用图中有关公式时，应注意标准图形这个特点。

4.4.3　应用图乘法时的几个具体问题

（1）如果两个图形都是直线图形，则标距 y_0 可取自其中任一个图形。

（2）如果一个图形是曲线，另一个图形是由几段直线组成的折线，则应分段考虑。对于如图 4-15 所示的情形，则有

$$\int M_i M_K \mathrm{d}x = A_1 y_1 + A_2 y_2 + A_3 y_3$$

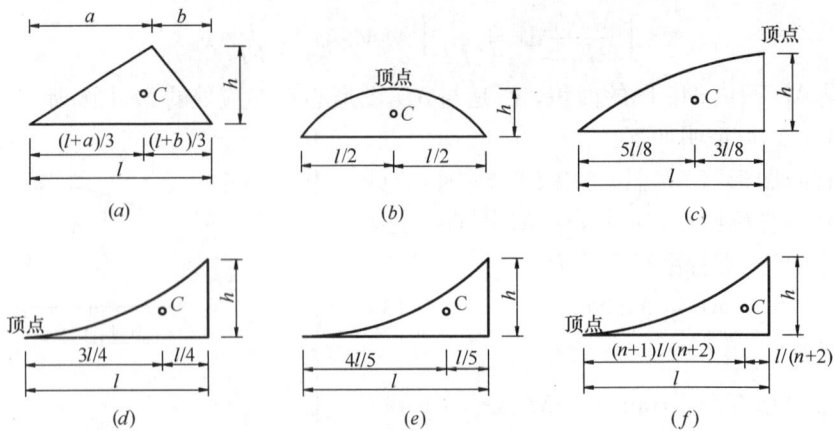

图 4-14　几种常见图形的面积公式和形心位置

(a) 三角形 $A=\dfrac{lh}{2}$ (b) 二次抛物线 $A=\dfrac{2}{3}lh$; (c) 二次抛物线 $A=\dfrac{2}{3}lh$;

(d) 二次抛物线 $A=\dfrac{1}{3}lh$; (e) 三次抛物线 $A=\dfrac{1}{4}lh$; (f) n 次抛物线 $A=\dfrac{1}{n+1}lh$

（3）如果图形比较复杂，则可将其分解为几个简单图形，分项计算后再进行叠加。

首先，考虑梯形的分解。

例如，图 4-16 中两个图形都是梯形，可以不求梯形面积的形心，而将其中一个梯形（M_K 图）分为两个三角形（也可分为一个矩形和一个三角形）再应用图乘法。因此，

$$\int M_i M_K \mathrm{d}x = A_1 y_1 + A_2 y_2$$

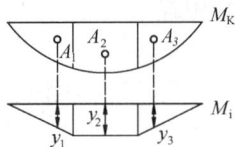

图 4-15　分段图乘示意图　　　图 4-16　梯形分解图

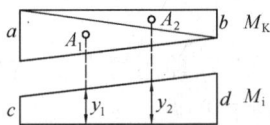

其次，考虑抛物线非标准图形的分解。

例如，图 4-17（a）所示结构中的一段直杆 AB 在均布荷载 q 作用下的 M_P 图。在一般情况下，这是一个抛物线非标准图形。由第 3 章可知，M_P 图是由两端弯矩 M_A、M_B 组成的直线图（图 4-17b 中的 M' 图）和简支梁在均布荷载 q 作用下的弯矩图（图 4-17c 中的 M^0 图）叠加而成的。因此，可将 M_P 图分解为直线的 M' 图和标准抛物线的 M^0 图，然后再应用图乘法。

【例 4-4】　试求如图 4-18（a）所示简支梁 A 端的角位移 φ_A 和中点 C 的竖向位移 Δ_{CV}。EI 为常数。

【解】　荷载作用下的弯矩图和两个单位弯矩图分别如图 4-18（b）、4-18（c）、4-18（d）所示。

将图 4-18（b）与图 4-18（c）相乘，则得

$$\varphi_A = \frac{1}{EI}\left(\frac{2}{3}l \times \frac{ql^2}{8}\right) \times \frac{1}{2} = \frac{ql^3}{24EI}\ (\curvearrowright)$$

将图 4-18（b）与图 4-18（d）相乘，则得

$$\Delta_{CV} = \frac{1}{EI}(A_{p1}y_1 + A_{p2}y_2) = \frac{2}{EI}\left(\frac{2}{3} \times \frac{l}{2} \times \frac{ql^2}{8}\right) \times \frac{5}{32}l = \frac{5ql^4}{384EI}(\downarrow)$$

【例 4-5】 试求如图 4-19（a）所示刚架 C 点的水平位移 Δ_{CH}。EI 为常数。

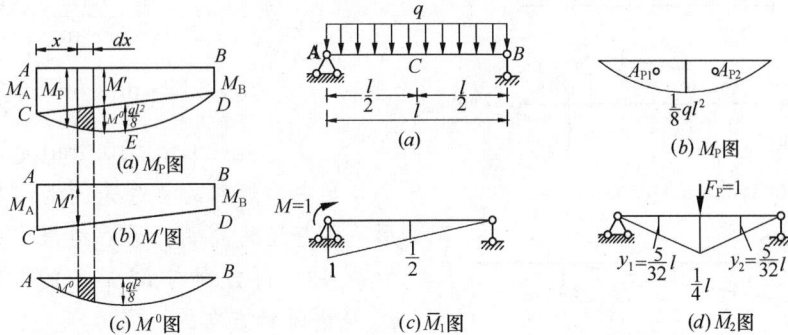

图 4-17　抛物线非标准
图形分解图

图 4-18　例题 4-4 图

【解】 作出 M_P 图和 $\overline{M}$ 图，分别如图 4-19（b）、（c）所示。因为 $\overline{M}$ 图中的 BC 段没有弯矩，故只需在 AB 段进行图乘。由于 $\overline{M}$ 图和 M_P 图在 AB 段都是直线图形，可在计算较为简单的 $\overline{M}$ 图上取面积，而在 M_P 图上取相应的竖标，则

$$\Delta_{CH} = \frac{1}{EI} \times \frac{1}{2} \times 4m \times 4m \times \left(\frac{1}{3} \times 80kN \cdot m + \frac{2}{3} \times 160kN \cdot m\right)$$

$$= \frac{1067}{EI}kN \cdot m^3(\rightarrow)$$

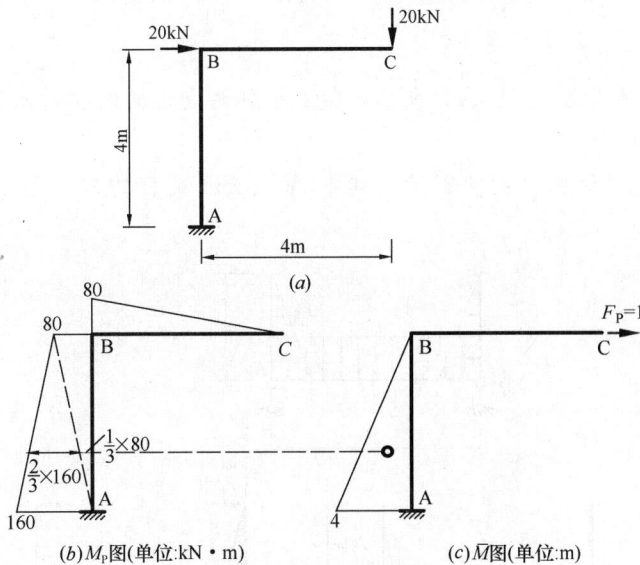

图 4-19　例题 4-5 图

【例 4-6】 试求如图 4-20（a）所示伸臂梁 A 端的角位移 φ_A 及 C 端的竖向位移 Δ_{CV}。$EI = 5 \times 10^4$ kN·m²。

(a)

(b)M_P图(单位:kN·m)

(c)$\overline{M}_1$图(单位:m)

(d)$\overline{M}_2$图(单位:m)

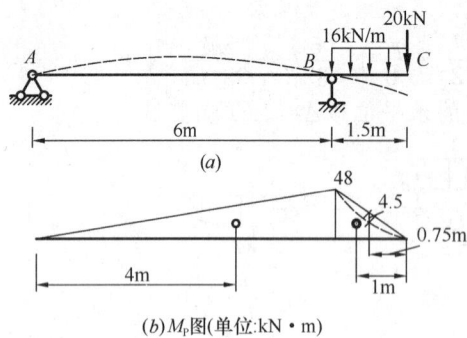

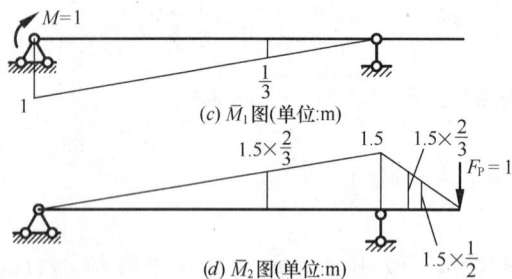

图 4-20　例题 4-6 图

【解】　先作出 M_P 图及两个 $\overline{M}$ 图，分别如图 4-20（b）、（c）、（d）所示。将图 4-20（b）与图 4-20（c）相乘，则

$$\varphi_A = -\frac{1}{5 \times 10^4 \text{kN} \cdot \text{m}^2} \times \frac{1}{2}$$

$$\times 48 \text{kN} \cdot \text{m} \times 6\text{m} \times \frac{1}{3} \times 1$$

$$= -9.6 \times 10^{-4} \text{rad}(\curvearrowright)$$

其中，最初的负号是因为相乘的两个图形不在基线的同侧。最后结果中的负号则表示 φ_A 的实际方向与 $M=1$ 的方向相反，即 φ_A 是逆时针方向的。

为了计算 Δ_{CV} 值，需将图 4-20（b）与图 4-20（d）相乘。此时，对承受均布荷载的 BC 区段，则可将 M_P 图看作是由 B、C 两端弯矩竖标所连成的三角形图形，与相应简支梁在均布荷载作用下的标准抛物线图形（即图 4-20b 中的虚线与曲线之间所包含的面积）叠加而成。将上述两图形分别与图 4-20（d）的相应部分相乘，可得

$$\Delta_{CV} = \frac{1}{5 \times 10^4 \text{kN} \cdot \text{m}^2} \times \left[\left(\frac{1}{2} \times 48 \text{kN} \cdot \text{m} \times 6\text{m} \times \frac{2}{3} \times 1.5\text{m} \right) \right.$$

$$\left. + \left(\frac{1}{2} \times 48 \text{kN} \cdot \text{m} \times 1.5\text{m} \times \frac{2}{3} \times 1.5\text{m} - \frac{2}{3} \times 4.5 \text{kN} \cdot \text{m} \times 1.5\text{m} \times \frac{1.5}{2}\text{m} \right) \right]$$

$$\approx 3.5 \text{mm}(\downarrow)$$

【例 4-7】　试求如图 4-21（a）所示刚架 C、D 两点之间的相对水平位移 $\Delta_{(C-D)H}$。各杆抗弯刚度均为 EI。

【解】　先作出 M_P 图（图 4-21b），其中 AC、BD 两杆的弯矩图是三次标准抛物线图形。

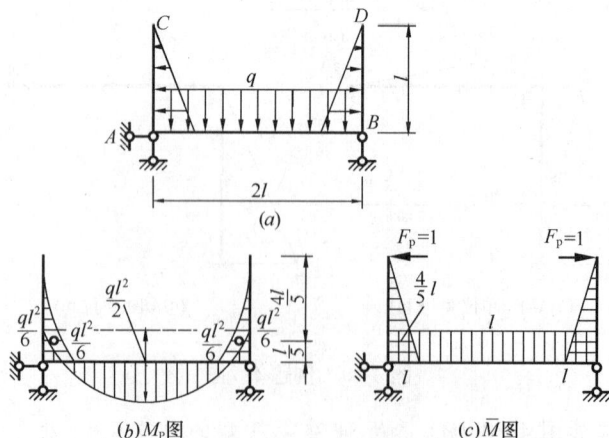

(a)

(b)M_P图

(c)$\overline{M}$图

图 4-21　例题 4-7 图

然后沿 C、D 两点连线加上一对方向相反的单位荷载作为虚拟状态，并绘出 $\overline{M}$ 图（图 4-21c）。将图 4-21（b）与图 4-21（c）相乘，得

$$\Delta_{(C-D)H} = \frac{2}{EI}\left(\frac{1}{4}l \times \frac{ql^2}{6}\right) \times \frac{4l}{5} + \frac{1}{EI}\left(2l \times \frac{ql^2}{6}\right) \cdot l - \frac{1}{EI}\left(\frac{2}{3} \times 2l \times \frac{ql^2}{2}\right) \cdot l$$

$$= -\frac{4ql^4}{15EI}(\rightarrow \quad \leftarrow)$$

计算结果是负值，说明两点 C、D 实际的相对水平位移与虚拟力的指向相反，即 C、D 两点是相互靠近而不是远离。

4.5 静定结构由于支座位移、温度改变所引起的位移

4.5.1 支座位移引起的位移

在静定结构中，支座移动和转动并不使结构产生应力和应变，结构只会发生刚体运动，虚拟状态内力在实际状态变形上产生的虚应变能为零。因此，位移的计算公式（4-3）可简化成如下形式

$$\Delta = -\Sigma \overline{R}c \tag{4-17}$$

式中，$\Sigma \overline{R}c$ 为虚拟状态的反力在实际状态的支座位移上所作虚功之和。

【例 4-8】 如图 4-22（a）所示结构，若支座 B 发生移动，即 B 点向右移动一间距 a，向下移动一间距 b，试求 C 铰左、右两截面的相对转角 φ。

【解】 求 C 相对转角 φ 的虚拟状态及其所引起的虚拟反力如图 4-22（b）所示。利用式（4-17）即得

$$\varphi = -\Sigma \overline{R}c = -\left(\frac{1}{h} \cdot a\right) = -\frac{a}{h}\, (\circlearrowright \quad \circlearrowleft)$$

负号表明，C 铰左、右两截面相对转角的实际方向与所设虚单位广义力的方向相反。

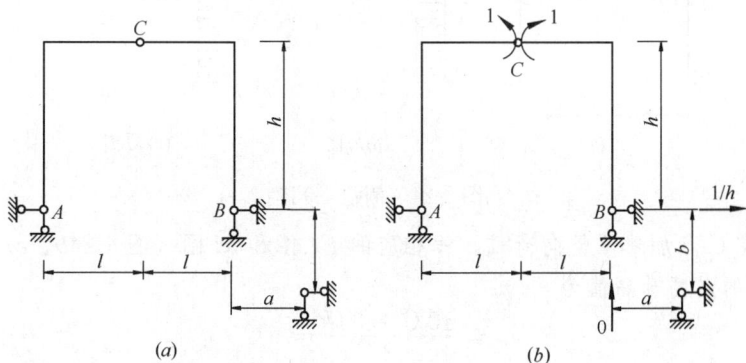

图 4-22 例题 4-8 图

4.5.2 温度改变引起的位移

对于静定结构，温度改变并不引起内力。变形和位移是材料自由膨胀、收缩的结果。设杆件的上边缘温度上升 t_1，下边缘上升 t_2，而沿杆截面厚度为线性分布（图 4-23）。此时，杆件的轴线温度 t_0 与上、下边缘的温差 Δt 分别为

$$t_0 = \frac{h_1 t_2 + h_2 t_1}{h}, \quad \Delta t = t_2 - t_1$$

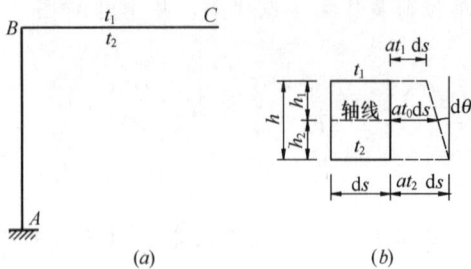

图 4-23 温度改变引起位移的示意图

式中，h 是杆件截面厚度，h_1 和 h_2 分别是由杆轴至上、下边缘的距离。如果杆件的截面对其中性轴为对称，则 $h_1 = h_2 = \dfrac{h}{2}$，$t_0 = \dfrac{1}{2}(t_2 + t_1)$。在温度变化时，杆件不引起切应变，即 $\gamma = 0$，则 $\mathrm{d}v = 0$；引起的轴向伸长应变 $\varepsilon = \alpha t_0$，则 $\mathrm{d}u = \varepsilon \mathrm{d}s = \alpha t_0 \mathrm{d}s$；另外弯曲变形为 $\mathrm{d}\varphi = \dfrac{\alpha(t_2 - t_1)\mathrm{d}s}{h} = \dfrac{\alpha \Delta t}{h}\mathrm{d}s$，式中 α 为材料的线膨胀系数。将上列式子代入式（4-4），得

$$\Delta = \Sigma \int \overline{F}_{\mathrm{N}} \alpha t_0 \mathrm{d}s + \Sigma \int \overline{M} \frac{\alpha \Delta t}{h}\mathrm{d}s \tag{4-18}$$

如果 t_0、Δt 和 h 沿每一杆件的全长为常数，则得

$$\Delta = \Sigma \alpha t_0 \int \overline{F}_{\mathrm{N}} \mathrm{d}s + \Sigma \frac{\alpha \Delta t}{h} \int \overline{M} \mathrm{d}s \tag{4-19}$$

式（4-18）和式（4-19）是求温度位移的公式，其中轴力 $\overline{F}_{\mathrm{N}}$ 以拉伸为正，t_0 以升高为正。弯矩 $\overline{M}$ 和温差 Δt 引起的弯曲为同一方向时（即当 $\overline{M}$ 和 Δt 使杆件的同一边产生拉伸变形时），其乘积取正值，反之取负值。

【例 4-9】 试求如图 4-24（a）所示刚架 C 点的竖向位移 Δ_{CV}。梁下侧和柱右侧温度升高 $10℃$，梁上侧和柱左侧温度无改变。各杆截面为矩形，截面高度 $h = 60\mathrm{cm}$，$a = 6\mathrm{m}$，$\alpha = 0.00001℃^{-1}$。

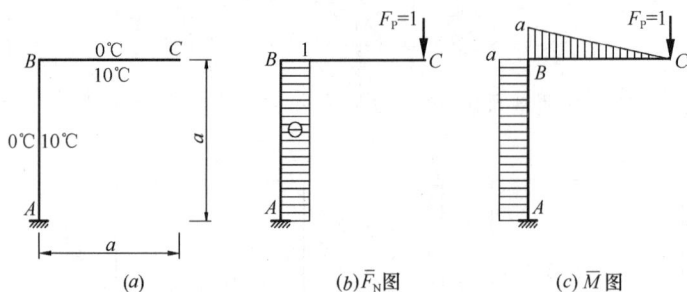

图 4-24 例题 4-9 图

【解】 在 C 点加单位竖向荷载，作相应的 $\overline{F}_{\mathrm{N}}$ 图和 $\overline{M}$ 图（图 4-24b、c）。
杆轴线处的温度升高值为

$$t_0 = \frac{10℃ + 0℃}{2} = 5℃$$

上、下（左、右）边缘温差为

$$\Delta t = 10℃ - 0℃ = 10℃$$

代入式（4-19），得

$$\Delta_{\mathrm{CV}} = \Sigma \alpha t_0 \int \overline{F}_{\mathrm{N}} \mathrm{d}s + \Sigma \frac{\alpha \Delta t}{h} \int \overline{M} \mathrm{d}s = 5\alpha(-a) - \frac{10\alpha}{h} \times \frac{3}{2}a^2$$

$$= -5\alpha a \times \left(1 + \frac{3a}{h}\right) = -0.93\mathrm{cm}(\uparrow)$$

因 Δt 与 $\overline{M}$ 所产生的弯曲方向相反，故上式第二项取负号。

64

4.6 互 等 定 理

本节讨论四个普遍定理——互等定理。在以后的章节中，经常要引用这些定理。互等定理只适用于线性变形体系，其应用条件为：

(1) 材料处于弹性阶段，应力与应变成正比。

(2) 结构变形很小，不影响力的作用。

4.6.1 功的互等定理

如图 4-25 所示为同一线性变形体系的两种状态。

在状态 I 中，力系用 F_P'、F_N'、M'、F_Q' 表示，位移和应变用 Δ'、ε'、κ'、γ' 表示。

在状态 II 中，力系用 F_P''、F_N''、M''、F_Q'' 表示，位移和应变用 Δ''、ε''、κ''、γ'' 表示。

令状态 I 的力系在状态 II 的位移和变形上作虚功，可写出虚功方程

图 4-25　同一线性变形体系的两种状态

$$W_{12} \equiv \Sigma F_P' \Delta'' = \Sigma \int \frac{F_N' F_N''}{EA} ds + \Sigma \int \frac{M' M''}{EI} ds + \Sigma \int \frac{k F_Q' F_Q''}{GA} ds \qquad (4-20)$$

这里，外虚功 W 有两个下标，其中第一个表示受力状态，第二个表示位移和变形状态。

同理，令状态 II 的力系在状态 I 的位移和变形上作虚功，写出虚功方程如下：

$$W_{21} \equiv \Sigma F_P'' \Delta' = \Sigma \int \frac{F_N'' F_N'}{EA} ds + \Sigma \int \frac{M'' M'}{EI} ds + \Sigma \int \frac{k F_Q'' F_Q'}{GA} ds \qquad (4-21)$$

由于式（4-20）、式（4-21）右边的内虚功彼此相等，所以左边的外虚功也应相等：

$$\Sigma F_P' \Delta'' = \Sigma F_P'' \Delta'$$

这就是功的互等定理：在任一线性变形体系中，第一状态外力在第二状态位移上所作的功 W_{12} 等于第二状态外力在第一状态位移上所作的功 W_{21}，即

$$W_{12} = W_{21} \qquad (4-22)$$

在本节讨论的定理中，功的互等定理是基本定理，其他几个定理可由功的互等定理导出。

4.6.2 位移互等定理

如图 4-26 所示为功的互等定理应用的一个特殊情形。设状态 I 中只有一个荷载 F_{P1}，状态 II 中也只有一个荷载 F_{P2}。这里，表示位移 Δ_{ij} 时也采用两个下标，其中第一个下标 i 表示位移是与 F_{Pi} 相应的，第二个下标 j 表示位移是由力 F_{Pj} 引起的。例如，图 4-26 (a) 中 Δ_{21} 表示力 F_{P1} 引起的与 F_{P2} 相应的位移。由功的互等定理式（4-22）可得

$$F_{P1} \Delta_{12} = F_{P2} \Delta_{21} \qquad (4-23)$$

在线性变形体系中，位移 Δ_{ij} 与力 F_{Pj} 功的比值是一个常数，记作 δ_{ij}，即

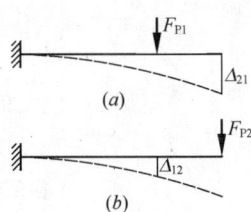

图 4-26　位移互等关系示意图

$$\frac{\Delta_{ij}}{F_{Pj}} = \delta_{ij}$$

或
$$\Delta_{ij} = F_{Pj}\delta_{ij} \qquad\qquad (4-24)$$

δ_{ij} 称为位移影响系数。

将式（4-24）代入式（4-23），得

$$F_{P1}F_{P2}\delta_{12} = F_{P2}F_{P1}\delta_{21} \qquad\qquad (4-25)$$

由此得到下列等式

$$\delta_{12} = \delta_{21} \qquad\qquad (4-26)$$

这就是位移互等定理：在任一线性变形体系中，由荷载 F_{P1} 引起的与荷载 F_{P2} 相应的位移影响系数 δ_{21} 等于由荷载 F_{P2} 引起的与荷载 F_{P1} 相应的位移影响系数 δ_{12}。由于式（4-25）两边分别是功 W_{12} 和 W_{21}，且彼此相等，可记为 W，因此 δ_{12} 和 δ_{21} 的量纲就是 $\left(\dfrac{W}{F_{P1}F_{P2}}\right)$ 的量纲。

应当指出，这里的荷载可以是广义荷载，而位移则是相应的广义位移。在一般情况下，定理中的两个广义位移的量纲可能是不相等的，但它们的影响系数在数值和量纲上仍然保持相等。因此，严格地说，位移互等定理应该称为位移影响系数互等定理。但在习惯上，仍称为位移互等定理。

4.6.3 反力互等定理

反力互等定理也是功的互等定理的一种特殊情况。

如图 4-27 所示为同一线性变形体系的两种变形状态。在图 4-27（a）中，由于支座 1 发生位移 c_1 而在支座 1 和 2 引起的反力分别用 F_{R11} 和 F_{R21} 表示；在图 4-27（b）中，由于支座 2 发生位移 c_2，在支座 1、2 分别引起反力 F_{R12} 和 F_{R22}。这里，反力 F_{Rij} 的两个下标中，第一个下标 i 表示反力是与位移 c_i 相应的，第二个下标 j 表示反力是由 c_j 引起的。

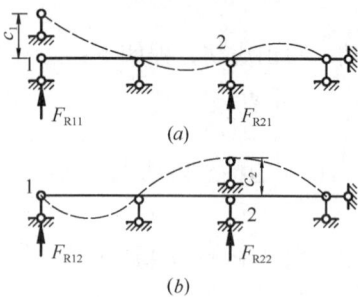

图 4-27 同一线性变形体系的
两种变形状态

对上述两种状态应用功的互等定理，得

$$F_{R11} \times 0 + F_{R21} \cdot c_2 = F_{R12} \cdot c_1 + F_{R22} \times 0$$

即

$$F_{R21} \cdot c_2 = F_{R12} \cdot c_1 \qquad\qquad (4-27)$$

在线性变形体系中，反力 F_{Rij} 与 c_j 的比值为一常数，记作 r_{ij}，即

$$r_{ij} = \frac{F_{Rij}}{c_j}$$

或

$$F_{Rij} = r_{ij}c_j \qquad\qquad (4-28)$$

r_{ij} 称为反力影响系数。

将式（4-28）代入式（4-27），得

$$c_1 r_{21} c_2 = c_2 r_{12} c_1 \qquad\qquad (4-29)$$

由此得到下列等式：

$$r_{21} = r_{12} \qquad\qquad (4-30)$$

这就是反力互等定理：在任一线性变形体系中，由位移 c_1 所引起的与位移 c_2 相应的反力影响系数 r_{21}，等于由位移 c_2 所引起的与位移 c_1 相应的反力影响系数 r_{12}。

由于式（4-29）的左边和右边都是功 W，因此反力影响系数 r_{21} 和 r_{12} 的量纲就是 $\left(\dfrac{W}{c_1 c_2}\right)$ 的量纲。

上述所说的支座可以换成别的约束，支座位移 c_i 可以换成该约束相应的广义位移，因而支座反力可以换成与该约束相应的广义力。

4.6.4 位移反力互等定理

如图 4-28 所示为同一线性变形体系的两种变形状态。在图 4-28（a）中，由于荷载 F_{P1} 作用，支座 2 产生反力 F_{R21}；在图 4-28（b）中，由于支座 2 位移 c_2 而在 F_{P1} 方向产生相应的位移 Δ_{12}。

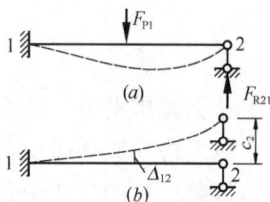

图 4-28　同一线性变形体系的两种变形状态

由功的互等定理可得

$$F_{P1}\Delta_{12} + F_{R21}c_2 = 0$$

即

$$F_{P1}\Delta_{12} = -F_{R21}c_2 \tag{4-31}$$

令

$$\frac{\Delta_{12}}{c_2} = \delta'_{12}, \quad \frac{F_{R21}}{F_{P1}} = r'_{21}$$

即

$$\Delta_{12} = \delta'_{12}c_2, \quad F_{R21} = r'_{21}F_{P1} \tag{4-32}$$

将式（4-32）代入式（4-31），得

$$F_{P1}\delta'_{12}c_2 = -r'_{21}F_{P1}c_2 \tag{4-33}$$

由此得出下列等式：

$$\delta'_{12} = -r'_{21} \tag{4-34}$$

这就是位移反力互等定理：在任一线性变形体系中，由位移 c_2 所引起的与荷载 F_{P1} 相应的位移影响系数 δ'_{12}，在绝对值上等于由荷载 F_{P1} 所引起的与位移 c_2 相应的反力影响系数 r'_{21}，但两者差一个负号。同样，这里的力可以是广义力，位移可以是广义位移。

由于式（4-33）的左边和右边的量纲都是功 W 的量纲，因此影响系数 δ'_{12} 和 r'_{21} 的量纲都是 $\left(\dfrac{W}{F_{P1}c_2}\right)$ 的量纲。

小　　结

1. 位移计算的一般公式

$$\Delta = \Sigma \int \overline{M}\,d\varphi + \Sigma \int \overline{F_N}\,du + \Sigma \int \overline{F_Q}\,dv - \Sigma \overline{R}c$$

荷载引起的位移的计算公式

$$\Delta = \Sigma \int \frac{\overline{M}M_P}{EI}ds + \Sigma \int \frac{\overline{F_N}F_{NP}}{EA}ds + \Sigma \int \frac{k\overline{F_Q}F_{QP}}{GA}ds$$

式中包含两组物理量，一组是实际的位移和应变，另一组是虚设的外力和内力。这个位移计算方法由于要虚设力系，故称为虚力法；由于虚设力系以单位荷载为标志，故又称为单位荷载法。

2. 了解位移公式对于梁、刚架、桁架、拱、混合结构等不同型式的简化形式。

3. 了解图乘法的应用条件，熟练掌握计算方法（例如复杂图形的分解）。在虚力法中，位移计算问题主要归结为内力计算问题，在学习位移计算问题的同时，应当提高内力计算的能力。

4. 静定结构由于支座位移、温度改变所引起的位移计算。

5. 互等定理及其应用

思　考　题

1. 什么是广义力？什么是广义位移？什么是虚功？虚功与实功有何区别？

2. 应用虚功原理求位移时，怎样虚设单位荷载？

3. 位移计算的公式中各量的物理意义和正负号规定。

4. 图乘法的适用条件是什么？

5. 求变截面梁和拱的位移时是否可用图乘法？如果梁的截面沿杆长成阶梯形变化，求位移时能否用图乘法？

6. 应用图乘法计算位移时，正负号怎样规定？

习　　题

1. 试用积分法求图示悬臂梁 A 端和跨中 C 点的竖向位移和转角（忽略剪切变形的影响）

2. 试求图示桁架节点 B 的竖向位移，已知桁架各杆的 $EA = 21 \times 10^4$ kN。

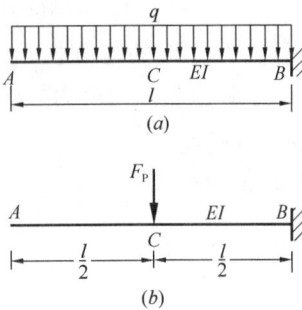

图 4-29　习题 1 图

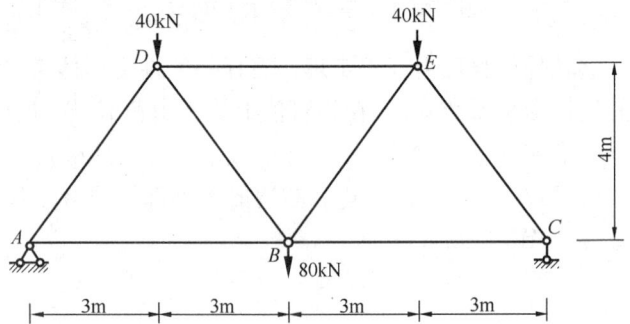

图 4-30　习题 2 图

3. 试用图乘法求图示结构中 B 处的转角和 C 处的竖向位移，$EI =$ 常数。

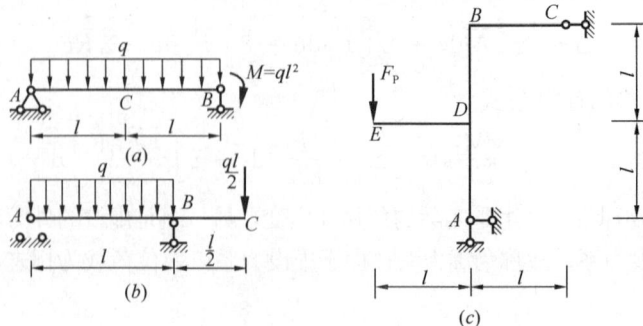

图 4-31　习题 3 图

4. 试求图示结构 C 点的竖向位移。

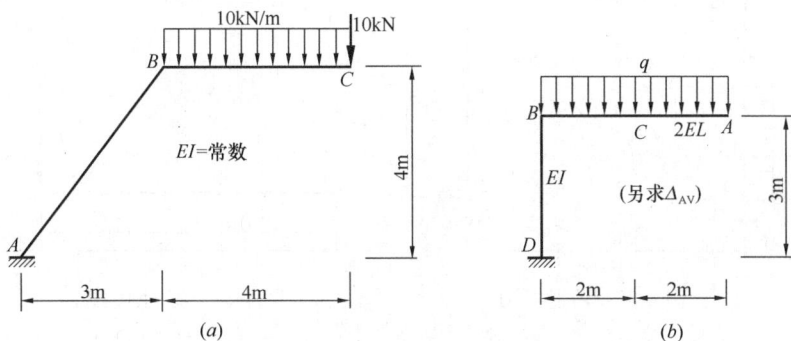

图 4-32 习题 4 图

5. 设支座 A 有给定位移 Δ_x、Δ_y、Δ_φ，试求 K 点的竖向位移 Δ_V、水平位移 Δ_H 和转角 θ。

6. 设图示三铰拱支座 B 向右移动单位距离，试求 C 点的竖向位移 Δ_1、水平位移 Δ_2 和两个半拱的相对转角 Δ_3。

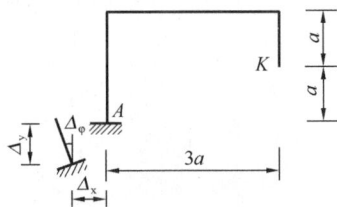

图 4-33 习题 5 图　　　　　　　　　图 4-34 习题 6 图

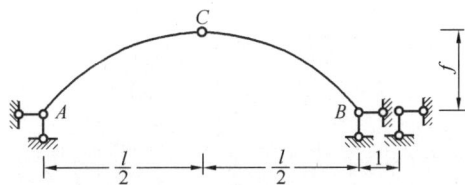

7. 试求图示三铰刚架 E 点的水平位移和截面 B 的转角，设各杆 EI 为常数。

8. 试求图示刚架 A 点和 D 点的竖向位移。已知梁的惯性矩为 $2I$，柱的惯性矩为 I。

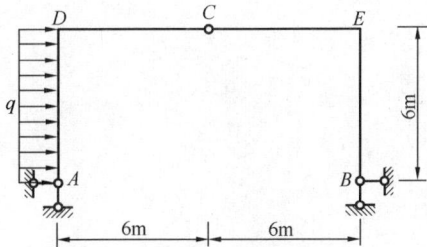

图 4-35 习题 7 图　　　　　　　　　图 4-36 习题 8 图

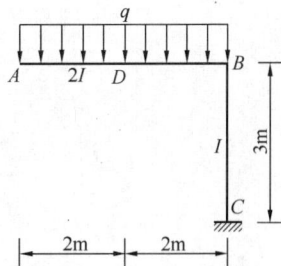

9. 试求图示结构 B 点的水平位移。

10. 试求图示梁 B 端的挠度。

11. 设图示三铰拱内部升温 30 度，各杆截面为矩形，截面高度 h 相同。试求 C 点的竖向位移 Δ。

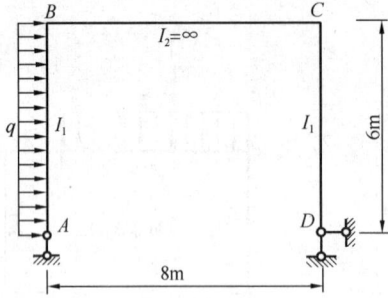

图 4-37 习题 9 图

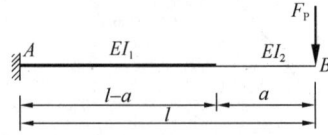

图 4-38 习题 10 图

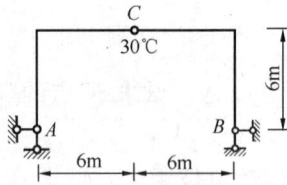

图 4-39 习题 11 图

第 5 章　静定梁的影响线

5.1　影响线的概念

前面各章我们讨论了固定荷载作用下各类结构的内力分析。所谓固定荷载是指荷载作用点在结构的位置是固定不变的。但是有些结构所承受的荷载其作用点的位置不是固定的而是移动的。例如，桥梁要承受行驶的火车、汽车及走动的人群等荷载；厂房中的吊车梁要承受移动的吊车荷载。图 5-1 即为移动的吊车轮压作用于吊车梁的情况，当吊车轮压力 P 沿梁移动时，梁的支座反力以及梁上各截面的内力（M、F_Q、F_N）都将随之发生变化。为了求出反力和内力的最大值，就必须研究荷载移动时反力和内力的变化规律。但是，不同的反力和不同截面内力的变化规律是不相同的，而且就同一截面而言，不同的内力（如弯矩和剪力）的变化规律也是各不相

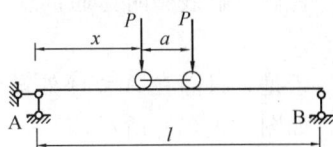

图 5-1　移动的吊车轮压
作用于吊车梁的示意图

同的。因此，我们一次只能研究一个反力或某一截面的某一项内力的变化规律。显然，要求出某一反力或某一内力的最大值，必须先确定产生这一最大值的荷载位置，这一荷载位置称为最不利荷载位置。要确定这一位置，影响线正是研究结构的反力和内力随荷载作用位置移动而变化的规律的有效工具。

实际工程中的移动荷载是多种多样的，通常是由多个间距不变的竖向荷载所组成的移动荷载组。为了使研究所得结果具有普遍意义和计算简便，我们先研究一个竖向的单位集中荷载 $P=1$（不带量纲）沿结构移动时，对某一量值所产生的影响；然后根据叠加原理就可以进一步解决各种移动荷载组对这一量值的总影响。

表示竖向单位集中荷载 $P=1$ 沿结构移动时，某一量值（反力、内力、位移）变化规律的图形，称为该量值的影响线。

5.2　用静力法作单跨静定梁的影响线

静定结构的支座反力和内力影响线有两种作法，即静力法和机动法。本节通过求单跨梁的支座反力和内力影响线说明静力法。

用静力法绘影响线时，先选定一坐标系，将单位荷载 $P=1$ 放在距坐标原点为 x 的位置上，然后由静力平衡条件求出所求量值（反力或内力）与荷载 $P=1$ 作用位置 x 之间的关系。表示这种关系的方程称为影响线方程。根据影响线方程即可作出影响线。

5.2.1　简支梁的影响线

1. 支座反力影响线

如图 5-2（a）所示简支梁，现要求其 A 支座反力 R_A 的影响线。设以梁的轴线为 x

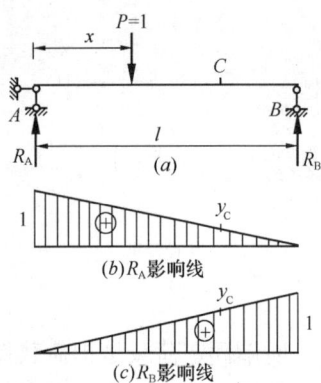

(a)

(b) R_A影响线

(c) R_B影响线

图 5-2　简支梁支反力影响线

轴，以 A 为坐标原点，将 $P=1$ 作用于距 A 为 x 的位置上。当荷载由 A 移到 B 时，x 由 0 变到 l。设支座反力 R_A 以向上为正，由简支梁的静力平衡条件 $\Sigma M_B = 0$ 得

$$R_A l - P(l-x) = 0$$

$$R_A = P\frac{l-x}{l} = \frac{l-x}{l}, \quad (0 \leqslant x \leqslant l)$$

这就是支座反力 R_A 的影响线方程，它是 x 的一次函数，故作出的 R_A 的影响线是一条直线。因此，只需要定出两个坐标就可作出此影响线。

当 $x=0$ 时（$P=1$ 作用于 A 截面），$R_A=1$

当 $x=l$ 时（$P=1$ 作用于 B 截面），$R_A=0$

在画影响线图时，通常规定正值的竖标画在基线的上方，且在影响线图上应表明正负号。

于是，只需在 A 支座处量出等于 1 的竖标，连其顶点与 B 支座零点，即得 R_A 的影响线，如图 5-2（b）所示。

同理，对于 R_B 影响线方程，可由 $\Sigma M_A = 0$ 得

$$R_B l - Px = 0$$

$$R_B = \frac{P}{l}x = \frac{1}{l}x, \quad (0 \leqslant x \leqslant l)$$

显然，R_B 影响线也是一条直线，可由两个竖标作出。

当 $x=0$ 时（$P=1$ 作用于 A 截面），$R_B=0$

当 $x=l$ 时（$P=1$ 作用于 B 截面），$R_B=1$

将上述两个竖标用直线相连，即得 R_B 的影响线，如图 5-2（c）所示。

根据影响线的定义，R_A（或 R_B）影响线中的任一竖标即代表荷载 $P=1$ 作用在该处时反力 R_A（或 R_B）的大小，即代表当荷载 $P=1$ 作用在 C 点时，反力 R_A（或 R_B）的大小，且 y_C 为正值说明 R_A（或 R_B）的方向是向上的。由此可见，R_A（或 R_B）的影响线只能表示 R_A（或 R_B）的变化规律，而不能表示其他任何量值的变化规律。

在作影响线时，为了研究方便，假定荷载 $P=1$ 是不带任何单位的，即为无量纲的。因此，支座反力影响线的竖标也无量纲。当利用影响线研究实际荷载的影响时，再乘以荷载相应的单位。

2. 剪力影响线

现绘制如图 5-3（a）所示简支梁指定截面 C 的剪力 F_{QC} 影响线。当 $P=1$ 作用在 C 点以左或以右时，剪力 F_{QC} 的影响线方程具有不同的表示式，应当分别考虑，剪力使所取隔离体顺时针转为正。

当 $P=1$ 在截面 C 以左移动时，由 CB 段竖向的平衡条件，求得

$$F_{QC} = -R_B, \quad (0 \leqslant x \leqslant a)$$

因此，将 R_B 的影响线反号并截取 AC 部分，即得 F_{QC} 影

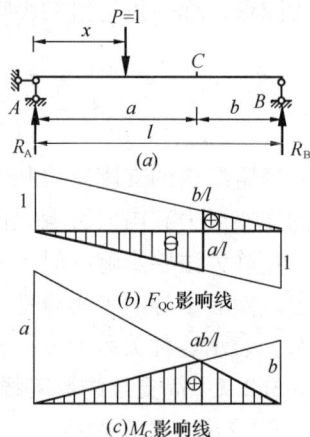

(a)

(b) F_{QC}影响线

(c) M_C影响线

图 5-3　简支梁剪力弯矩影响线

响线的左直线（图 5-3b）。按比例可求得 C 点左侧的竖标为 $-\dfrac{a}{l}$。

当 $P=1$ 在截面 C 以右移动时，由 AC 段竖向平衡条件，求得

$$F_{QC} = R_A, (a \leqslant x \leqslant l)$$

因此，直接利用 R_A 的影响线并截取 CB 部分，即得 F_{QC} 影响线的右直线（图 5-3b）。按比例可求得 C 点右侧的竖标为 $\dfrac{b}{l}$。

由图 5-3（b）可见，F_{QC} 影响线分成 AC 和 CB 两段，由两段平行线所组成，在 C 点形成台阶。当 $P=1$ 作用于 AC 段内任一点时，截面 C 为负号剪力。当 $P=1$ 作用在 CB 段内任一点时，截面 C 为正号剪力。当 $P=1$ 作用于 C 点左侧时，$F_{QC} = -\dfrac{a}{l}$；当 $P=1$ 作用于 C 点右侧时，$F_{QC} = \dfrac{b}{l}$。即 $P=1$ 由 C 左侧越过 C 点移到 C 右侧时，截面 C 的剪力发生突变，突变值为 1。

剪力影响线的竖标和支座反力影响线的竖标一样，也是无量纲的。

3. 弯矩影响线

现绘制如图 5-3（a）所示简支梁指定截面 C 的弯矩 M_C 的影响线。但分成两段（$P=1$ 在 C 点以左和以右）分别考虑，弯矩以使梁下侧受拉为正。

当 $P=1$ 作用于 AC 段时，为计算方便，取 CB 段为隔离体，容易求得

$$M_C = R_B \times b, (0 \leqslant x \leqslant a)$$

由此看出，在 AC 段内，M_C 影响线形状与 R_B 影响线形状相同，影响线纵坐标的值应为 R_B 影响线纵坐标的值乘 b 倍。为此，可先把 R_B 的影响线的纵坐标乘以 b，然后保留其中的 AC 段，就得到 M_C 在 AC 段的影响线。这是 C 点的纵坐标，按比例关系求得为 $\dfrac{ab}{l}$，如图 5-3（c）所示。

当 $P=1$ 作用于 CB 段时，为计算方便，取 AC 段为隔离体，容易求得

$$M_C = R_A \times a, (a \leqslant x \leqslant l)$$

因此，可以把 R_A 的影响线的纵坐标乘以 a，然后保留其中的 CB 段，就得到 M_C 在 CB 段的影响线。这里，C 点的纵坐标按比例关系求得仍为 $\dfrac{ab}{l}$，如图 5-3（c）所示，正的弯矩影响线画在基线的上边。弯矩影响线的量纲是长度。

5.2.2　外伸梁的影响线

现绘制如图 5-4（a）所示外伸梁的影响线。

1. 支座反力影响线

取 A 点为坐标原点，x 以向右为正，建立的坐标系如图 5-4（a）所示。当荷载 $P=1$ 作用于梁上任一点 x 时，由平衡方程 $\Sigma M_B = 0$ 和 $M_A = 0$ 分别求得支座反力 R_A 和 R_B 为

$$R_A = \frac{l-x}{l}, \quad R_B = \frac{x}{l}, \quad (-c \leqslant x \leqslant l+d).$$

这两个支座反力影响线方程与简支梁支座反力影响线方程完全相同，只是荷载 $P=1$ 作用范围——即 x 的变化范围有所扩大。在简支梁中，x 的变化范围为 $0 \leqslant x \leqslant l$，这里则为 $-c \leqslant x \leqslant l+d$。在 AB 跨内的影响线与简支梁的影响线完全相同，仍是直线；在外伸

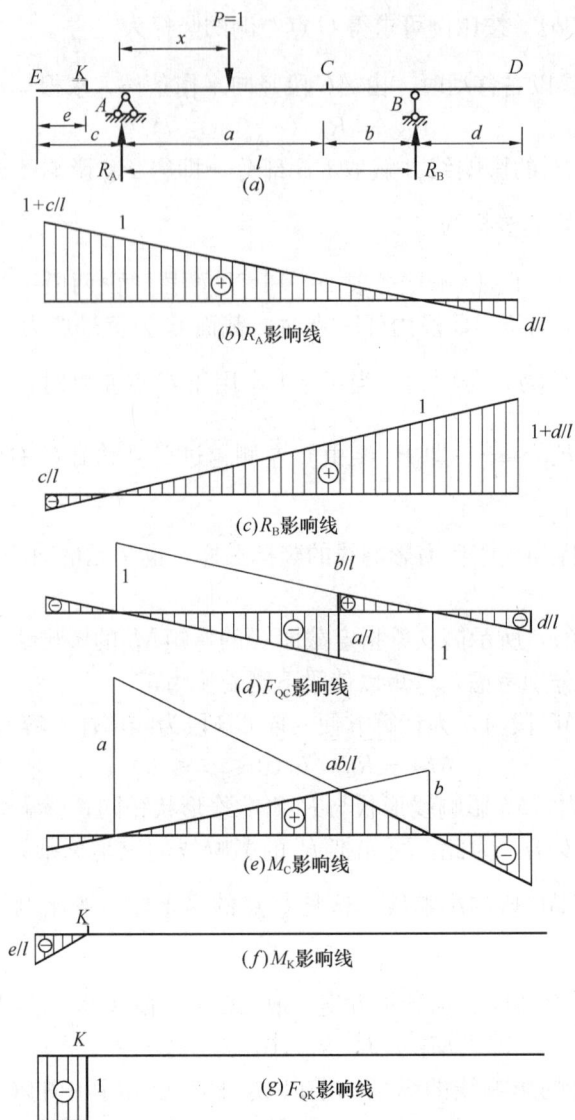

图 5-4 外伸梁的影响线

部分（注意当 $P=1$ 位于支座 A 以左时，x 取负值）只需将直线向两个伸臂部分延长，即得到支座反力的整个影响线，如图 5-4 (b)、(c) 所示。

2. 跨中截面弯矩和剪力的影响线

现在求截面 C 的弯矩 M_C 和剪力 F_{QC} 影响线。

当 $P=1$ 位于截面 C 以左时，取 CD 段为隔离体，有

$$\begin{cases} M_C = R_B \cdot b \\ F_{QC} = -R_B \end{cases} \quad (P=1 \text{ 在 } EC \text{ 段})$$

当 $P=1$ 位于截面 C 以右时，取 EC 段为隔离体，有

$$\begin{cases} M_C = R_A \cdot a \\ F_{QC} = R_A \end{cases} \quad (P=1 \text{ 在 } CD \text{ 段})$$

74

上述两组方程仍与简支梁的弯矩、剪力影响线方程相同。因此，将相应简支梁的弯矩、剪力影响线向左、右外伸部分延长即得外伸梁的弯矩、剪力影响线，如图 5-4 （d）、（e）所示。

3. 外伸部分截面的内力影响线

外伸部分截面的内力影响线与跨中截面的内力影响线有所不同。现以截面 K 为例，作弯矩 M_K 和剪力 F_{QK} 影响线。

为了讨论方便起见，重新建立坐标系 x_1。设以 K 为坐标原点，x_1 向左为正，如图 5-4 （a）所示。

当 $P=1$ 位于截面 K 以右时，$M_K=0$，$F_{QK}=0$。

当 $P=1$ 位于截面 K 以左 x_1 处时（$0 \leqslant x_1 \leqslant e$），选取 EK 段为隔离体，求得

$$\begin{cases} M_K = -x_1 \\ F_{QK} = -1 \end{cases}$$

由此作出 M_K，F_{QK} 影响线，如图 5-4 （f）、（g）所示。

通过以上简支梁和外伸梁影响线的绘制，我们得到用静力法作静定结构某量值影响线的步骤为

（1）将单位移动荷载 $P=1$ 放在结构上的任一位置，适当选择坐标原点，以 $P=1$ 作用位置 x 为变量。

（2）用截面法截取隔离体，通过平衡方程，或用截面法直接按内力算式，求出所求量值的影响线方程。

（3）根据影响线方程，作影响线。

【例 5-1】 试作如图 5-5 （a）所示悬臂梁截面 A 的弯矩影响线。

【解】 设以 A 点为坐标原点，$P=1$ 距离 A 点为 x，并规定弯矩使梁下侧受拉为正。由静力平衡条件可求得

$$M_A = -px = -x, \quad (0 \leqslant x \leqslant l)$$

上式即为截面 A 的弯矩 M_A 的影响线方程，它是 x 的一次函数，只需确定两点就可以画出 M_A 的影响线。

当 $x=0$ 时，$M_A = 0$

当 $x=l$ 时，$M_A = -l$

画得 M_A 弯矩影响线如图 5-5 （b）所示。

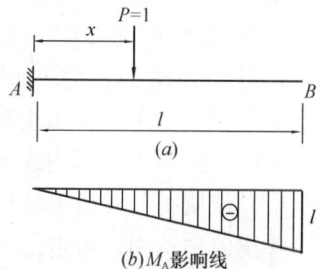

图 5-5 例题 5-1 图

5.3 机动法作静定梁的影响线

除前面介绍的静力法外，也可用机动法作静定结构的影响线。机动法作静定结构的影响线是以虚功原理为基础，把支座反力或内力影响线的静力问题转化为作刚体位移图的几何问题。

机动法有一个优点，可以不经过计算就能得到影响线的轮廓，从而可以很方便地确定荷载的最不利位置，求出反力和内力的最大值，作为设计依据。

5.3.1 机动法作影响线的原理和步骤

现以如图 5-6（a）所示的外伸梁支座反力为例，运用虚功原理说明机动法作影响线的原理和步骤。

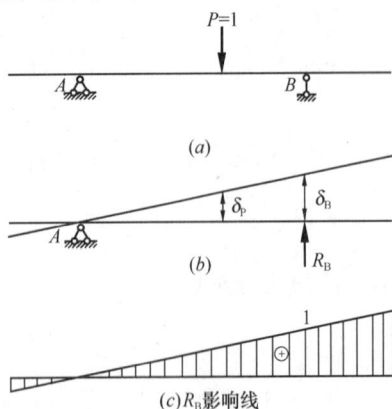

图 5-6 机动法原理示意图

为了求出反力 R_B 的影响线，解除支座 B 的约束，以反力 R_B 代之，如图 5-6（b）所示。这时原结构变成具有一个自由度的体系。因为以力 R_B 代替了原有约束的作用，所以结构仍能维持平衡。设该体系发生满足约束条件的刚体位移，沿 R_B 方向发生任意微小的位移 δ_B，并以 δ_P 表示 P 的作用点沿力作用方向的位移，则由于该体系在力 P 和 R_B 共同作用下处于平衡状态，根据刚体体系虚功原理，各力所作的外力虚功总和应等于零，即

$$P \cdot \delta_P + R_B \cdot \delta_B = 0$$

在作影响线时是取单位移动荷载 $P=1$，所以

$$R_B = -\frac{\delta_P}{\delta_B}$$

式中，δ_B 的数值在给定微小位移的情况下是不变的，而 δ_P 却随荷载 $P=1$ 位置的不同而变化。令位移 $\delta_B=1$，上式就变为

$$R_B = -\delta_P$$

可见，δ_P 的变化情况，反映了荷载 $P=1$ 移动时 R_B 的变化规律，即 δ_P 的位移图可代表 R_B 的影响线，只是符号相反。由于 δ_P 是以与力 $P=1$ 的方向一致时为正，即 δ_P 图是以向下为正，而 R_B 与 δ_P 应反号，故 R_B 的影响线应以向上为正，或者说以与 P 的指向相反为正。据此，可作出 R_B 的影响线如图 5-6（c）所示。

综上所述，用机动法绘制静定结构某反力或截面内力影响线的步骤可归纳如下：

（1）去掉与所求影响线的反力或内力所对应的约束，以相应的反力或内力代之。

（2）使所得的几何可变体系沿该反力或内力的正方向发生满足保留约束条件的单位位移，作出虚位移图，可定出影响线的形状轮廓。

（3）根据发生的单位虚位移，即沿着该反力或内力的正向位移等于 1，进一步定出影响线各纵坐标的数值。

（4）横坐标轴以上的图形，影响线纵坐标取正号；横坐标轴以下的图形，则取负号。

5.3.2 机动法作简支梁的影响线

现以例题说明用机动法绘制简支梁某截面弯矩和剪力的影响线。

【例 5-2】 用机动法作如图 5-7（a）所示简支梁 C 点的弯矩和剪力影响线。

【解】 （1）弯矩 M_C 的影响线

去掉截面 C 处与弯矩 M_C 相应的约束（即在截面 C 处改为铰节），代之以一对大小相等方向相反的使下边受拉的力偶 M_C。这时铰 C 两侧的刚体可以相对转动。

给体系沿 M_C 的方向以虚位移，如图 5-7（b）所示。写出虚功方程如下

$$M_C \delta_C + P \delta_P = 0$$

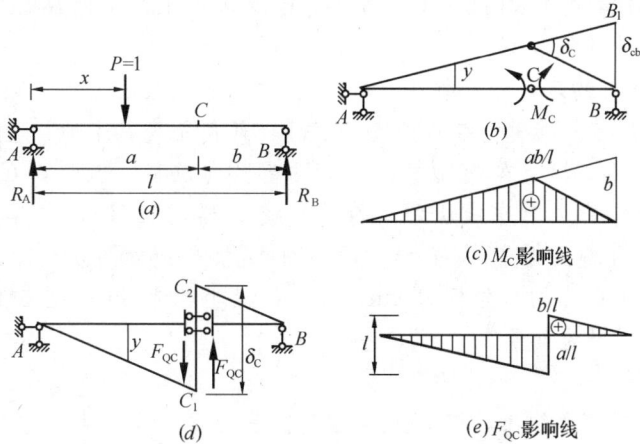

图 5-7　例题 5-2 图

这里 $P=1$，δ_C 是与 M_C 相应的铰 C 左右两侧截面的相对转角。利用 δ_C 可以确定位移图中的纵坐标。因 δ_C 是微小转角，可求得 $BB_1=\delta_C b$。由几何关系，得 C 点竖向位移为 $\frac{ab}{l}\delta_C$。图 5-7（b）所示的位移图即代表 M_C 影响线的形状。

令位移图纵坐标中的 $\delta_C=1$，可求得 M_C 影响线纵坐标数值。M_C 的影响线如图 5-7（c）所示，C 点的坐标为 $\frac{ab}{l}$。

（2）剪力 F_{QC} 的影响线

在截面 C 处去掉与剪力 F_{QC} 相应的约束（即将截面 C 左、右改为用两个平行于杆轴的平行链杆连接），代之以一对大小相等方向相反的正剪力 F_{QC}，得如图 5-7（d）所示具有一个自由度的机构。这时在截面 C 处可以发生相对的竖向位移，而不能发生相对转动和水平移动。

给体系沿 F_{QC} 方向以虚位移。由 AC 和 BC 两刚片是用两根水平的平行链杆相连，因此 AC 和 BC 只能在竖直方向作相对平行移动。如先给 AC 段虚位移移到 AC_1，则 BC 段虚位移后必到 BC_2，且 $BC_2 /\!/ AC_1$，位移图如图 5-7（d）所示。切口处相对竖向位移即 δ_C。如图 5-7（d）所示，即 F_{QC} 影响线的形状。

令 $\delta_C=1$ 即得 F_{QC} 的影响线，如图 5-7（e）所示。显然，F_{QC} 影响线由左、右两平行直线组成。由几何关系可得各控制点的纵坐标值。F_{QC} 影响线在坐标轴以上取正号，在坐标轴以下取负号。

5.3.3　机动法作静定多跨梁的影响线

用机动法作静定多跨梁的支座反力和内力的影响线十分简便。原理与步骤均同前。只是应注意去掉约束后，虚位移图形的特点。静定多跨梁是由基本部分和附属部分组成，去掉约束后给虚位移时，应搞清哪些部分可以发生虚位移，哪些部分则不能发生虚位移。属于附属部分的某量，去掉相应的约束后，体系只能在附属部分发生虚位移，基本部分则不能动。因此，位移图只限于附属部分。属于基本部分的某量，去掉相应的约束后，在基本部分和其所支承的附属部分都能发生虚位移，位移图在基本部分和其所支承的附属部分都有。现以例题说明。

【例 5-3】 用机动法作如图 5-8（a）所示静定多跨梁 M_B、F_{QF}、R_B、F_{QC} 及 M_G 的影响线。

【解】 （1）M_B 影响线

去掉与 M_B 相应的约束，即将梁在支杆 B 上的刚体节点改为铰节点，以一对力偶 M_B 代之。这时刚片 AB 与基础有一铰和一支杆相连，几何不变，不能发生虚位移。刚片 BC 可绕铰 B 相对转动 δ_B。D 点处有支杆，不能发生竖向位移，但刚片 CDE 可绕 D 转动，得到位移图如图 5-8（b）中虚线所示。转动后铰 C 竖向位移移至 C_1，CC_1 的纵坐标为 $2\delta_B$，令图 5-8（b）中纵坐标中的 $\delta_B = 1$，即得到 M_B 影响线如图 5-8（c）所示。由比例关系，可得影响线图中 C 点的纵坐标为 2m，E 点的纵坐标为 1m，在横坐标轴以上图形为正号，在横坐标轴以下为负号。

（2）F_{QF} 影响线

在截面 F 去掉抗剪力约束，使 F 左、右两侧截面发生与剪力正方向一致的相对竖向错动，而产生位移图（为简略，不再画位移图）。影响线和位移图成比例。作位移图时，先令各支座位移为零，即 A 点、B 点和 D 点位移为零，然后在 F 左、右作两平行线，令 $\delta_F = 1$。因 FBC 是一个刚片，B、D 点不动，由比例系数，可得各点纵坐标。F_{QF} 影响线如图 5-8（d）所示。

（3）R_B 影响线

在多跨梁中去掉与支座反力 R_B 相应的约束（即支杆 B），使沿支座反力 R_B 的正方向

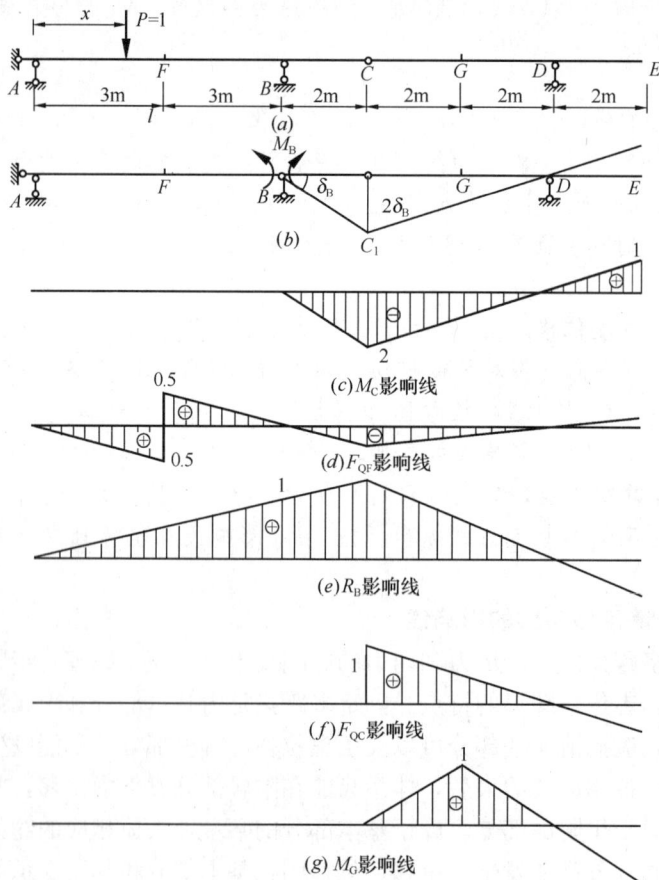

图 5-8　例题 5-3 图

（向上）发生位移。支座 A 点、D 点位移为零；ABC 是一刚片，绕 A 点转动；CDE 是一刚片绕 D 点转动，令 B 点的位移 $\delta_B=1$，便得到影响线。由比例关系，可得各点的纵坐标。R_B 影响线如图 5-8（e）所示。

（4）F_{QC} 影响线

在铰 C 截面去掉抗剪力约束，令 C 左、右两侧截面沿截面 C 剪力正方向发生竖向错动，此时 C 的左边属于基本部分，ABC 不能动，只有 C 的右边刚片有位移，CDE 将绕支点 D 作顺时针转动，得到位移图。令位移图中 C 点的相对竖向位移的纵坐标 $\delta_C=1$，由比例关系可得各点纵坐标。F_{QC} 影响线如图 5-8（f）所示。F_{QC} 影响线在基本部分 ABC 部分为零。

（5）M_G 影响线

在截面 G 将刚节点改为铰节点，令 G 两侧左、右截面的刚片 GC 和 GDE 发生沿截面正弯矩方向的相对转动，得到位移图。此时，铰 C 左边为基本部分，不能动。在位移图中 GC 和 GDE 的相对转角为 δ_G，令 $\delta_G=1$，得影响线中 G 点的纵坐标为 1m。由比例关系，可得各点的纵坐标，M_G 影响线如图 5-8（g）所示。M_G 影响线在 ABC 部分为零。

5.4 影 响 线 的 应 用

为求出移动荷载作用下反力和内力的最大值，以作为设计的依据，必须先确定产生这种最大值的荷载位置。这个荷载位置称为该量值的最不利荷载位置。本节就是要研究如何利用某量值的影响线，确定实际的移动荷载对该量值的最不利荷载位置。为此，首先应讨论当位置固定的荷载作用于结构上时，如何利用影响线求出结构的支座反力和内力的数值。下面分别就这两方面的问题加以讨论。

5.4.1 利用影响线求固定荷载作用下的反力和内力

作影响线时，为了叙述方便起见用的是单位移动荷载。在实际荷载作用下，利用叠加原理就可以计算出反力和内力的数值。

1. 一组集中荷载作用时

如图 5-9（a）所示 AB 梁，在位置固定的某集中荷载 P 作用下，可以利用影响线求截面 C 的弯矩值。其步骤是：

（1）画欲求弯矩的截面 C 的 M_C 影响线图，如图 5-9（b）所示。

（2）计算 P 作用点处，M_C 影响线图上的 y_K 值，这可由图 5-9（b）按比例求得

$$y_K = \frac{bd}{l}$$

（3）根据叠加原理计算弯矩 M_C 为

$$M_C = Py_K = P\frac{bd}{l}$$

外伸梁 AB，当承受位置固定的一组集中荷载 P_1、P_2、P_3 作用如图 5-10（a）所示，求截面 C 的弯矩 M_C 的步骤仍然是：

（1）画截面 C 的弯矩影响线，如图 5-10（b）所示。

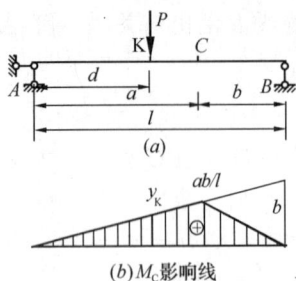

图 5-9　K 处力对 M_C 的影响

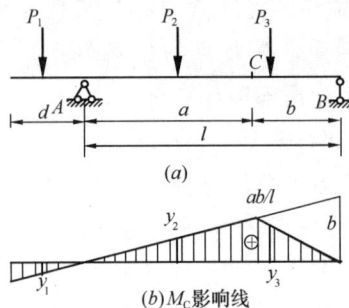

图 5-10　多个力对 M_C 的影响

(2) 计算各 P_i 作用点处影响线的纵坐标 y_1, y_2, y_3。

(3) 根据叠加原理计算在 P_1, P_2, P_3 共同作用下，截面 C 的弯矩值为

$$M_C = P_1 y_1 + P_2 y_2 + P_3 y_3 = \sum_1^3 P_i y_i$$

以此类推，如果在一系列荷载 P_1、P_2、……、P_n 作用下，只需将结构的某一量值影响线画出，在相对于各荷载作用点处的纵坐标分别为 y_1、y_2、……、y_n。则该量值 S 为

$$S = P_1 y_1 + P_2 y_2 + \cdots\cdots + P_n y_n = \sum_{i=1}^n P_i y_i \tag{5-1}$$

利用式（5-1）求量值，应注意影响线纵坐标的正、负号。例如图 5-10 的 y_1 为负值。

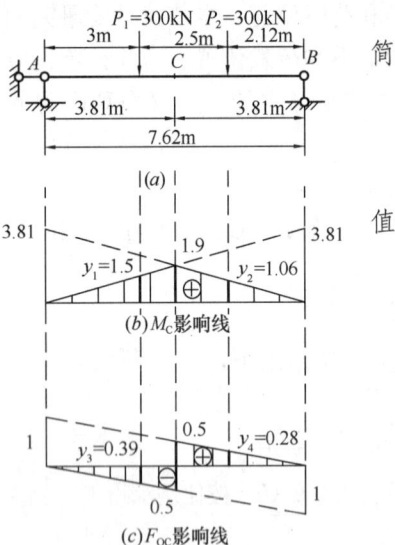

图 5-11　例题 5-4 图 I

【例 5-4】　试利用影响线计算如图 5-11（a）所示简支梁截面 C 的弯矩 M_C 和剪力 F_{QC}。

【解】　1. 求截面 C 的弯矩 M_C

(1) 画 M_C 影响线，如图 5-11（b）所示。

(2) 计算 P_1、P_2 作用点处，M_C 影响线图上的纵坐标值

$$y_1 = \frac{3.81}{7.62} \times 3 = 1.50\text{m}$$

$$y_2 = \frac{3.81}{7.62} \times 2.12 = 1.06\text{m}$$

(3) 计算 M_C

根据叠加原理得

$$M_C = P_1 y_1 + P_2 y_2$$
$$= 300 \times 1.50 + 300 \times 1.06 = 768\text{kN} \cdot \text{m}$$

M_C 得正值，说明弯矩使梁下侧受拉。

2. 求截面 C 的剪力 F_{QC}

(1) 画 F_{QC} 影响线，如图 5-11（c）所示。

(2) 计算 P_1、P_2 作用点处，F_{QC} 影响线图上的纵坐标值

$$y_3 = -\frac{1}{7.62} \times 3.0 = -0.39\text{m}$$

$$y_4 = \frac{1}{7.62} \times 2.12 = 0.28\text{m}$$

(3) 计算 F_{QC}

$$Q_C = P_1 y_3 + P_2 y_4 = 300 \times (-0.39) + 300 \times 0.28 = -33 \text{kN}$$

2. 分布荷载作用时

如图 5-12 (a) 所示简支梁，在 DE 段承受均布荷载 q 作用。试利用影响线求此均布荷载作用下，截面 C 的剪力 F_{QC} 的大小。

在均布荷载作用下，利用影响线求结构某量值的步骤仍然是：

(1) 画 F_{QC} 影响线，如图 5-12 (b) 所示。

(2) 将均布荷载沿其作用长度方向划分为许多无穷小的微段 $\mathrm{d}x$，每一微段上的荷载 $q\mathrm{d}x$ 作为集中荷载处理，其所对应的 F_{QC} 影响线图上的纵坐标为 y。在微段 $q\mathrm{d}x$ 集中荷载作用下，截面 C 的剪力 $\mathrm{d}F_{QC} = y \cdot q\mathrm{d}x$。进行积分便可得到全部均布荷载作用下截面 C 的剪力值为

$$F_{QC} = \int_D^E y \cdot q \cdot \mathrm{d}x$$

$$= q \cdot \int_D^E y\mathrm{d}x = q\omega = q\omega_1 + q\omega_2 = \sum_1^2 q\omega_i$$

式中，ω_i 是影响线在荷载分布范围内的面积（应注意 ω_i 的正负号）。

以此类推，如果梁上作用有荷载集度不同，或不连续的分布荷载时，则应逐段计算，然后求其总和，即

$$S = \sum_{i=1}^n q_i\omega_i \tag{5-2}$$

上式说明：在均布荷载作用下，某量值 S 的大小等于荷载集度 q 与该量值影响线在荷载分布范围内面积 ω 的乘积。应注意的是：在计算面积 ω 时，应考虑影响线纵坐标的正、负号。例如图 5-12 中 ω_1 为负值，ω_2 为正值。

【例 5-5】 试利用影响线计算如图 5-13 (a) 所示简支梁，在图示荷载作用下，截面 C 的剪力 F_{QC} 值。

【解】 (1) 画 F_{QC} 影响线，如图 5-13(b) 所示。

(2) 计算 P 作用点处及 q 作用范围边缘所对应的影响线图上的纵坐标 y_i 值，如图 5-13 (b) 所示。

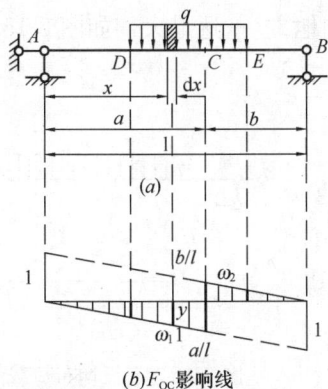

图 5-12　例题 5-4 图 II

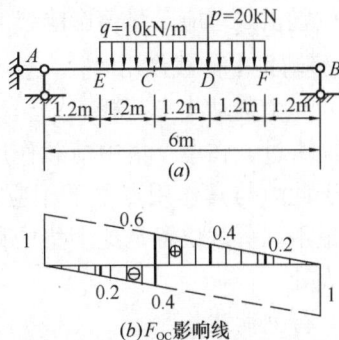

图 5-13　例题 5-5 图

(3) 计算 F_{QC}

$$F_{QC} = Py_D + q \cdot (\omega_1 + \omega_2) = 20 \times 0.4 +$$

$$10 \times \left[\frac{1}{2}(0.2+0.6) \times 2.4 - \frac{1}{2}(0.2+0.4) \times 1.2 \right] = 14\text{kN}$$

5.4.2 利用影响线确定荷载的最不利位置

在结构设计中，需求出量值 S 的最大值 S_{max} 或最小值 S_{min} 作为设计的依据。为此，必须先确定使发生最大值的最不利荷载位置。只需把所求量值的最不利荷载位置确定下来，将移动荷载作用在最不利位置上，便可按上述方法计算该量值的最大值或最小值。影响线的最重要的作用，就是用它来判定最不利荷载位置。

1. 移动的均布荷载作用时

（1）长度不定可以任意布置的均布荷载

对于长度不定可以任意布置的均布荷载，由于它可以任意断续布置（例如人群、货物等活荷载），所以最不利荷载位置是较容易确定的。由式（5-2）可知，$S = \sum\limits_{1}^{n} q_i\omega_i$ 式中 ω_i

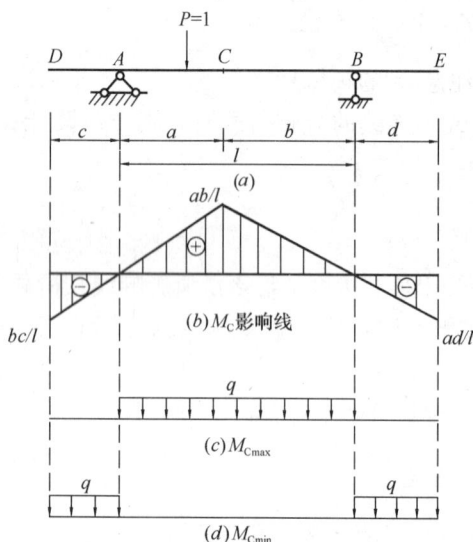

图 5-14 不定长任意均布荷载的最不利位置

是量值 S 影响线的面积。因此，可任意布置的均布荷载布满对应影响线正号面积的部分时，则产生量值的最大值 S_{max}，反之，当可任意布置的均布荷载布满对应影响线负号面积的部分时，则产生量值的最小值 S_{min}。例如，欲求如图 5-14（a）所示外伸梁中截面 C 的弯矩最大值 M_{max} 和最小值 M_{min}，相应的最不利荷载位置应如图 5-14（c）、（d）所示。

（2）定长的均布荷载

公路桥涵设计中最常见的具有一定长度的均布荷载是履带式拖拉机。这里讨论影响线为三角形的情况，如图 5-15（b）所示。显然，为使所研究的量值达到最大，应使均布荷载范围对应的影响线面积 ω 最大。

可以证明（证明过程在此从略），将均布荷载置于两端点对应的影响线纵坐标 y_A 和 y_B 恰好相等的地方，ω 达最大，如图 5-15 所示。此时的位置正是对应 S 量值影响线的最不利荷载位置。

2. 移动集中荷载作用时

（1）一个移动集中荷载

前面讲过，在单个集中荷载作用下产生的某量值的数值，等于此力与其作用点之下相应影响线纵坐标的乘积。因此，最不利荷载位置是这个集中荷载作用在影响线的纵坐标最大处。

（2）行列荷载

所谓行列荷载，一般是指一系列彼此间距不变的移动

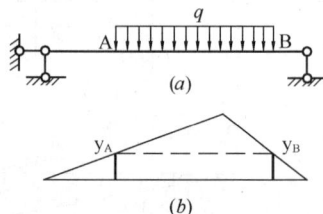

图 5-15 定长均布荷载的
最不利位置

竖向集中荷载或竖向均布荷载。当行列荷载在最不利位置时，必有一个集中荷载作用在某量值影响线的顶点处，则可以采用试算法确定最不利荷载位置。

图 5-16（a）表示一组每个荷载的大小和相应之间距离保持不变的移动荷载，如汽车车队荷载或吊车轮压。图 5-16（b）是某量值的三角形影响线。现在来找使 S 有最大值时荷载的最不利位置。

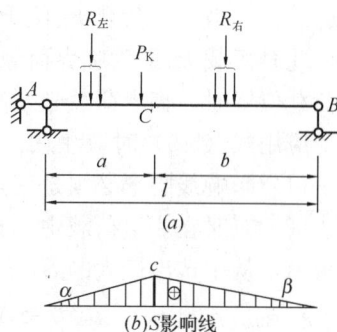

在移动荷载中选定一个 P_K，将 P_K 置于 S 影响线的顶点上。$R_左$ 表示 P_K 左边荷载的合力，$R_右$ 表示 P_K 右边荷载的合力。如果这一位置能使 S 有极大值，那么，不论荷载向左或向右移动时，都必然会使 S 减小，也就是说，使 S 的改变量 ΔS 为负值，即 $\Delta S < 0$。

图 5-16 行列移动荷载的影响

将 P_K 置于影响线的顶点位置后，使荷载向右移动 Δx 时（设 Δx 以向右为正），P_K 亦将移到影响线顶点之右，相应的影响线纵坐标改变量，在顶点之左为

$$\Delta y_1 = \Delta x \cdot \tan\alpha$$

在顶点之右为

$$\Delta y_2 = -\Delta x \cdot \tan\beta$$

于是

$$\begin{aligned}
\Delta S_1 &= R_左 \cdot \Delta y_1 + (P_K + R_右)\Delta y_2 \\
&= R_左 \cdot \Delta x \tan\alpha - (P_K + R_右) \cdot \Delta x \cdot \tan\beta \\
&= \Delta x[R_左 \cdot \Delta x \tan\alpha - (P_K + R_右) \cdot \Delta x \cdot \tan\beta] < 0
\end{aligned}$$

因 Δx 为正值，则

$$R_左 \cdot \tan\alpha - (P_K + R_右) \cdot \tan\beta < 0 \tag{5-3}$$

再将 P_K 置于影响线的顶点后，使荷载向左移动（$-\Delta x$）时，P_K 将移到影响线顶点之左，则

$$\begin{aligned}
\Delta S_2 &= (R_左 + P_K) \cdot (-\Delta x) \cdot \tan\alpha - R_右 \cdot (-\Delta x)\tan\beta \\
&= -\Delta x[(R_左 + P_K) \cdot \tan\alpha - R_右 \tan\beta)] < 0
\end{aligned}$$

所以

$$(R_左 + P_K) \cdot \tan\alpha - R_右 \cdot \tan\beta > 0 \tag{5-4}$$

将式（5-3）、式（5-4）整理得

$$\left.\begin{aligned}
R_左 \cdot \tan\alpha &< (P_K + R_右)\tan\beta \\
(R_左 + P_K)\tan\alpha &> R_右 \cdot \tan\beta
\end{aligned}\right\} \tag{5-5}$$

由图 5-16（b）可见

$$\tan\alpha = \frac{c}{a}, \quad \tan\beta = \frac{c}{b}$$

代入式（5-5）得

$$\frac{R_左}{a} < \frac{P_K + R_右}{b}$$

$$\frac{P_K + R_左}{a} > \frac{P_右}{b} \tag{5-6}$$

式（5-6）是三角形影响线的判别式。方程式说明，如果把不等式的左边和右边分别视为 a 段和 b 段的平均荷载。则 P_K 计入影响线顶点的哪一边，这一边的平均荷载就比另一边的大。当这个荷载 P_K 位于影响线顶点时，S 将有极大值，这一荷载位置称为临界位置，此时荷载 P_K 即为临界荷载。由此可见，方程式（5-3）是三角形影响线计算确定最不利荷载位置时，临界荷载必须满足的条件，称为三角形影响线临界荷载判别式。

应用式（5-5）时应注意：

（1）影响线图形必须是三角形。

（2）有时在一组荷载中，有不止一个 P_K 能满足式（5-6），这时应分别计算出 S 的各个极值，从中选出最大的 S，这个 S 所对应的荷载位置就是最不利荷载位置。

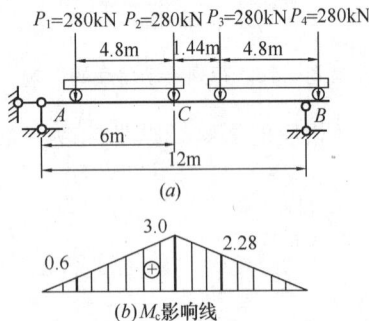

图 5-17　例题 5-6 图

【例 5-6】　如图 5-17（a）所示，一跨度为 12m 的简支式吊车梁，同时有两台吊车在其上工作。试求跨中截面 C 的最大弯矩。

【解】　（1）画 M_C 影响线，如图 5-17（b）所示。

（2）判别临界荷载

首先分析选择哪个荷载为临界荷载时，可以产生 M_{Cmax}。本题可设 P_2 为临界荷载，这时应注意：当 P_2 作用于三角形影响线顶点所对应的截面 C，AB 梁上将只有 P_1、P_2、P_3 三个荷载作用，P_4 已经位于 AB 梁之外，计算时不能再计入。于是由式（5-6）得

$$R_左/a = 280/6 = 140/3$$
$$< (P_K + R_右)/b = (280 + 280)/6 = 280/3$$
$$(P_K + R_左)/a = (280 + 280)/6 = 280/3 > R_右/b = 280/6 = 140/3$$

由计算结果可见，P_2 是临界荷载。同样计算 P_3 也是临界荷载。

（3）求 M_{Cmax}

将 P_2 作用于截面 C，计算 P_1、P_2、P_3 共同作用下截面 C 的弯矩，即为 M_{Cmax}。为此，须先按比例分别计算 P_1、P_2、P_3 作用点处所对应的 M_C 影响线图上的纵坐标值：$y_1 = 0.6, y_2 = 3, y_3 = 2.28$。然后计算 M_{Cmax} 为

$$M_{Cmax} = 280 \times (0.6 + 3 + 2.28) = 1646.4 \text{kN} \cdot \text{m}$$

5.5　简支梁的内力包络图和绝对最大弯矩

5.5.1　简支梁的内力包络图

在设计承受移动荷载作用的结构时，一般需要求出构件在恒载和移动荷载共同作用下各个截面的内力最大值和最小值。如果把这些最大值和最小值按同一比例标在梁轴线上，并连成曲线，这一曲线即称为梁的内力包络图。换言之，内力包络图就是在恒载和移动荷载共同作用下梁上各截面内力最大值和最小值的连线。因此，无论移动荷载位于梁上什么位置，所引起的内力图必然都在包络图以内，为包络图所包含。包络图是结构设计的主要依据，在吊车梁和楼盖设计中应用广泛。梁的内力包络图有弯矩包络图和剪力包络图两种。由各截面的弯矩最大值和最小值分别连成的图线，称为弯矩包络图；由各截面的剪力

最大值和最小值分别连成的图线，称为剪力包络图。

现举例说明简支梁在一组距离不变的移动集中荷载作用下内力包络图的作法。

如图 5-18（a）所示为一跨度为 12m 的吊车梁，梁上行驶两台吊车，最大轮压为 82kN，轮距 3.5m，两台吊车并行的最小间距为 1.5m。画内力包络图的方法为：

（1）把梁划分为若干等份（现分为 10 等份），对每一等份截面，用上节所述方法求出弯矩和剪力的最大值和最小值。

（2）以截面位置为横坐标，以移动荷载作用下在该截面所产生的最大弯矩和最大（最小）剪力为纵坐标，连接各纵坐标顶点的曲线，就是内力包络图。如图 5-18（b）所示为弯矩包络图，图 5-18（c）为剪力包络图。

由此可见，弯矩包络图表示各截面弯矩可能变化的范围；剪力包络图表示各截面正号剪力及负号剪力的变化范围。

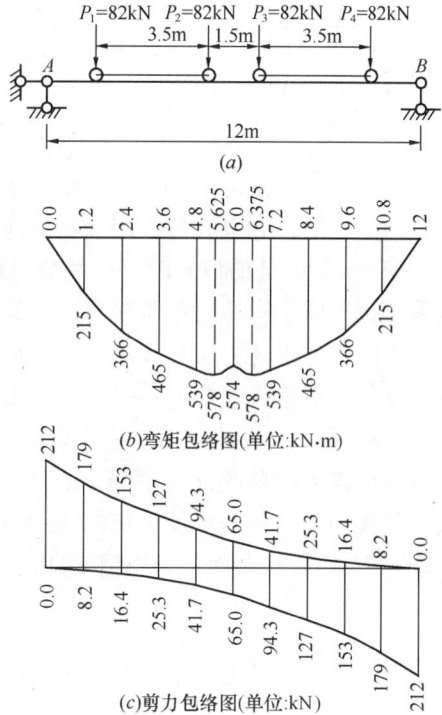

图 5-18　简支梁在两台吊车下的内力包络图

5.5.2　简支梁的绝对最大弯矩

现在介绍简支梁在一组数值和间距不变的集中荷载作用如图 5-19 所示时，如何求得梁内绝对最大弯矩。

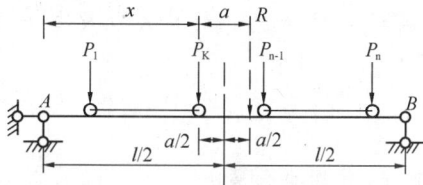

图 5-19　一组数值和间距不变的集中荷载作用于简支梁

由前述知，荷载在任一位置时，梁的弯矩图的顶点总是发生在集中荷载作用点处。因此，绝对最大弯矩一定发生在某一集中荷载的作用点处。于是，我们可以在这一组集中荷载中，选出一个 P_K，研究它移动到什么位置时，使其作用点处的弯矩达到最大。设以 x 表示 P_K 到支座 A 的距离，以 a 表示梁上荷载的合力 R 与 P_K 作用线之间的距离，如图 5-19 所示。则由 $\Sigma M_B = 0$ 得

$$R_A = R \frac{l-x-a}{l} \tag{5-7}$$

用 P_K 作用截面以左所有外力对 P_K 作用点取矩，可得 P_K 作用截面得弯矩 M_x 为

$$M_x = R_A x - M_K = R \frac{l-x-a}{l} \cdot x - M_K \tag{5-8}$$

式中，M_K 为 P_K 以左各荷载对 P_K 作用点力矩的代数和，由于荷载间距不变，因而其值是与 x 无关的一个常数。由 M_x 方程式可见，这是个 x 的二次函数，利用极值条件 $\dfrac{\mathrm{d}M_x}{\mathrm{d}x} = 0$，得

$$\frac{R}{l} \cdot (l - a - 2x) = 0 \tag{5-9}$$

可解得

$$x = \frac{l}{2} - \frac{a}{2} \tag{5-10}$$

代入（5-8）式得最大弯矩为

$$M_{\max} = R\left(\frac{l}{2} - \frac{a}{2}\right)^2 \frac{1}{l} - M_{\mathrm{K}} \tag{5-11}$$

式（5-10）和式（5-11）说明，当 P_{K} 和合力 R 位于梁的中点两侧对称位置时，P_{K} 作用界面的弯矩达到最大值。应该特别注意的是，R 是梁上实有荷载的合力。当荷载系列较长，安排 P_{K} 和 R 的位置时，有些荷载可能进入梁跨范围内，有些则可能离开。若某些荷载不再位于梁上，这时就需要重新计算 R 的数值和作用位置。

原则上按上述方法计算出每一个荷载作用处截面的最大弯矩并加以比较，选择其中最大者就是绝对最大弯矩。实际上，简支梁的绝对最大弯矩，通常总是发生在中点附近如图 5-18 (b) 所示。因此，欲求最大弯矩，应将行列荷载布满全跨或靠近梁中点布置，并将其中数值较大的荷载置于中间。然后确定一个靠近梁中点截面处的较大荷载作为临界荷载，并移动荷载系列，使选定的 P_{K} 与梁上荷载合力 R 的作用位置对称于梁的中点，再计算此时 P_{K} 作用点截面的弯矩值，此值往往就是绝对最大弯矩。

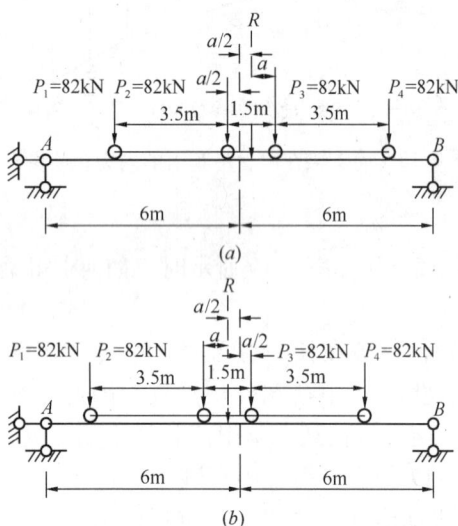

图 5-20　例题 5-7 图

【例 5-7】　求如图 5-20 (a) 所示吊车梁的绝对最大弯矩。

【解】　由图 5-20 (a) 可见，绝对最大弯矩将发生在荷载 P_2 或 P_3 下面的截面。

1. 先求 P_2 荷载为 P_{K} 时的最大弯矩

（1）上荷载的合力 R
$$R = 82 \times 4 = 328\mathrm{kN}$$

（2）确定 R 与 P_{K} 的间距 a

由于 $P_1 = P_2 = P_3 = P_4$，故其合力 R 与 P_2 和 P_3 的距离应相等，可求得
$$a = \frac{1.5}{2} = 0.75\mathrm{m}$$

（3）确定 P_{K} 作用点位置

由式（8-10）可知 P_{K} 与合力 R 应位于梁中点两侧的对称位置上，因而 $P_{\mathrm{K}} = P_2$，距跨中为 $\frac{a}{2} = 0.375\mathrm{m}$。

（4）计算最大弯矩

由式（5-11）求得

$$M_{\max} = R\left(\frac{l}{2} - \frac{a}{2}\right)^2 \frac{1}{l} - M_{\mathrm{K}} = 328(6 \times 0.375)^2 \times \frac{1}{12} - 82 \times 3.5 = 578\mathrm{kN \cdot m}$$

2. 求 P_3 为 P_{K} 时的最大弯矩

由于对称，P_3 为 P_{K} 时其荷载位置应如图 5-20 (b) 所示。故其作用截面处的最大弯矩应与 P_3 为 P_{K} 时的最大弯矩相等。

3. 确定绝对最大弯矩

由以上计算可见，绝对最大弯矩为

$$M_{\max} = 578\text{kN} \cdot \text{m}$$

此值就是图 5-18（b）中弯矩包络图中的最大纵坐标。

小　结

本章主要讨论静定梁支座反力和内力的影响线的作法和应用。桁架和超静定梁内力影响线请参考其他材料[1]。

学习影响线，一定要把它和内力图区别开来。可参考下表

	影　响　线	内　力　图
荷载大小	1	实际值
荷载位置	移动的	确定的
横坐标	荷载位置 x	截面位置（杆件轴线）
竖向距意义	表示某一个指定量的变化规律	表示全部截面内力分布规律

作影响线可用静力法和机动法两种方法，静力法是基本方法，有时会繁琐一些，机动法原理复杂，但应用方便，关键是理解虚功原理，并准确应用。

影响线的应用同样重要。用影响线可计算各种荷载作用下该量的影响值，更重要的是可分析移动荷载对某量的最不利位置、绘制内力包络图等。

思　考　题

1. 什么是影响线？影响线图中的横坐标和纵坐标的物理意义是什么？

2. 影响线与内力图有什么区别？

3. 试说明简支截面 C 剪力影响线在截面 C 左、右为两平行线的理由，以及在 C 点有突变和突变处两纵坐标所代表的意义。

4. 机动法作影响线的理论依据是什么？步骤如何？

5. 从静定多跨梁的几何组成特点说明：用机动法作静定多跨梁的影响线时，附属部分某量值影响线在基本部分上与基线重合。

6. 什么叫荷载的最不利位置？什么叫临界荷载？

7. 简支梁的绝对最大弯矩与跨中截面的最大弯矩有什么区别？

8. 什么叫内力包络图？包络图与内力图及内力影响线有什么区别？

习　题

1. 用静定法作图示悬臂梁支座 A 的反力 X_A、Y_A、M_A 和截面 C 的内力 M_C、F_{QC} 的影响线。

2. 作图示外伸梁的 R_A、M_C、F_{QC}、M_E、F_{QE} 影响线。

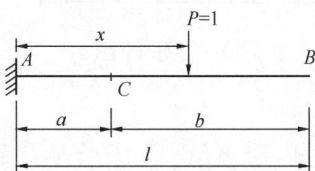

图 5-21　习题 1 图

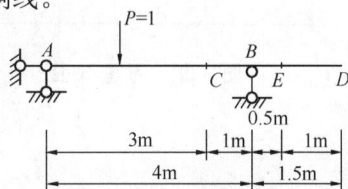

图 5-22　习题 2 图

3. 作图所示斜梁 X_A、Y_A、R_B、M_C、F_{QC} 和 F_{NC} 的影响线。

4. 作图示结构的 F_{NEC}、M_H、F_{QH} 影响线，$P=1$ 在 FG 上移动。

5. 用机动法重做习题 2。

6. 用机动法作图示静定梁 M_E、$F_{QB左}$、$F_{QB右}$ 的影响线。

7. 用机动法作图示静定梁 R_A、R_B、M_E、$F_{QE左}$、$F_{QE右}$ 的影响线。

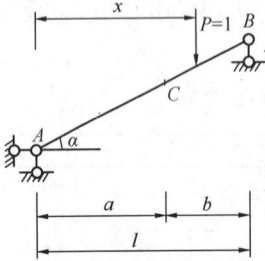

图 5-23　习题 3 图　　　　　　　　图 5-24　习题 4 图

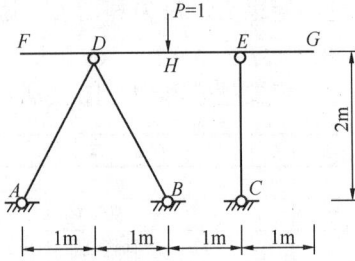

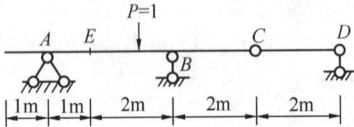

图 5-25　习题 6 图　　　　　　　　图 5-26　习题 7 图

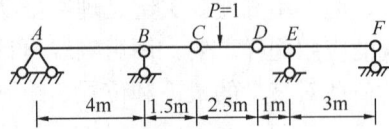

8. 利用影响线计算图示荷载作用下的 R_A 和截面 C 的弯矩、剪力值。

9. 利用影响线计算图示外伸梁的 R_B、M_C、F_{QC} 值。

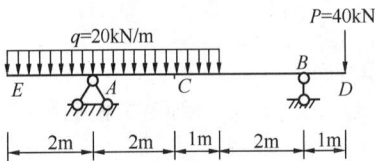

图 5-27　习题 8 图　　　　　　　　图 5-28　习题 9 图

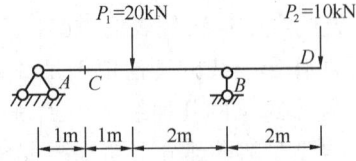

10. 在移动荷载作用下，求图示简支梁截面 C 的最大弯矩。

11. 在移动荷载作用下，求图示简支梁的绝对最大弯矩。

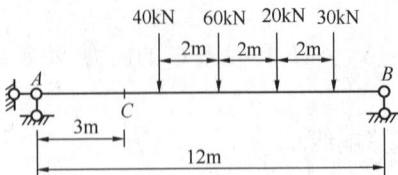

图 5-29　习题 10 图　　　　　　　　图 5-30　习题 11 图

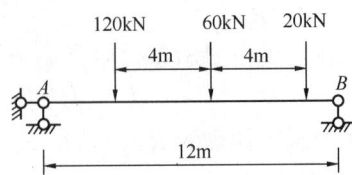

第6章 力　　法

6.1　超静定次数的确定及基本结构的取法

6.1.1　超静定结构的组成

具有几何不变性、而又有多余约束的结构，其反力和内力只凭静力平衡方程不能确定或不能完全确定的结构，称为超静定结构。

常见的超静定结构的类型有：超静定梁（图6-1a）、超静定刚架（图6-1b）、超静定桁架（图6-1c）、超静定拱（图6-1d）、超静定组合结构（图6-1e）。

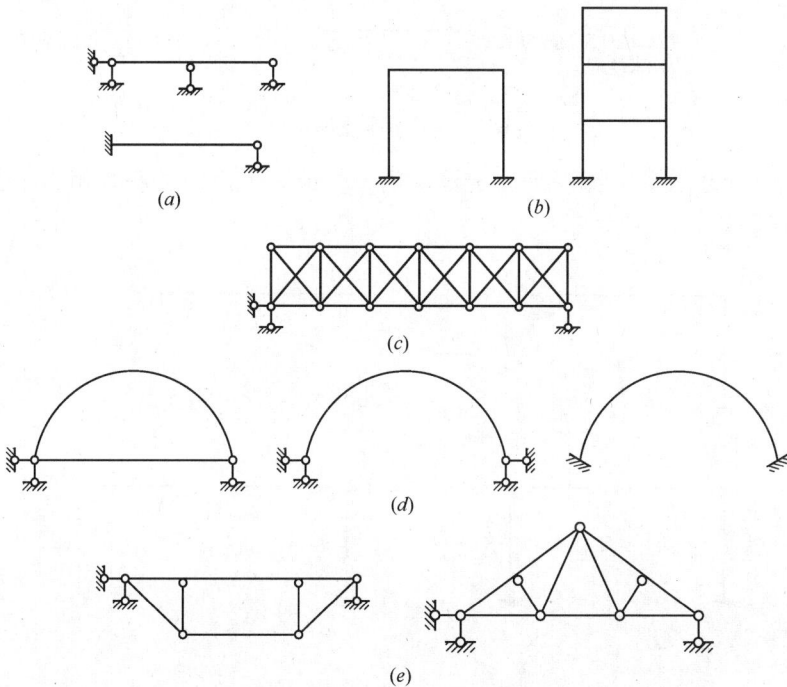

图6-1　常见超静定结构类型

1. 超静定结构的特点

（1）结构反力和内力只凭静力平衡方程不能确定或不能完全确定。

（2）除荷载之外，支座移动、温度改变、制造误差等均引起内力。

（3）多余联系遭破坏后，仍能维持几何不变性。

（4）局部荷载对结构影响范围大，内力分布均匀。

2. 关于超静定结构的几点说明

（1）多余是相对保持几何不变性而言，并非真正多余。

（2）内部有多余联系亦是超静定结构。

（3）超静定结构去掉多余联系后，就成为静定结构。

（4）超静定结构应用广泛。

6.1.2 超静定次数

从几何构造看，超静定次数是指超静定结构中多余约束的个数，如果从原结构中去掉 n 个约束，结构变为静定结构，则原结构为 n 次超静定。

从静力分析看，超静定次数等于根据平衡方程计算未知力时所缺少的方程的个数，即多余未知力（多余约束力）的个数。

在超静定结构上去掉多余约束的基本方式，通常有如下几种：

（1）切断一根链杆、去掉一个支杆、将一刚结处改为单铰联接、将一固定端改为固定铰支座，相当于去掉一个约束，如图 6-2 所示。

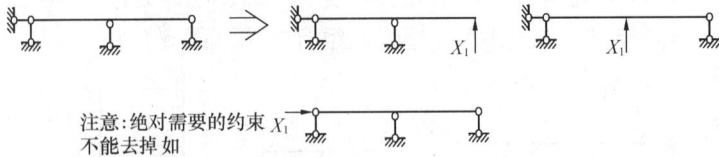

图 6-2　去掉一个支座链杆

（2）切开一个单铰、去掉一个固定铰支座、去掉一个定向支座，相当于去掉两个约束，如图 6-3 所示。

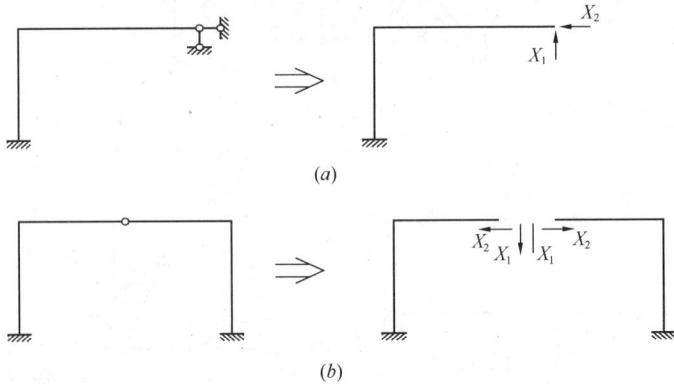

(a)

(b)

图 6-3　去掉一个单铰或铰支座

（3）切断一个梁式杆、去掉一个固定端，相当于去掉三个约束，如图 6-4 所示。

（4）在连续杆中加入一个单铰，等于拆掉一个约束，如图 6-5 所示。

此外，还要注意：

（1）不要把原结构拆成几何可变体系，即不能去掉必要约束。例如，如果把图 6-2 所示梁中的水平支杆拆掉，它就变成了几何可变体系。

（2）要把全部多余约束都拆除。例如，如图 6-6 所示刚架，如果只拆去一根竖向支杆，则其中的闭合框仍然具有三个多余约束。必须把闭合框再切开一个截面，才能成为静定结构，因此，原结构共有 4 个多余约束。

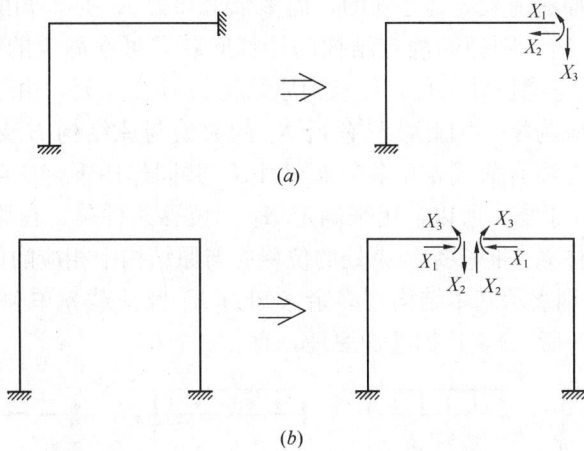

図 6-4　支掉一个固定支座或断开一个单刚节点

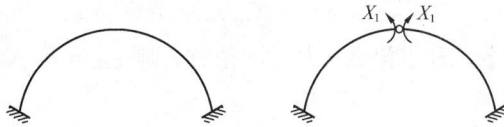

图 6-5　单刚节点改铰节点

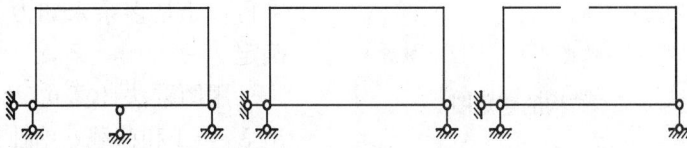

图 6-6　闭合刚架的断开

6.2　力法的基本概念

6.2.1　基本思路

在掌握静定结构内力和位移计算的基础上，来寻求分析超静定结构的方法。

举一个简单的例子，说明力法的基本思路。如图 6-7（a）所示一端固定一端活动铰支座的梁，它是具有一个多余约束的超静定结构。如果以活动铰支座作为多余约束，则在去掉该约束后，得到一个如图 6-7（c）所示的静定结构，该静定结构称为力法的基本结构。在基本结构上，若以多余未知力 X_1 代替所去约束的作用，并将原有荷载 q 作用上去，则得到如图 6-7（b）所示的同时受荷载 q 和多余未知力 X_1 作用的体系，该体系称为力法的基本体系。

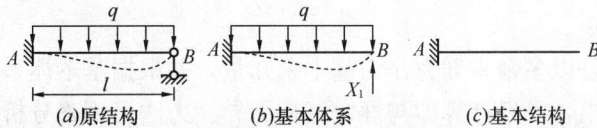

图 6-7　力法思路示意图

在基本体系上的原有荷载 q 是已知的，而多余未知力 X_1 是未知的，因此，只要能设法先求出多余未知力 X_1，则原超静定结构的计算问题即可在静定的基本体系上来解决。为了确定 X_1，还必须考虑位移条件。注意到原结构的 B 支座处，由于受到活动铰支座约束，B 点的竖向位移应为零。因此，只有当 X_1 的数值与原结构 B 支座的支座反力相等时，才能使基本体系在原有荷载 q 和多余未知力 X_1 共同作用下，B 点的竖向位移（即沿 X_1 方向的位移）Δ_1 等于零。所以，用来确定 X_1 的位移条件是：在原有荷载和多余未知力共同作用下，基本体系去掉多余约束处的位移应与原结构中相应的位移相等。

若令 Δ_{11} 及 Δ_{1P} 分别表示基本结构在多余未知力 X_1 及荷载 q 单独作用时，B 点沿 X_1 方向的位移（如图 6-8 所示），根据叠加原理，有

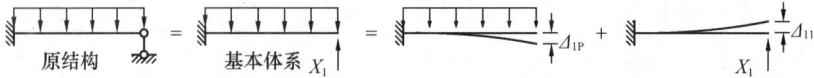

图 6-8　基本体系位移分解

$$\Delta_{11} + \Delta_{1P} = 0$$

再令 δ_{11} 表示 $X_1 = 1$ 作用下，B 点沿 X_1 方向的位移，则 $\Delta_{11} = \delta_{11} X_1$，于是上式可写成

$$\delta_{11} X_1 + \Delta_{1P} = 0 \qquad\qquad (6-1)$$

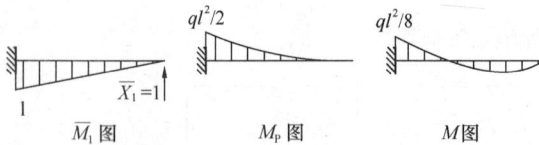

图 6-9　基本结构的弯矩图

由于 δ_{11} 和 Δ_{1P} 都是静定结构在已知外力作用下的位移，均可按计算位移的方法求得，于是多余未知力即可由式（6-1）确定。

用图乘法计算 δ_{11} 及 Δ_{1P}，先分别绘出 $X_1 = 1$ 和荷载 q 单独作用在基本结构上的弯矩图 $\overline{M}_1$ 和 M_P 图（如图 6-9 所示），然后求出

$$\delta_{11} = \frac{1}{EI}\left(\frac{l \times l}{2} \times \frac{2l}{3}\right) = \frac{l^3}{3EI}$$

$$\Delta_{1P} = -\frac{1}{EI}\left(\frac{1}{3} \times \frac{ql^2}{2} \times l\right) \times \frac{3}{4}l = -\frac{ql^4}{8EI}$$

所以由式（6-1）有

$$X_1 = \frac{3}{8}ql$$

多余未知力 X_1 求出后，就可以利用平衡条件求原结构的支座反力，作内力图，也可以根据叠加原理，结构任一截面的弯矩 M 可以用下列公式表示

$$M = \overline{M}_1 \cdot X_1 + M_P \qquad\qquad (6-2)$$

这里，$\overline{M}_1$ 是单位力 $X_1 = 1$ 在基本结构中任一截面所产生的弯矩，M_P 是荷载在基本结构中任一截面所产生的弯矩。

力法的基本特点是以多余未知力作为基本未知量，并根据基本体系上相应的位移条件将多余未知力首先求出，以后计算即与静定结构无异。力法可用来分析各种类型的超静定结构。

6.2.2 多次超静定结构的计算

结合如图 6-10 (a) 所示刚架进行讨论，这是一个两次超静定结构，如果把铰支座的两个约束看作是多余约束去掉，并代替以多余未知力 X_1、X_2，则基本体系如图 6-10 (b) 所示

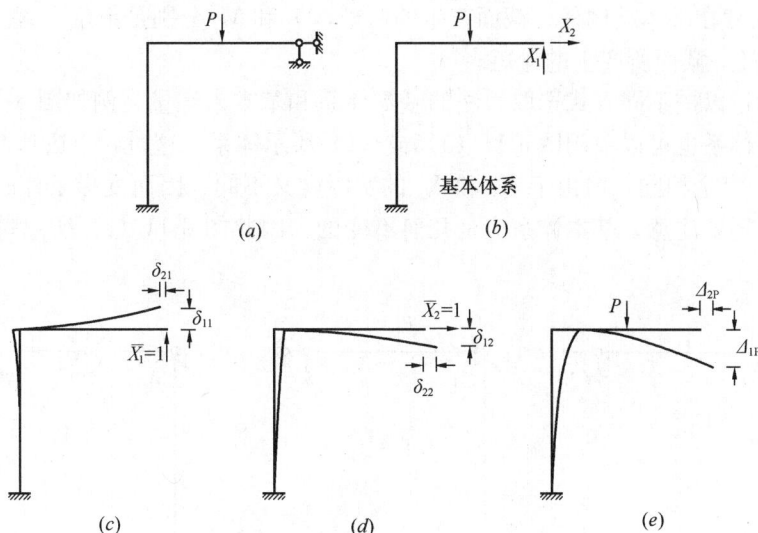

图 6-10　二次超静定刚架力法示意图

为了确定多余未知力 X_1、X_2，可利用多余未知力处的变形条件：基本结构沿 X_1、X_2 方向的位移应与原结构相同，即应等于零。因此可写为

$$\begin{cases} \Delta_1 = 0 \\ \Delta_2 = 0 \end{cases}$$

这里，Δ_1 是基本体系沿 X_1 方向的位移，Δ_2 是基本体系沿 X_2 方向的位移。为了计算该位移，先分别计算基本结构在每种力单独作用下的位移：

单位力 $X_1 = 1$ 单独作用时，相应位移 δ_{11}、δ_{21}（图 6-10c）；未知力 X_1 单独作用时，相应位移 $\delta_{11}X_1$、$\delta_{21}X_1$。

单位力 $X_2 = 1$ 单独作用时，相应位移 δ_{12}、δ_{22}（图 6-10d）；未知力 X_2 单独作用时，相应位移 $\delta_{12}X_2$、$\delta_{22}X_2$。

荷载单独作用时，相应位移 Δ_{1P}、Δ_{2P}（图 6-10e）。

由叠加原理，得

$$\Delta_1 = \delta_{11}X_1 + \delta_{12}X_2 + \Delta_{1P}$$
$$\Delta_2 = \delta_{21}X_1 + \delta_{22}X_2 + \Delta_{2P}$$

因此变形条件为

$$\begin{cases} \delta_{11}X_1 + \delta_{12}X_2 + \Delta_{1P} = 0 \\ \delta_{21}X_1 + \delta_{22}X_2 + \Delta_{2P} = 0 \end{cases} \tag{6-3}$$

这就是两次超静定结构的力法基本方程。

力法基本方程中的系数和自由项都是基本结构的位移，由于基本结构是静定结构，所以计算这些系数和自由项并无困难。

由基本方程求出多余未知力 X_1、X_2 以后，利用平衡条件便可求出原结构的支座反力和内力。此外，也可利用叠加原理求内力，例如任一截面的弯矩 M 可用下面的叠加公式计算：

$$M = \overline{M}_1 X_1 + \overline{M}_2 X_2 + M_P$$

这里，M_P 是荷载在基本结构任一截面产生的弯矩，$\overline{M}_1$ 和 $\overline{M}_2$ 分别是单位力 $X_1 = 1$ 和 $X_2 = 1$ 在基本结构任一截面所产生的弯矩。

同一结构可以按不同方式选取力法的基本体系和基本未知量。例如图 6-10 （a）所示结构，其基本体系也可以采用图 6-11 （a）或（b）所示体系。这时，力法基本方程在形式上与式（6-3）完全相同，但由于 X_1 和 X_2 的实际含义不同，因而变形条件的实际含义也不同。此外，还要注意，基本体系应是几何不变的，因此图 6-11 （c）所示瞬变体系不能取作基本体系。

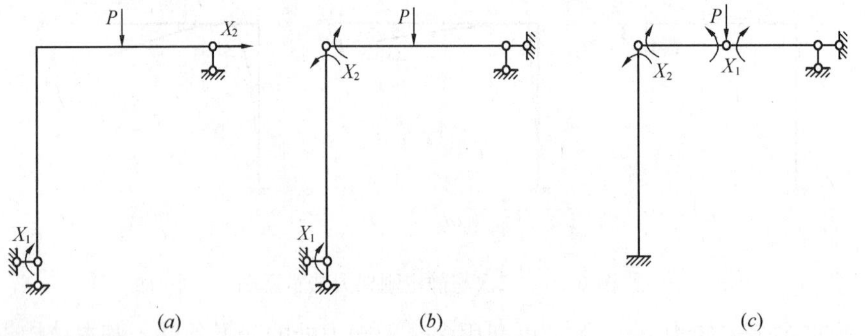

图 6-11 基本结构的选择

对于 n 次超静定结构，力法的基本未知量是 n 个多余未知力 X_1, X_2, …, X_n，力法的基本体系是从原结构中去掉 n 个多余约束，而代替以相应的 n 个多余未知力后所得的静定结构。力法的基本方程是在 n 个多余未知力处的变形条件——基本体系中沿多余未知力方向的位移应与原结构中相应的位移相等。在线性变形体系中，利用叠加原理将这些位移条件表述成如下的力法典型方程：

$$\begin{cases} \delta_{11} X_1 + \delta_{12} X_2 + \cdots + \delta_{1n} X_n + \Delta_{1P} = 0 \\ \delta_{21} X_1 + \delta_{22} X_2 + \cdots + \delta_{2n} X_n + \Delta_{2P} = 0 \\ \quad\vdots \qquad\quad \vdots \qquad\qquad\quad \vdots \qquad\quad \vdots \\ \delta_{n1} X_1 + \delta_{n2} X_2 + \cdots + \delta_{nn} X_n + \Delta_{nP} = 0 \end{cases} \tag{6-4}$$

其中，系数 δ_{ij} 和自由项 Δ_{iP} 都代表基本结构的位移。位移符号中采用两个下标，第一个下标表示位移的位置，第二个下标表示产生位移的原因。如 δ_{ij} 是由单位力 $X_j = 1$ 引起的在 i 方向产生的位移，Δ_{iP} 是由于外荷载引起的在 i 方向产生的位移。下面是对位移符号的具体说明：

（1）主系数：$\delta_{ii} > 0$

（2）副系数：$\delta_{ij} = \delta_{ji}(i \neq j)$，可以为正、负或是零，根据位移互等定理 $\delta_{ij} = \delta_{ji}$。

（3）Δ_{iP}：自由项

位移正负号规定为：当位移 Δ_{iP} 或 δ_{ij} 的方向与相应力 X_i 的正方向相同时，则位移规定为正。

6.3 超静定刚架和排架

6.3.1 超静定刚架

【例 6-1】 如图 6-12（a）所示为一三次超静定刚架，试作刚架的弯矩图。

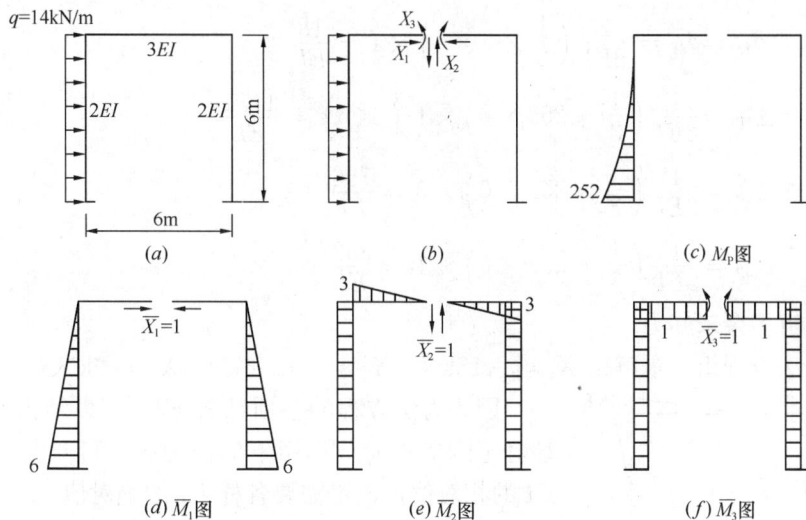

图 6-12 例题 6-1 图 I

【解】 （1）选取基本体系

这个刚架是三次超静定刚架，如果在横梁中部切开，并以三对多余未知力 X_1、X_2、X_3 代替，则得到如图 6-12（b）所示的基本体系。因为原结构中横梁是连续的，所以在横梁中心处左右两边的截面没有相对的转动，也没有上下和左右的相对移动，据此位移条件，可写出力法典型方程。

（2）列出力法方程

$$\begin{cases} \delta_{11}X_1 + \delta_{12}X_2 + \delta_{13}X_3 + \Delta_{1p} = 0 \\ \delta_{21}X_1 + \delta_{22}X_2 + \delta_{23}X_3 + \Delta_{2p} = 0 \\ \delta_{31}X_1 + \delta_{32}X_2 + \delta_{33}X_3 + \Delta_{3p} = 0 \end{cases}$$

以上方程组的第一式表示基本体系中切口两边截面沿水平方向的相对位移应为零；第二式表示切口两边截面沿竖直方向的相对位移应为零；第三式表示切口两边截面的相对转角位移应为零。典型方程中的系数和自由项都代表基本结构中切口两边截面的相对位移。

（3）求系数和自由项

为此，绘制基本结构在荷载作用下的弯矩图 M_P 图（图 6-12（c）），基本结构在单位力 $X_1 = 1$ 作用下的弯矩图 $\overline{M}_1$ 图（图 6-12（d）），基本结构在单位力 $X_2 = 1$ 作用下的弯矩图 $\overline{M}_2$ 图（图 6-12（e）），基本结构在单位力 $X_3 = 1$ 作用下的弯矩图 $\overline{M}_3$ 图（图 6-12（f））。

计算位移时采用图乘法，$\delta_{12} = \delta_{21} = 0 \quad \delta_{32} = \delta_{23} = 0$

$$\delta_{11} = \frac{2}{2EI}\left(\frac{1}{2} \times 6 \times 6\right) \times \left(\frac{2}{3} \times 6\right) = \frac{72}{EI}$$

$$\delta_{22} = \frac{2}{3EI}\left(\frac{1}{2} \times 3 \times 3\right) \times \left(\frac{2}{3} \times 3\right) + \frac{2}{2EI}(3 \times 6) \times 3 = \frac{60}{EI}$$

$$\delta_{33} = \frac{2}{3EI}(1 \times 3 \times 1) + \frac{2}{2EI}(1 \times 6 \times 1) = \frac{8}{EI}$$

$$\delta_{13} = \delta_{31} = \frac{2}{2EI}\left(\frac{1}{2} \times 6 \times 6\right) \times 1 = \frac{18}{EI}$$

$$\Delta_{1P} = \frac{1}{2EI}\left(\frac{1}{3} \times 252 \times 6\right) \times \left(\frac{3}{4} \times 6\right) = \frac{1134}{EI}$$

$$\Delta_{2P} = \frac{1}{2EI}\left(\frac{1}{3} \times 252 \times 6\right) \times 3 = \frac{756}{EI}$$

$$\Delta_{3P} = \frac{1}{2EI}\left(\frac{1}{3} \times 252 \times 6\right) \times 1 = \frac{252}{EI}$$

（4）求解多余未知力

整理力法方程组，求解得 $X_1 = -18\text{kN} \quad X_2 = -12.6\text{kN} \quad X_3 = 9\text{kN} \cdot \text{m}$

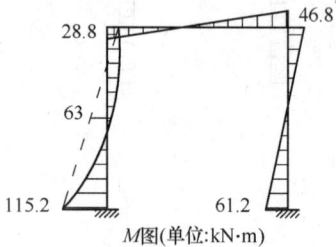

图 6-13　例题 6-1 图 Ⅱ

因为力法方程的各项都有 EI，可以消去。因此计算超静定刚架在荷载作用下的内力时，可只需要知道各杆 EI 的相对值，而不需要各杆 EI 的绝对值。

（5）作弯矩图

通常作弯矩图，可利用叠加原理 $M = \overline{M}_1 X_1 + \overline{M}_2 X_2 + \overline{M}_3 X_3 + M_P$

如图 6-13 所示。

6.3.2　超静定排架

装配式单层厂房的主要承重结构是由屋架（或屋面大梁）、柱子和基础所组成的横向排架，一般情况下，可认为联系两个柱顶的屋架（或屋面大梁）两端之间的距离不变，而将它看作是一根抗拉（抗压）刚度无限大（即 $EA \to \infty$）的链杆，通常称为排架的横梁。

【例 6-2】　计算如图 6-14（a）所示排架，画弯矩图。

【解】　（1）选取基本体系

用力法计算排架时，去掉链杆，代以一对等值反向的多余未知力得到如图 6-14（c）所示的基本体系。

（2）列出力法方程

$$\delta_{11} X_1 + \Delta_{1P} = 0$$

（3）求系数和自由项

为此，绘制基本结构在单位力 $X_1 = 1$ 作用下的弯矩图 $\overline{M}_1$ 图（图 6-14d），基本结构在荷载作用下的弯矩图 M_P 图（图 6-14e）。

$$\delta_{11} = \frac{2}{EI}\left(\frac{1}{2} \times l^2\right) \times \left(\frac{2}{3} l\right) = \frac{2l^3}{3EI}$$

$$\Delta_{1P} = \frac{1}{EI}\left(\frac{1}{3} \times \frac{ql^2}{2} \times l\right) \times \left(\frac{3}{4} \times l\right) = \frac{ql^4}{8EI}$$

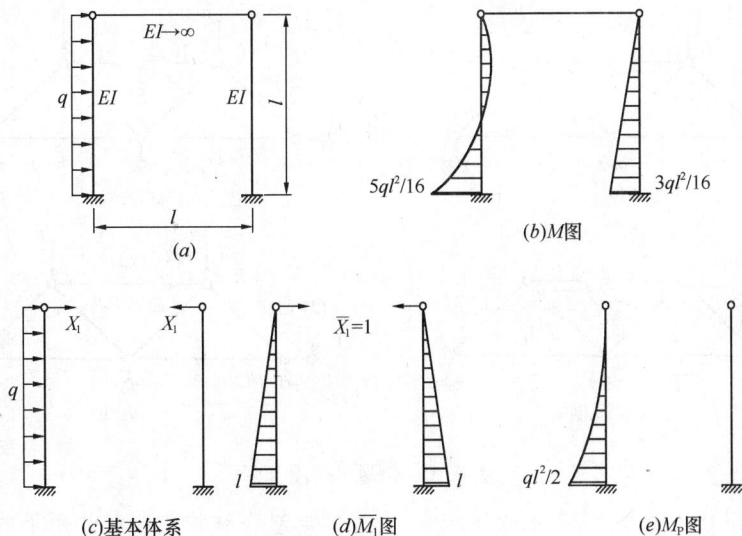

图 6-14 例题 6-2 图

（4）求解多余未知力

$$X_1 = -\frac{3}{16}ql$$

（5）作弯矩图

按叠加法，$M = \overline{M}_1 \cdot X_1 + M_\mathrm{P}$

作弯矩图如图 6-14（b）所示。

6.4 超静定桁架和组合结构

6.4.1 超静定桁架

桁架是链杆体系，计算力法方程的系数和自由项时，只考虑轴力的影响。

【例 6-3】 计算如图 6-15 所示桁架的内力。

【解】 此桁架为一次超静定，基本体系如图 6-16（a）所示。在单位力 $X_1 = 1$ 作用下的各杆轴力示于图 6-16（b），基本结构在荷载作用下的各杆轴力示于图 6-16（c）。

列力法方程 $\delta_{11}X_1 + \Delta_{1\mathrm{p}} = 0$

$$\delta_{11} = (3 + 2\sqrt{2})a/EA$$

$$\Delta_{1\mathrm{P}} = -Pa/EA$$

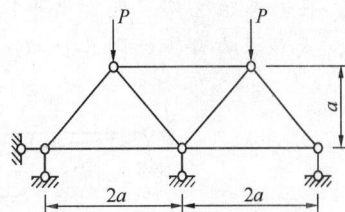

图 6-15 例题 6-3 图 I

解得 $X_1 = \dfrac{P}{3 + 2\sqrt{2}}$ 最后 $N = N_P + \overline{N}_1 X_1$

各杆的轴力示于图 6-16（d）

6.4.2 超静定组合结构

组合结构中既有链杆也有梁式杆，计算力法方程的系数和自由项时，对链杆只考虑轴力的影响；对梁式杆只考虑弯矩的影响。

97

(a) $(b)N_P$图

$(c)\overline{N}_1$图 $(d)N$图

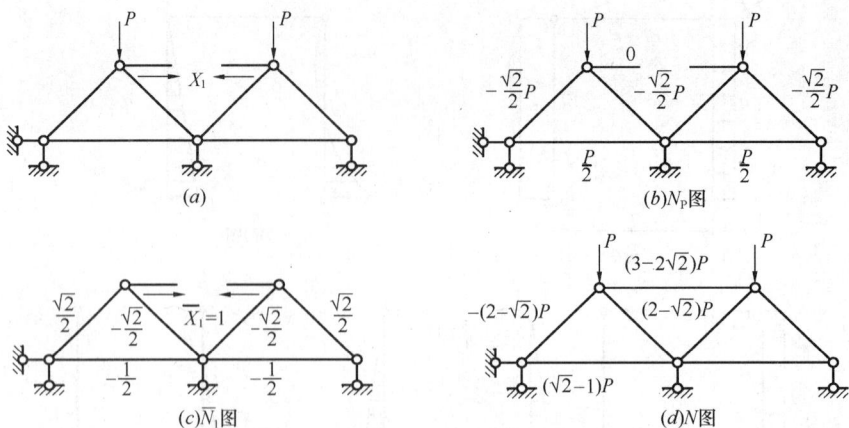

图 6-16　例题 6-3 图 Ⅱ

【例 6-4】　试求如图 6-17（a）所示一次超静定组合结构在荷载作用下的内力。
$I=1\times10^{-4}\,\mathrm{m^4}$，$A=1\times10^{-3}\,\mathrm{m^2}$

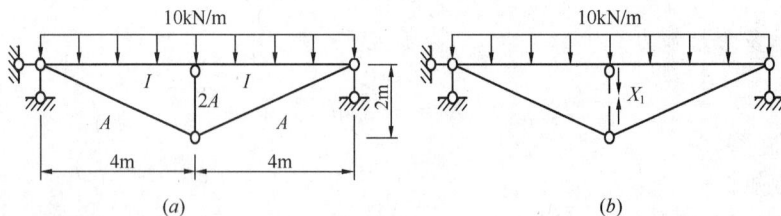

(a) (b)

图 6-17　例题 6-4 图 Ⅰ

【解】　（1）基本体系和力法方程

本题为一次超静定组合结构，切断竖向的链杆，在切口处代以未知轴力 X_1，得到如图 6-17（b）所示的基本体系。基本体系在荷载和未知力 X_1 共同作用下位移应为零。由此得力法方程：

$$\delta_{11}X_1+\Delta_{1\mathrm{p}}=0$$

（2）系数和自由项

在基本结构切口处作用单位力 $X_1=1$，各杆轴力可由节点法求得，如图 6-18（a）所示，水平梁的弯矩如图 6-18（a）所示。

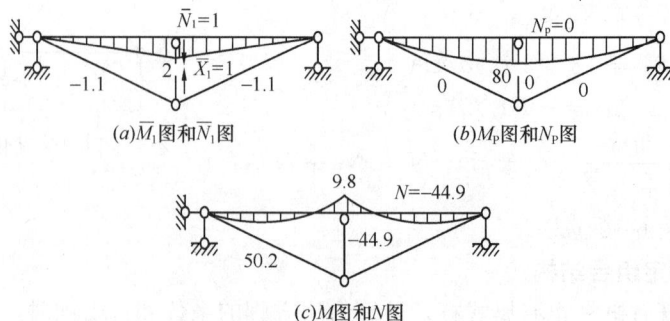

$(a)\overline{M}_1$图和$\overline{N}_1$图 $(b)M_P$图和N_P图

$(c)M$图和N图

图 6-18　例题 6-4 图 Ⅱ

基本结构在荷载作用下，各杆没有轴力，只有水平梁有弯矩，如图6-18（b）所示。

$$\delta_{11} = \int \frac{\overline{M}_1^2}{EI} dx + \Sigma \frac{\overline{N}_1^2 l}{EA} = \frac{10.67}{EI} + \frac{12.2}{EA}$$

$$\Delta_{1P} = \int \frac{\overline{M}_1 M_P}{EI} dx = \frac{533.3}{EI}$$

（3）求多余未知力

$$X_1 = -44.9 \text{kN}$$

（4）求内力

内力叠加公式为

$$M = \overline{M}_1 X_1 + M_P, N = \overline{N}_1 X_1 + N_P$$

各杆轴力及水平梁弯矩如图6-18（c）所示。

6.5 对称结构的计算

6.5.1 对称性说明

在工程中，很多结构具有对称性，所谓对称结构，就是指：

（1）结构的几何形式、支承情况都对称于某轴。

（2）杆件截面和材料性质也对此轴对称。

如图6-19（a）所示结构。利用对称性可以使计算工作得到简化。

作用在对称结构上的荷载，有两种特殊情况：一种是对称荷载，另一种是反对称荷载。

（1）对称荷载——绕对称轴对折后，对称轴两边的荷载等值、作用点重合、同向。在大小相等、作用点对称的前提下，与对称轴垂直反向布置的荷载、与对称轴平行同向布置的荷载、与对称轴重合的集中力是对称荷载。如图6-19（b）所示。

（2）反对称荷载——绕对称轴对折后，对称轴两边的荷载等值、作用点重合、反向。在大小相等、作用点对称的前提下，与对称轴垂直同向布置的荷载、与对称轴平行反向布置的荷载、垂直作用在对称轴上的荷载、位于对称轴上的集中力偶是反对称荷载。如图6-19（c）所示。

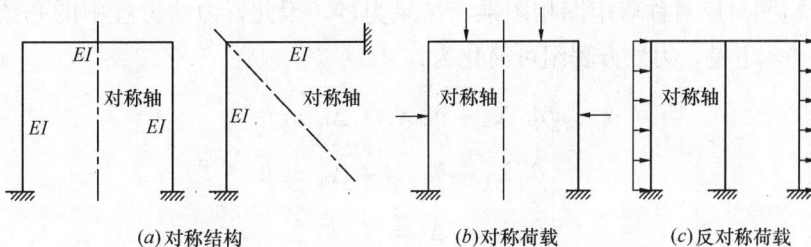

图6-19 对称性

对于作用在对称结构上的一般荷载，可以把它分解成一组对称荷载和一组反对称荷载。如图6-20所示。

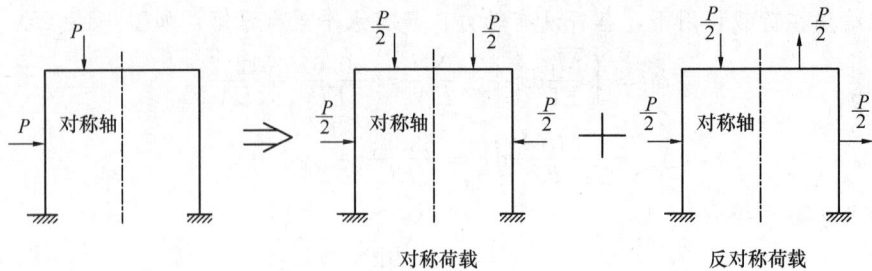

图 6-20　作用在对称结构上的一般荷载分解方式

6.5.2　取对称的基本体系计算

不论在何种外因作用下，对称结构应考虑利用对称的基本体系计算。沿对称轴上梁的中央截面切开，三对多余未知力中，弯矩 X_1 和轴力 X_2 是对称未知力，剪力 X_3 是反对称未知力。对称未知力产生的单位弯矩图和变形图是对称的；反对称未知力产生的单位弯矩图和变形图是反对称的。如图 6-21 所示。

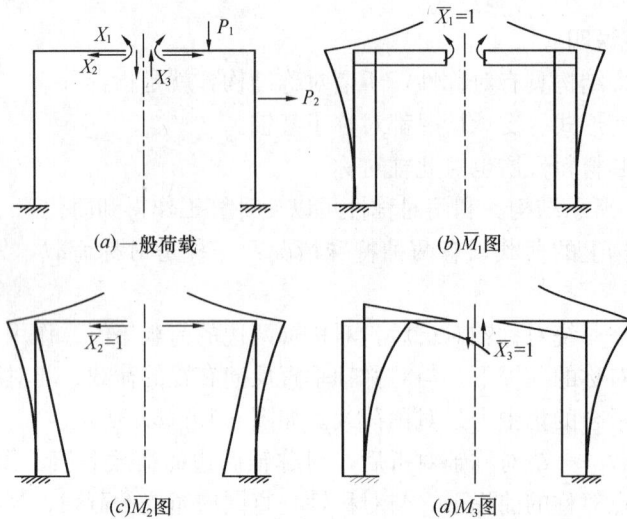

(a)一般荷载　　　　　　　　$(b)\overline{M}_1$图

$(c)\overline{M}_2$图　　　　　　　　$(d)\overline{M}_3$图

图 6-21　对称未知力和反对称未知力
产生的单位弯矩图和变形图

对称弯矩图与反对称弯矩图相图乘，结果为零，因此，力法方程中的系数：$\delta_{13}=\delta_{23}=\delta_{31}=\delta_{32}=0$，于是，力法方程组可简化为：

$$\begin{cases} \delta_{11}X_1 + \delta_{12}X_2 + \Delta_{1p} = 0 \\ \delta_{21}X_1 + \delta_{22}X_2 + \Delta_{2p} = 0 \\ \delta_{33}X_3 + \Delta_{3p} = 0 \end{cases}$$

力法方程分解为独立的两组，一组只包含对称未知力，一组只包含反对称未知力，由此可简化力法计算。

根据上述分析可知，对称的超静定结构，如果从结构的对称轴处去掉多余约束来选取对称的基本结构，则可使某些副系数为零，从而使力法的计算得到简化。

6.5.3 对称结构在对称荷载和反对称荷载作用下的计算

如果对称结构上作用对称荷载，如图 6-22（a）所示，那么 M_p 图是对称的，因此 Δ_{3P} $=0$，$X_3=0$，则力法方程组简化为 $\begin{cases} \delta_{11}X_1+\delta_{12}X_2+\Delta_{1P}=0 \\ \delta_{21}X_1+\delta_{22}X_2+\Delta_{2P}=0 \end{cases}$，对称未知力不为零。

如果对称结构上作用的荷载是反对称的，如图 6-22（b）所示，那么 M_p 图是反对称的，因此 $\begin{cases} \Delta_{1P}=0 \\ \Delta_{2P}=0 \end{cases}$，$\begin{cases} \delta_{11}X_1+\delta_{12}X_2=0 \\ \delta_{21}X_1+\delta_{22}X_2=0 \end{cases}$，该方程组唯一解为 $\begin{cases} X_1=0 \\ X_2=0 \end{cases}$，所以力法方程组简化为 $\delta_{33}X_3+\Delta_{3p}=0$，反对称未知力不为零。

总结：对称结构在对称荷载作用下，内力、反力和变形、位移是对称的。对称结构在反对称荷载作用下，内力、反力和变形、位移是反对称的。

【例 6-5】 求解如图 6-23（a）所示结构的弯矩图，$EI=$ 常数。

【解】 结构上所作用的荷载是反对称荷载，原结构是 4 次超静定结构，切开上梁中央截面，以 3 对多余未知力代替，

图 6-22 对称荷载和反对称荷载

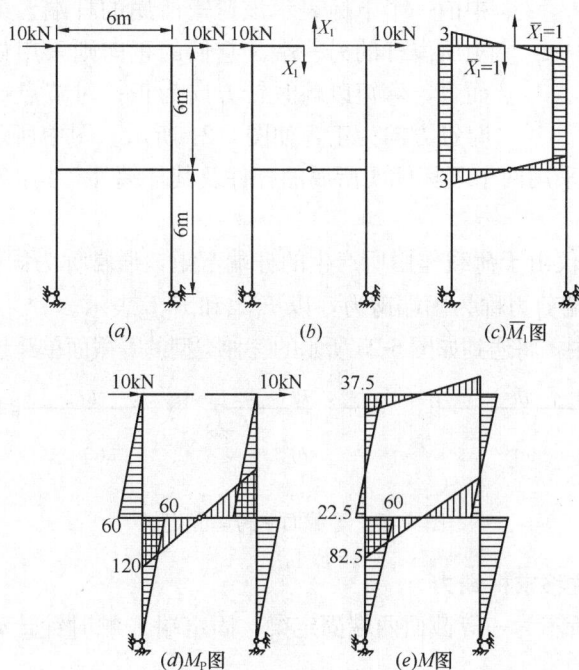

把下梁中央的刚节点变成铰节点，得 1 对多余未知力。这 4 对多余未知力中，有 3 对为正对称未知力，值应为零，只余上梁中央切口截面的剪力不为零。基本体系如图 6-23（b）所示。这是一次超静定结构，力法典型方程为：

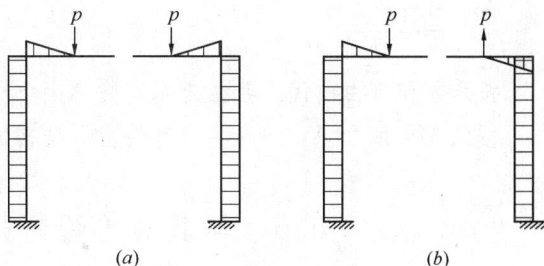

(a)　　　　(b)　　　　(c) $\overline{M}_1$ 图

(d) M_p 图　　　　(e) M 图

图 6-23 例题 6-5 图

101

$$\delta_{11}X_1 + \Delta_{1P} = 0$$

绘出 $X_1=1$ 和荷载单独作用在基本结构上的弯矩图 $\overline{M}_1$ 和 M_P 图（图 6-23c、d），然后求出

$$\delta_{11} = \frac{2}{EI}\left[\left(\frac{1}{2}\times 3\times 3\right)\times\left(\frac{2}{3}\times 3\right)+(3\times 6)\times 3+\left(\frac{1}{2}\times 3\times 3\right)\times\left(\frac{2}{3}\times 3\right)\right]$$

$$= \frac{144}{EI}$$

$$\Delta_{1p} = \frac{2}{EI}\left[\left(\frac{1}{2}\times 60\times 6\right)\times 3+\left(\frac{1}{2}\times 120\times 3\right)\times\left(\frac{2}{3}\times 3\right)\right]$$

$$= \frac{1800}{EI}$$

将系数和自由项代入典型方程，得 $X_1=-12.5$

按式 $M=\overline{M}_1\cdot X_1+M_P$，即可得出原结构的弯矩图，如图 6-23（e）所示。

6.6 等截面单跨超静定梁的杆端内力

6.6.1 等截面单跨超静定梁类型及杆端力的正负规定

在以后位移法的计算过程中，需要用到单跨超静定梁在荷载作用下以及杆端发生位移时的杆端内力，这些内力简称为杆端力，可用力法求得。

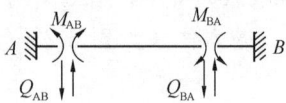

为了表达明确和计算方便，在位移法中，对于杆端弯矩恒在字母 M 的右下角用两个下标标明该弯矩所属的杆件，其中前一个下标表示该弯矩所属的杆端，第二个下标表示该弯矩所属杆的另一端。它们的正向则采用如下的规定：对杆端而言，弯矩以顺时针方向为正；对节点或支座而言，则以逆时针方向为正，如图 6-24 所示。图中所示的杆端弯矩都为正值，至于杆端剪力除采用两个下标标明所属的杆件及其杆端外，其正负符号的规定则与以往完全相同。

图 6-24　杆端弯矩与剪力正负规定

对单跨超静定梁仅由于荷载作用所产生的杆端弯矩，通常称为固端弯矩，并以 M_{AB}^F 和 M_{BA}^F 表示，相应的杆端剪力称为固端剪力，以 F_{QAB}^F 和 F_{QAB}^F 表示。

在后面的几章节中，将遇到如图 6-25 所示的三种类型的等截面单跨超静定梁。

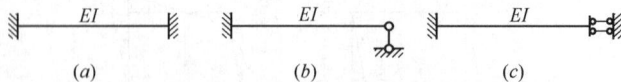

图 6-25　等截面单跨超静定梁

6.6.2 由杆端位移求杆端力

如图 6-26（a）所示为一等截面两端固定梁，固定端 A 顺时针转动一角度 φ_A，作弯矩图和剪力图。

取如图 6-26（b）所示的基本体系（水平方向未知力不影响弯矩，故省略），可写出力法典型方程为

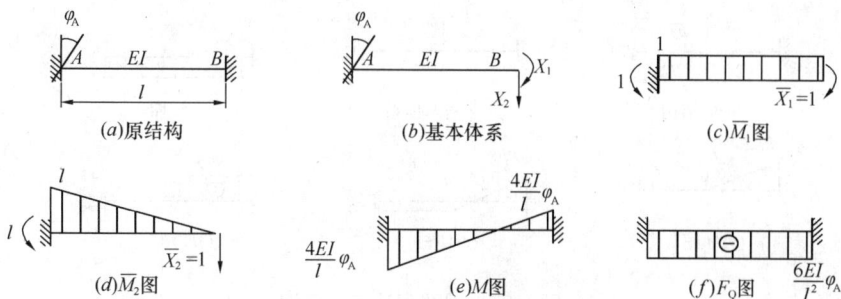

图 6-26 杆端转角位移引起的杆端力

$$\begin{cases} \delta_{11}X_1 + \delta_{12}X_2 + \Delta_{1C} = 0 \\ \delta_{21}X_1 + \delta_{22}X_2 + \Delta_{2C} = 0 \end{cases}$$

为了求出各系数和自由项，作出两个单位弯矩图 $\overline{M}_1$ 图和 $\overline{M}_2$ 图（图 6-26c、d）。Δ_{1C}、Δ_{2C} 分别是基本结构支座 A 转动 φ_A 后，B 点沿 X_1 方向的转角和沿 X_2 方向的竖向位移。由 $\Delta = -\Sigma \overline{R}C$，得

$$\Delta_{1C} = -\Sigma \overline{R}C = -(-1 \times \varphi_A) = \varphi_A$$

$$\Delta_{2C} = -\Sigma \overline{R}C = -(-l \times \varphi_A) = l\varphi_A$$

将所有系数和自由项代入典型方程，可得

$$\left. \begin{array}{l} \dfrac{l}{EI}X_1 + \dfrac{l^2}{2EI}X_2 + \varphi_A = 0 \\[3mm] \dfrac{l^2}{2EI}X_1 + \dfrac{l^3}{3EI}X_2 + l\varphi_A = 0 \end{array} \right\}$$

解得

$$X_1 = \frac{2EI}{l}\varphi_A, \quad X_2 = -\frac{6EI}{l^2}\varphi_A$$

即

$$M_{BA} = \frac{2EI}{l}\varphi_A, \quad F_{QBA} = -\frac{6EI}{l^2}\varphi_A$$

由静力平衡条件得

$$M_{AB} = \frac{4EI}{l}\varphi_A, \quad F_{QAB} = -\frac{6EI}{l^2}\varphi_A$$

最后弯矩图和剪力图如图 6-26（e）、（f）所示。

6.6.3 由荷载求固端力

如图 6-27（a）所示为等截面一端固定一端定向支座的梁，梁中心作用集中荷载，作弯矩图和剪力图。

取如图 6-27（b）所示的基本体系（水平方向未知力不影响弯矩，故省略），可写出力法典型方程为

$$\delta_{11}X_1 + \Delta_{1p} = 0$$

计算 δ_{11} 及 Δ_{1p}，先分别绘出 $X_1 = 1$ 和荷载单独作用在基本结构上的弯矩图 $\overline{M}_1$ 和 M_p 图（图 6-27c、d），然后求出

$$\delta_{11} = \frac{1}{EI}(1 \times l \times 1) = \frac{l}{EI}$$

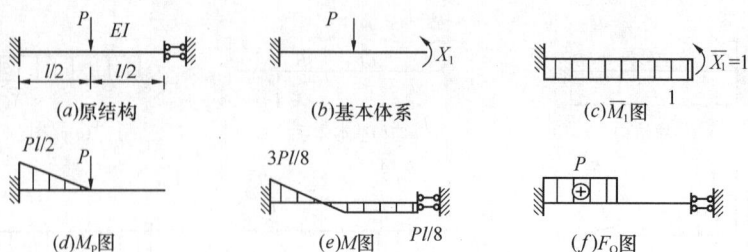

图 6-27 固端力计算示意图

$$\Delta_{1P} = -\frac{1}{EI}\left(\frac{1}{2}\times\frac{Pl}{2}\times\frac{l}{2}\right)\times 1 = -\frac{Pl^2}{8EI}$$

解得

$$X_1 = \frac{1}{8}Pl$$

即

$$M_{AB} = -\frac{3Pl}{8},\ F_{QAB} = P,\ M_{BA} = -\frac{Pl}{8},\ F_{QBA} = 0$$

最后弯矩图和剪力图如图 6-27 (e)、(f) 所示。

小　结

学习力法，主要掌握基本结构、基本未知量、基本方程等环节。力法通过多余约束与多余力的概念，把超静定结构与静定结构联系起来，通过对基本结构在多余力方向位移与原结构相同的条件，使得基本体系与原结构相等，从而实现用静定的基本结构计算原超静定结构内力。力法方程中的系数 δ_{ij} 实际是结构的柔度系数，是结构的物理性质。

超静定结构在支座移动、温度改变、制造误差等因素影响时，会产生内力，同样可用力法计算（如 6.6 节），只要在方程的自由项中考虑已知因素引起基本结构在多余力方向的位移即可。

超静定结构的位移，也可用单位荷载法计算，原理和方法同静定结构位移计算。因为力法的基本体系与原结构完全对等，所以，计算位移时，可在任意一个力法基本体系上进行，即假设所求位移方向单位荷载时，在基本结构上进行，这样可有效简化计算过程。

思　考　题

1. 什么是力法的基本体系和基本结构以及基本未知量？如何选取基本体系？
2. 力法方程的物理意义是什么？方程中的系数和自由项的物理意义是什么？
3. 简述用力法解超静定结构的步骤。
4. 为什么力法方程中的主系数都为正数？
5. 为什么静定结构的内力与结构的刚度无关，而超静定结构的内力与刚度有关？
6. 力法典型方程的右端是否一定为零？
7. 如何利用对称性使问题的计算得以简化？
8. 计算超静定结构时，考虑支座移动的影响与考虑荷载作用的影响，两者有何异同

习　题

1. 试确定图示结构的超静定次数。

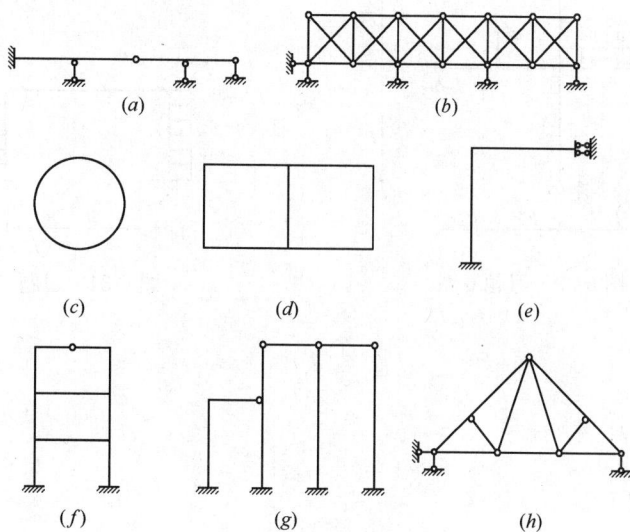

图 6-28　习题 1 图

2. 用力法计算下列结构，并绘出弯矩图。
3. 用力法分析图示超静定结构，作弯矩图，$EI=$ 常数。

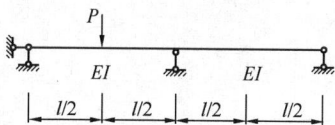

图 6-29　习题 2 图

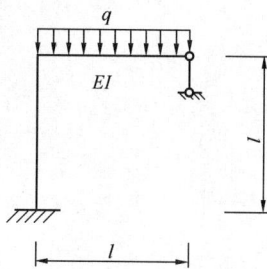

图 6-30　习题 3 图

4. 用力法分析图示超静定结构，作弯矩图，$EI=$ 常数。
5. 用力法分析图示超静定结构，作弯矩图，$EI=$ 常数。

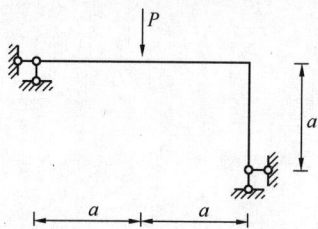

图 6-31　习题 4 图

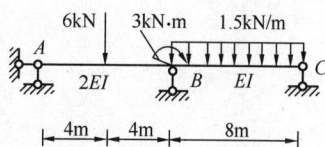

图 6-32　习题 5 图

6. 用力法分析图示超静定结构，作弯矩图，$EI=$ 常数。

7. 用力法作图示结构的 M 图。$EI=$ 常数。

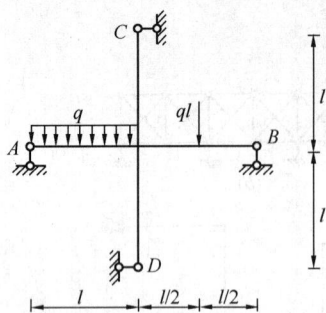

图 6-33　习题 6 图

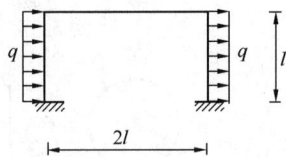

图 6-34　习题 7 图

第7章 位 移 法

位移法是计算超静定结构的第二个基本方法。位移法分为两步：首先将结构拆成杆件，进行杆件分析，建立杆件的刚度方程；其次把杆件组装成结构，进行整体分析，建立位移法基本方程。

本章主要讨论位移法的原理并应用于计算刚架。取刚架的独立节点位移作基本未知量，由与这些节点位移相应的平衡条件建立位移法方程。位移法方程有两种表现形式：直接写平衡方程的形式和借用基本体系建立典型方程的形式，二者是等价的；前者便于了解和手算，后者利于与力法及后面以计算机计算为基础的矩阵位移法对比，以加深对内容的理解。

7.1 位移法的基本概念

7.1.1 关于位移法的简例

先举一个简单的桁架例子，以便更具体地了解位移法的基本思路。

如图 7-1（a）所示为一个对称结构，承受对称荷载 F_P。节点 B 只发生竖向位移 Δ，水平位移为零。在位移法中，把此竖向位移 Δ 选作基本未知量。这是因为：如果能设法把位移 Δ 求出，那么各杆的伸长变形即可求出，从而各杆的内力就可求出，整个问题也就迎刃而解了。由此看出，位移 Δ 是一个关键的未知量。

现在进一步讨论如何求基本未知量 Δ 的问题。计算分为两步：

第一步，从结构中取出一个杆件进行分析。

如图 7-1（b）所示杆 AB，如已知杆端 B 沿杆轴向的位移为 u_i（即杆的伸长），则杆端力 F_{Ni} 应为

$$F_{Ni} = \frac{EA_i}{l_i} u_i \tag{7-1}$$

式中，E、A_i、l_i 分别为杆件的弹性模量、截面面积和长度。系数 $\dfrac{EA_i}{l_i}$ 是使杆端产生单位位移时所需施加的杆端力，称为杆件的刚度系数。式（7-1）表明杆件的杆端力 F_{Ni} 与杆端位移 u_i 之间的关系，称为杆件的刚度方程。

第二步，把各杆件综合成结构。综合时各杆在 B 端的位移是相同的，即都由 B 改变到 B'，此为变形协调条件。根据变形协调条件，各杆端位移 u_i 与基本未知量 Δ 间的关系为见（图 7-2a）

$$u_i = \Delta \sin\alpha_i \tag{7-2}$$

再考虑节点 B 的平衡条件 $\Sigma F_y = 0$，得（见图 7-2b）

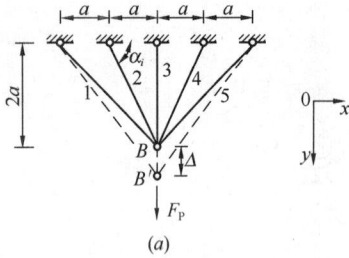

图 7-1 桁架与杆件

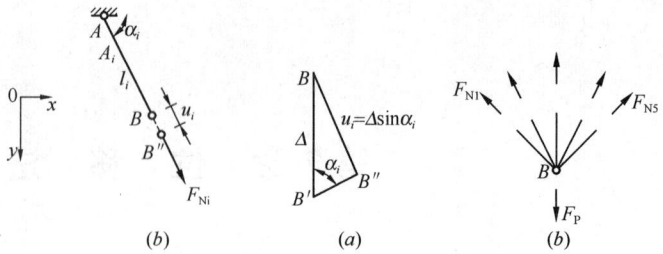

图 7-2 节点位移与节点受力

$$\sum_{i=1}^{5} F_{Ni}\sin\alpha_i = F_P \tag{7-3}$$

其中各杆的轴力 F_{Ni} 可由式 (7-1) 表示，再利用式 (7-2) 中基本未知量 Δ 代入式 (7-3)，即得

$$\sum_{i=1}^{5} \frac{EA_i}{l_i}\sin^2\alpha_i\Delta = F_P \tag{7-4}$$

这就是位移法的基本方程，它代表平衡方程，是用位移表示的平衡方程。由此可求出基本未知量

$$\Delta = \frac{F_P}{\displaystyle\sum_{i=1}^{5} \frac{EA_i}{l_i}\sin^2\alpha_i} \tag{7-5}$$

至此，完成了位移法计算中的关键一步。

基本未知量 Δ 求出以后，其余问题就迎刃而解了。例如，为了求各杆的轴力，可将式 (7-5) 代入式 (7-2)，再代入式 (7-1)，可得

$$F_{Ni} = \frac{\dfrac{EA_i}{l_i}\sin\alpha_i}{\displaystyle\sum_{i=1}^{5} \dfrac{EA_i}{l_i}\sin^2\alpha_i}F_P \tag{7-6}$$

将图 7-1 (a) 的尺寸代入式 (7-5) 和式 (7-6)，设各杆 EA 相同，得

$$\Delta = 0.637\frac{F_P a}{EA}$$

$$F_{N1} = F_{N5} = 0.159F_P$$

$$F_{N2} = F_{N4} = 0.255F_P$$

$$F_{N3} = 0.319F_P$$

在图 7-1 (a) 中，如只有 2 根杆，结构是静定的；当杆数大于（或等于）3 时，结构是超静定的，均可用上述方法计算。可见，用位移法计算时，计算方法并不因结构的静定或超静定而有所不同。

由上面的简例，可归纳出位移法的要点如下：

(1) 位移法的基本未知量是结构的独立节点位移（如图 7-1a 所示 B 点的竖向位移 Δ）。

(2) 位移法的基本方程是用位移表示的平衡方程（如 B 点的竖向投影平衡方程式 (7-4)）。

（3）建立基本方程的过程分为两步：

第一步，把结构拆成杆件，进行杆件分析，得出杆件的刚度方程（见式（7-1））。

第二步，再把杆件综合成结构，进行整体分析，得出基本方程。

这个过程是一拆一搭，拆了再搭的过程。它把复杂结构的计算问题转变为简单杆件的分析和综合的问题。这就是位移法的基本思路。

（4）杆件分析是结构分析的基础，杆件的刚度方程是位移法基本方程的基础。因此，位移法也称为刚度法。

7.1.2　位移法计算刚架的基本思路

以上结合链杆体系的情况对位移法的基本思路作了简短的说明。现在再结合刚架的情况作进一步的介绍。

如图 7-3（a）所示为一刚架，在给定荷载下，节点 A 发生角位移 θ_A 和线位移 Δ。采用位移法计算时，取节点位移 θ_A 和 Δ 作为基本未知量（注意支座处的位移不作为基本未知量）。如果能够设法把基本未知量 θ_A 和 Δ 求出，那么整个刚架的计算问题就分解成杆件的计算问题，如图 7-3（b）、（c）所示。其中杆 AB 的计算条件是 B 端固定、A 端有已知位移 θ_A 和 Δ，并承受已知荷载 q 的作用。杆 AC 的计算条件是 C 端为简支、A 端有已知位移 θ_A，并承受已知荷载 F_P 的作用。

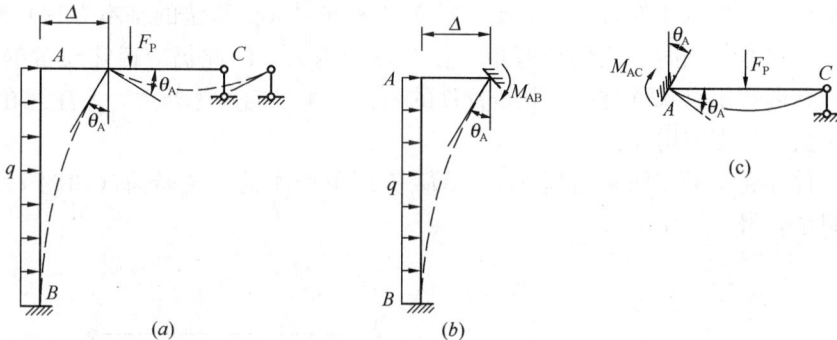

图 7-3　位移法计算刚架

由此看出，用位移法计算刚架，节点位移是处于关键地位的未知量，只要这个关键问题解决了，余下的问题就是杆件的计算问题。

还可看出，用位移法计算刚架的基本思路仍然是拆了再搭。首先，是把刚架拆成杆件，进行杆件分析——杆件在已知端点位移和已知荷载作用下的计算。这相当于上述链杆体系（图 7-1）中的第一步，即式（7-1）。但是，现在问题要复杂一些，需要作为预备知识在 7.2 节中详细讨论。其次，是把杆件再合成刚架，利用刚架平衡条件，建立位移法基本方程，借以求出基本未知量。这相当于上述链杆体系中的第二步，这个问题将在 7.3 节和 7.4 节中详细讨论。

7.2　等截面杆件的刚度方程

为了给用位移法计算刚架作好准备，我们讨论等截面杆件计算的两个问题：一是在已知端点位移下求杆端弯矩，二是在已知荷载作用下求固端弯矩。

7.2.1 由杆端位移求杆端弯矩

如图 7-4 所示为一等截面杆件 AB，截面惯性矩 I 为常数。已知端点 A 和 B 的角位移分别为 θ_A 和 θ_B，两端垂直杆轴的相对位移为 Δ，拟求杆端弯矩 M_{AB} 和 M_{BA}（注意：如果杆件沿平行或垂直杆轴方向平行移动，则不引起杆端弯矩。因此，只需考虑两端在垂直杆轴方向发生相对位移 Δ 的情形。此外，由 Δ 可得出弦转角，$\varphi=\dfrac{\Delta}{l}$）。

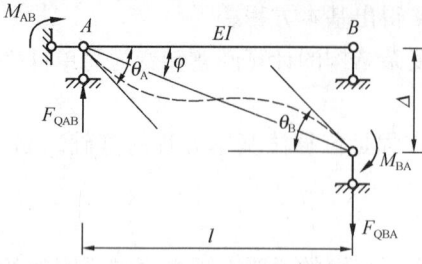

在位移法中，采用如下的正负号规则：节点转角 θ_A、θ_B，弦转角 φ，杆端弯矩 M_{AB}、M_{BA}，一律以顺时针转向为正。

图 7-4　杆端力与杆端位移

必须注意：这里关于杆端弯矩的正负号规则与通常关于弯矩的正负规则（例如在梁中，弯矩使梁下部纤维受拉者规定为正）有所不同。第一，这里的规则是针对杆端弯矩，而不是针对杆中任一截面的弯矩。第二，当取杆件（或取节点）为隔离体时，杆端弯矩是隔离体上的外力，建立隔离体平衡方程时，本章力矩一律以顺时针转向为正。因此，这里的规则是把杆端弯矩看作外力，为了便于建立平衡方程（位移法的基本方程）而规定的。另一方面，在作弯矩图时，我们把弯矩看作杆件的内力，因此仍应遵守通常的正负号规则。总之，杆端弯矩有双重身份：既是杆件的内力，又是隔离体外力，要注意在不同场合按相应的正负号规则取用。

首先，计算简支梁在两端力偶 M_{AB}、M_{BA} 作用下产生的杆端转角（如图 7-5a 所示）。由单位荷载法，得

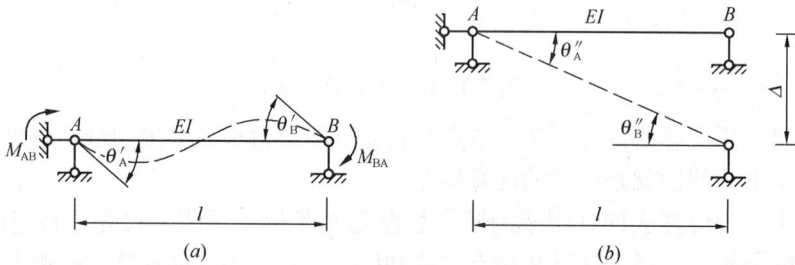

图 7-5　杆端转角位移

$$\left.\begin{array}{l} \theta'_A = \dfrac{1}{3i}M_{AB} - \dfrac{1}{6i}M_{BA} \\[2mm] \theta'_B = -\dfrac{1}{6i}M_{AB} + \dfrac{1}{3i}M_{BA} \end{array}\right\} \tag{7-7}$$

式中 $i=\dfrac{EI}{l}$，称为杆件的线刚度。

其次，当简支梁两端有相对竖向位移 Δ 时（如图 7-5b 所示），杆端转角应为

$$\theta'_A = \theta'_B = \frac{\Delta}{l} \qquad (7\text{-}8)$$

综合起来，当两端有力偶 M_{AB}、M_{BA} 作用，而两端又有相对竖向位移 Δ 时，则杆端转角为

$$\left. \begin{aligned} \theta_A &= \frac{1}{3i}M_{AB} - \frac{1}{6i}M_{BA} + \frac{\Delta}{l} \\ \theta_B &= -\frac{1}{6i}M_{AB} + \frac{1}{3i}M_{BA} + \frac{\Delta}{l} \end{aligned} \right\} \qquad (7\text{-}9)$$

解联立方程，则得

$$\left. \begin{aligned} M_{AB} &= 4i\theta_A + 2i\theta_B - 6i\frac{\Delta}{l} \\ M_{BA} &= 2i\theta_A + 4i\theta_B - 6i\frac{\Delta}{l} \end{aligned} \right\} \qquad (7\text{-}10)$$

式（7-10）就是由杆端位移 θ_A、θ_B、Δ 求杆端弯矩的公式（习惯上称为转角位移方程）。此外，由平衡条件还可求出杆端剪力如下：

$$F_{QAB} = F_{QBA} = -\frac{1}{l}(M_{AB} + M_{BA})$$

再将式（7-10）代入，即得

$$F_{QAB} = F_{QBA} = -\frac{6i}{l}\theta_A - \frac{6i}{l}\theta_B + \frac{12i}{l^2}\Delta \qquad (7\text{-}11)$$

为了紧凑起见，可以把式（7-10）和（7-11）写成矩阵的形式：

$$\begin{bmatrix} M_{AB} \\ M_{BA} \\ F_{QAB} \end{bmatrix} = \begin{bmatrix} 4i & 2i & -\dfrac{6i}{l} \\ 2i & 4i & -\dfrac{6i}{l} \\ -\dfrac{6i}{l} & -\dfrac{6i}{l} & \dfrac{12i}{l^2} \end{bmatrix} \begin{bmatrix} \theta_A \\ \theta_B \\ \Delta \end{bmatrix} \qquad (7\text{-}12)$$

上式与式（7-1）具有类似的性质，称为弯曲杆件的刚度方程。其中

$$\begin{bmatrix} 4i & 2i & -\dfrac{6i}{l} \\ 2i & 4i & -\dfrac{6i}{l} \\ -\dfrac{6i}{l} & -\dfrac{6i}{l} & \dfrac{12i}{l^2} \end{bmatrix}$$

称为弯曲杆件的刚度矩阵，其中的系数称为刚度系数。刚度系数是只与杆件的截面尺寸和材料性质有关的常数，所以又称为形常数。

下面讨论杆件在一端具有不同支座时的刚度方程。

（1）B 端为固定支座（如图 7-6a 所示）

在式（7-10）中令 $\theta_B = 0$，则得

$$\left. \begin{aligned} M_{BA} &= 4i\theta_A - 6i\frac{\Delta}{l} \\ M_{BA} &= 2i\theta_A - 6i\frac{\Delta}{l} \end{aligned} \right\} \tag{7-13}$$

（2）B 端为铰支座（如图 7-6b 所示）

在式（7-9）第一式中令 $M_{BA} = 0$，则得

$$M_{AB} = 3i\theta_A - 3i\frac{\Delta}{l} \tag{7-14}$$

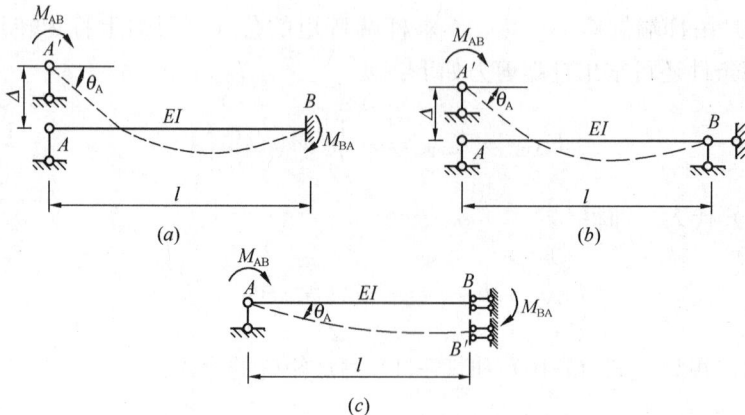

图 7-6　杆件在一端具有不同支座时的计算示意图

（3）B 端为滑动支座（如图 7-6c 所示）

在式（7-11）中令 $\theta_B = 0$ 和 $F_{QAB} = F_{QBA} = 0$，则得

$$\frac{\Delta}{l} = \frac{1}{2}\theta_A$$

再代入式（7-10），得

$$\left. \begin{aligned} M_{AB} &= i\theta_A \\ M_{BA} &= -i\theta_A \end{aligned} \right\} \tag{7-15}$$

7.2.2　由荷载求固端弯矩

对于三种杆件：①两端固定的梁；②一端固定、另一端简支的梁；③一端固定、另一端滑动支承的梁。表 7-1 给出了在几种常见荷载作用下的杆端弯矩和杆端剪力，称为固端弯矩和固端剪力。因为它们是只与荷载形式有关的常数，所以又称为载常数。固端弯矩用 M_{AB}^F 和 M_{BA}^F 表示。

	编号	简 图	固端弯矩（顺时针转向为正）	固 端 剪 力
两端固定	1		$M_{AB}^F = -\dfrac{ql^2}{12}$ $M_{BA}^F = \dfrac{ql^2}{12}$	$F_{QAB}^F = \dfrac{ql}{2}$ $F_{QBA}^F = -\dfrac{ql}{2}$
	2		$M_{AB}^F = -\dfrac{ql^2}{30}$ $M_{BA}^F = \dfrac{ql^2}{20}$	$F_{QAB}^F = \dfrac{3ql}{20}$ $F_{QBA}^F = -\dfrac{7ql}{20}$
	3		$M_{AB}^F = -\dfrac{F_P ab^2}{l^2}$ $M_{BA}^F = \dfrac{F_P a^2 b}{l^2}$	$F_{QAB}^F = \dfrac{F_P b^2}{l^2}\left(1+\dfrac{2a}{l}\right)$ $F_{QBA}^F = -\dfrac{F_P a^2}{l^2}\left(1+\dfrac{2b}{l}\right)$
	4		$M_{AB}^F = -\dfrac{F_P l}{8}$ $M_{BA}^F = \dfrac{F_P l}{8}$	$F_{QAB}^F = \dfrac{F_P}{2}$ $F_{QBA}^F = -\dfrac{F_P}{2}$
	5	 $\Delta t = t_1 - t_2$	$M_{AB}^F = \dfrac{EI\alpha\Delta t}{h}$ $M_{BA}^F = -\dfrac{EI\alpha\Delta t}{h}$	$F_{QAB}^F = 0$ $F_{QBA}^F = 0$
一端固定另一端铰支	6		$M_{AB}^F = -\dfrac{ql^2}{8}$	$F_{QAB}^F = \dfrac{5}{8}ql$ $F_{QBA}^F = -\dfrac{3}{8}ql$
	7		$M_{AB}^F = -\dfrac{ql^2}{15}$	$F_{QAB}^F = \dfrac{2}{5}ql$ $F_{QBA}^F = -\dfrac{1}{10}ql$
	8		$M_{AB}^F = -\dfrac{7ql^2}{120}$	$F_{QAB}^F = \dfrac{9}{40}ql$ $F_{QBA}^F = -\dfrac{11}{40}ql$
	9		$M_{AB}^F = -\dfrac{F_P b(l^2 - b^2)}{2l^2}$	$F_{QAB}^F = \dfrac{F_P b(3l^2 - b^2)}{2l^3}$ $F_{QAB}^F = -\dfrac{F_P a^2(3l-a)}{2l^3}$
	10		$M_{AB}^F = -\dfrac{3F_P l}{16}$	$F_{QAB}^F = \dfrac{11}{16}F_P$ $F_{QBA}^F = -\dfrac{5}{16}F_P$
	11	 $\Delta t = t_1 - t_2$	$M_{AB}^F = \dfrac{3EI\alpha\Delta t}{2h}$	$F_{QAB}^F = F_{QBA}^F$ $= -\dfrac{3EI\alpha\Delta t}{2hl}$

	编号	简图	固端弯矩 （顺时针转向为正）	固端剪力
一端固定 另一端滑 动支承	12		$M_{AB}^{F} = -\dfrac{ql^2}{3}$ $M_{BA}^{F} = -\dfrac{ql^2}{6}$	$F_{QAB}^{F} = ql$ $F_{QBA}^{F} = 0$
	13		$M_{AB}^{F} = -\dfrac{F_P a}{2l}(2l-a)$ $M_{BA}^{F} = -\dfrac{F_P a^2}{2l}$	$F_{QAB}^{F} = F_P$ $F_{QBA}^{F} = 0$
	14		$M_{AB}^{F} = M_{BA}^{F} = -\dfrac{F_P l}{2}$	$F_{QAB}^{F} = F_P$ $F_{QB}^{L} = F_P$ $F_{QB}^{R} = 0$
	15		$M_{AB}^{F} = \dfrac{EI\alpha\Delta t}{h}$ $M_{BA}^{F} = -\dfrac{EI\alpha\Delta t}{h}$	$F_{QAB}^{F} = 0$ $F_{QBA}^{F} = 0$

如果等截面杆件既有已知荷载作用，又有已知的端点位移，则根据叠加原理，杆端弯矩的一般公式（对照式（7-10））为

$$M_{AB} = 4i\theta_A + 2i\theta_B - 6i\,\frac{\Delta}{l} + M_{AB}^{F} \left.\vphantom{\frac{\Delta}{l}}\right\}$$
$$M_{BA} = 2i\theta_A + 4i\theta_B - 6i\,\frac{\Delta}{l} + M_{BA}^{F} \tag{7-16}$$

杆端剪力的一般公式（对照式（7-11））为

$$F_{QAB} = -\frac{6i}{l}\theta_A - \frac{6i}{l}\theta_B + \frac{12i}{l^2}\Delta + F_{QAB}^{F} \left.\vphantom{\frac{12i}{l^2}}\right\}$$
$$F_{QBA} = -\frac{6i}{l}\theta_A - \frac{6i}{l}\theta_B + \frac{12i}{l^2}\Delta + F_{QBA}^{F} \tag{7-17}$$

式中，F_{QAB}^{F} 和 F_{QBA}^{F} 是荷载引起的固端剪力。

本节解决了一个杆件的杆端力与杆端位移及荷载之间的关系问题，是位移法的基础；与第 9 章矩阵位移法中的单元分析是相对应的内容。

7.3 无侧移刚架的计算

如果刚架的各节点（不包括支座）只有角位移而没有线位移，这种刚架称为无侧移刚架。

本节讨论无侧移刚架的计算。连续梁的计算也属于这类问题。

如图 7-7（a）所示为一连续梁，在荷载作用下，节点 B 只有角位移 θ_B，没有线位移，属于无侧移的问题。

采用位移法计算时，取节点角位移 θ_B 作为基本未知量（铰支座 C 处虽有角位移，但可不选作基本未知量）。

由表 7-1 可求出各杆的固端弯矩为

$$-M_{AB}^F = M_{BA}^F = \frac{20 \times 6}{8} = 15 \text{kN} \cdot \text{m}$$

$$M_{BC}^F = -\frac{2 \times 6^2}{8} = -9 \text{kN} \cdot \text{m}$$

再利用式（7-13）和（7-14）（其中令 $\Delta = 0$），可列出各杆杆端弯矩如下（设各杆的线刚度 i 相等）：

$$\left. \begin{aligned} M_{AB} &= 2i\theta_B - 15 \\ M_{BA} &= 4i\theta_B + 15 \\ M_{BC} &= 3i\theta_B - 9 \end{aligned} \right\} \tag{7-18}$$

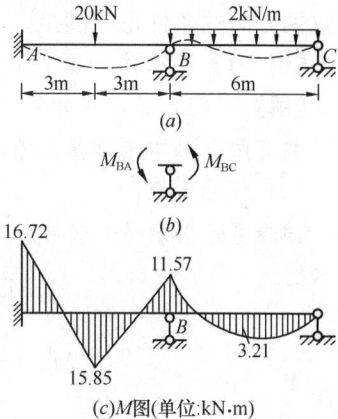

图 7-7　位移法计算无侧移刚架

由此看出，一旦求出 θ_B，杆端弯矩即可求出。

下面建立位移法基本方程，以便求出基本未知量 θ_B。为此，取节点 B 为隔离体（如图 7-7b 所示），可列出力矩平衡方程：

$$\Sigma M_B = 0, \quad M_{BA} + M_{BC} = 0 \tag{7-19}$$

利用式（7-18），此平衡方程可写为

$$7i\theta_B + 6 \text{kN} \cdot \text{m} = 0 \tag{7-20}$$

式（7-20）就是用位移 θ_B 表示的平衡方程，即位移法的基本方程，由此可求出基本未知量

$$\theta_B = -\frac{6}{7i} \text{kN} \cdot \text{m} \tag{7-21}$$

至此，位移法的关键问题已得到解决。余下的问题是将式（7-21）代入式（7-18），即可求出各杆杆端弯矩

$$M_{AB} = 2i \times \left(-\frac{6}{7i} \text{kN} \cdot \text{m}\right) - 15 \text{kN} \cdot \text{m} = -16.72 \text{kN} \cdot \text{m}$$

$$M_{BA} = 4i \times \left(-\frac{6}{7i} \text{kN} \cdot \text{m}\right) + 15 \text{kN} \cdot \text{m} = 11.57 \text{kN} \cdot \text{m}$$

$$M_{BC} = 3i \times \left(-\frac{6}{7i} \text{kN} \cdot \text{m}\right) - 9 \text{kN} \cdot \text{m} = -11.57 \text{kN} \cdot \text{m}$$

据此，可作弯矩图，如图 7-7（c）所示。

一般说来，用位移法解连续梁和无侧移刚架时，在每个刚节点处有一个节点转角——基本未知量；与此相应，在每个刚节点处又可写出一个力矩平衡方程——基本方程。因此，基本方程的个数与基本未知量的个数恰好相等，因而可解出全部基本未知量。

位移法的基本作法是先拆散，后组装。组装的原则有二：首先，在节点处各个杆件的变形要协调一致；其次，装配好的节点要满足平衡条件。关于第一个要求，在选定基本未知量时已经考虑到。因为在每个刚节点处只规定一个节点转角，也就是说，我们规定了刚节点处的各杆杆端转角都彼此相等，这样就保证了节点处的变形连续条件。关于第二个要求，是在建立基本方程时才考虑的，因为基本方程就是根据节点的平衡条件列出的。从这里不仅看到位移法的解答已经满足平衡条件和变形连续条件，而且还看到经过什么途径才

使这两方面的条件得到满足。

【例 7-1】　试作如图 7-8（a）所示刚架的弯矩图。

【解】　（1）基本未知量

共有两个基本未知量：θ_B，θ_C。

（2）杆端弯矩

固端弯矩查表 7-1 求得

$$M_{BA}^F = \frac{ql^2}{8} = \frac{20 \times 4^2}{8} = 40 \text{kN} \cdot \text{m}$$

$$M_{BC}^F = -\frac{ql^2}{12} = -\frac{20 \times 5^2}{12} = -41.7 \text{kN} \cdot \text{m}$$

$$M_{CB}^F = 41.7 \text{kN} \cdot \text{m}$$

各杆刚度取相对值计算，设 $EI_0 = 1$（当超静定结构内力计算时，若各杆刚度均按相对值取用，即只是一个比例关系，而没有取真值，则中间运算式中不再注明其单位，单位只在最后结果中给出，下同），则

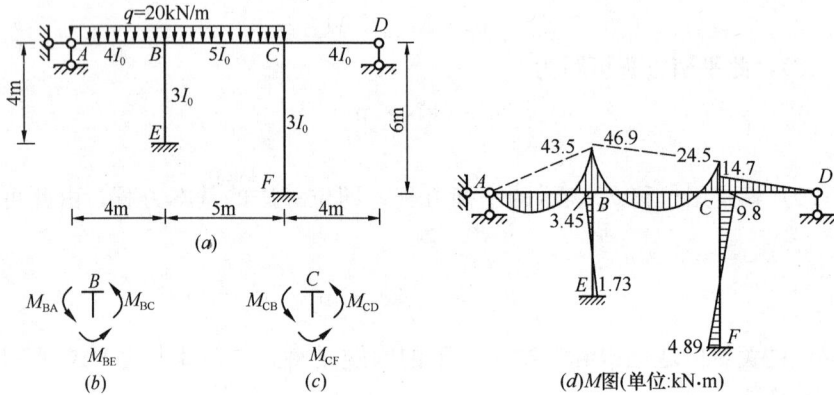

图 7-8　例题 7-1 图

$$i_{BA} = \frac{4EI_0}{4} = 1, \quad i_{BC} = \frac{5EI_0}{5} = 1, \quad i_{CD} = \frac{4EI_0}{4} = 1$$

$$i_{BE} = \frac{3EI_0}{4} = \frac{3}{4}, \quad i_{CF} = \frac{3EI_0}{6} = \frac{1}{2}$$

由式（7-10），式（7-13），式（7-14），再叠加固端弯矩，可列出各杆杆端弯矩如下：

$$M_{AB} = 3i_{BA}\theta_B + M_{BA}^F = 3\theta_B + 40$$

$$M_{BC} = 4i_{BC}\theta_B + 2i_{BC}\theta_C + M_{BC}^F = 4\theta_B + 2\theta_C - 41.7$$

$$M_{CB} = 2i_{BC}\theta_B + 4i_{BC}\theta_C + M_{CB}^F = 2\theta_B + 4\theta_C + 41.7$$

$$M_{CD} = 3i_{CD}\theta_C = 3\theta_C$$

$$M_{BE} = 4i_{BE}\theta_B = 3\theta_B, \quad M_{EB} = 2i_{BE}\theta_B = 1.5\theta_B$$

$$M_{CF} = 4i_{CF}\theta_C = 2\theta_C, \quad M_{FC} = 2i_{CF}\theta_C = \theta_C$$

（3）位移法方程

节点 B 平衡（如图 7-8b 所示）：

$$\Sigma M_B = 0, \quad M_{BA} + M_{BC} + M_{BE} = 0$$

将上步结果代入得

$$10\theta_B + 2\theta_C - 1.7 = 0 \tag{7-22}$$

节点 C 平衡（如图 7-8c 所示）：

$$\Sigma M_C = 0, \quad M_{CB} + M_{CD} + M_{CF} = 0$$

将上步结果代入得

$$2\theta_B + 9\theta_C + 41.7 = 0 \tag{7-23}$$

（4）求基本未知量

解式（7-22）和式（7-23），得

$$\theta_B = 1.15, \quad \theta_C = -4.89$$

（5）求杆端弯矩

将求得的位移代入上述各杆杆端弯矩公式，得

$$M_{AB} = 43.5 \text{kN} \cdot \text{m}$$

$$M_{BC} = -46.9 \text{kN} \cdot \text{m}$$

$$M_{CB} = 24.5 \text{kN} \cdot \text{m}$$

$$M_{CD} = -14.7 \text{kN} \cdot \text{m}$$

$$M_{BE} = 3.45 \text{kN} \cdot \text{m}$$

$$M_{EB} = 1.73 \text{kN} \cdot \text{m}$$

$$M_{CF} = -9.78 \text{kN} \cdot \text{m}$$

$$M_{FC} = -4.89 \text{kN} \cdot \text{m}$$

最后指出，因为各杆用的是相对刚度，因而例题中求出的位移并不是真值。如果要求位移的真值，则刚度也必须采用真值。

7.4 有侧移刚架的计算

刚架分为无侧移和有侧移两类。如图 7-9 所示刚架除有节点转角外，还有节点线位移，它们都是有侧移刚架。

用位移法计算有侧移的刚架时，基本思路与无侧移刚架基本相同，但在具体作法上增加了一些新内容：

（1）在基本未知量中，要包括节点线位移；

（2）在杆件计算中，要考虑线位移的影响；

（3）在建立基本方程时，要增加与节点线位移对应的平衡方程。

在下面的讨论中将着重讲解上述新内容。

7.4.1 基本未知量的选取

计算有侧移刚架时，位移法的基本未知量既包括刚节点角位移，又包括节点线位移。现在着重讨论节点线位移的选取问题。

如果不忽略杆件在轴力作用下的轴向变形，则平面刚架中每个节点有两个线位移。例如，图 7-9 (a)、(b)、(c) 的刚架各有 2 个、3 个、4 个节点，故分别有 4 个、6 个、8 个节点线位移。

节点线位移的个数越多，则位移法的计算工作量越大。为了减少基本未知量的个数，

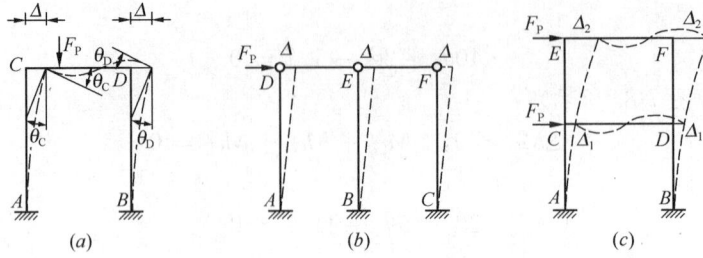

图 7-9　节点线位移个数的确定

使计算得到简化，通常在位移法中忽略轴力对变形的影响。更详细地说，我们引入如下假设：

(1) 忽略轴力产生的轴向变形。

(2) 节点转角 θ 和各杆弦转角 φ 都很微小。

根据假设（1），杆件变形前的直线长度与变形后的曲线长度可认为相等。根据假设（2），变形后的曲线长度与弦线长度可认为相等。综合起来，可得出如下结论：尽管杆件发生弯曲变形，但杆件两端节点之间的距离仍保持不变。

根据上述假设，下面研究独立的节点线位移的个数。

以图 7-9（a）中的刚架为例。由于各杆两端距离假设不变，因此在微小位移的情况下，节点 C 和 D 都没有竖向位移，而且节点 C 和 D 的水平位移也彼此相等，可用一个符号 Δ 来表示。因此，原来两个节点的 4 个线位移现在归结为一个独立的节点线位移 Δ。全部基本未知量只有三个，即 θ_C、θ_D 和 Δ。

对于一般刚架，独立节点线位移的数目常可由观察判定。如图 7-9（b）、(c) 所示两个例子，虚线表示变形后杆的曲线。在图 7-9（b）中，只有一个独立线位移 Δ，因为由水平梁连起来的各节点 D、E、F 其水平线位移必然相同。如图 7-9（c）所示为由水平梁与立柱组成的两层刚架，4 个刚节点 C、D、E、F 有 4 个转角；此外，还有两个独立节点线位移 Δ_1 和 Δ_2。显然，每层有一个线位移，因而独立节点线位移的数目等于刚架的层数。

由于在刚架计算中，不考虑各杆长度的改变，因而节点的独立线位移的数目还可以用几何构造分析的方法来确定。如果把所有的刚节点（包括固定支座）都改为铰节点，则此铰接体系的自由度数就是原结构的独立节点线位移的数目。换句话说，为了使此铰接体系成为几何不变而需添加的链杆数就等于原结构的独立节点线位移的数目。如图 7-10（a）所示刚架，为了确定独立节点线位移的数目，把所有刚节点都改为铰节点，得到图 7-10（b）中实线所示的体系。添加两个链杆（虚线）后，体系就由几何可变成为几何不变（实际上成为一个简单桁架）。由此可知，图 7-10（a）中的刚架有两个独立节点线位移。

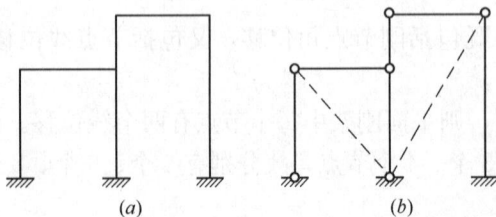

图 7-10　刚架独立节点线位移数目的确定方法

总体来看，用位移法计算有侧移刚架时，基本未知量包括节点转角和独立节点线位移。节点转角的数目等于刚节点的数目，独立节点 i 线位移的数目等于铰接体系的自由度的数目。在选取基本未知量时，由于既保证了刚节点处各杆杆端转角彼此相等，又保证了各杆杆端距离保持不变。

因此，在拆了再搭的过程中，能够保证各杆位移的彼此协调，因而能够满足变形连续条件。

7.4.2 基本方程的建立

基本未知量分为刚节点角位移和独立节点线位移两类，与此对应，基本方程也分为两类。下面举例说明位移法的基本方程是如何建立的。

如图 7-11（a）所示刚架，柱的线刚度为 i，梁的线刚度为 $2i$。基本未知量为刚节点 B 的转角 θ_B 和柱顶的水平位移 Δ，如图 7-11（b）所示。

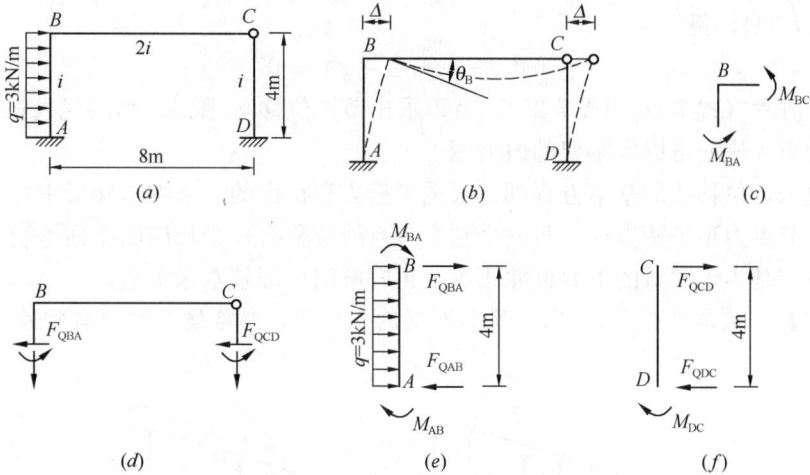

图 7-11 有侧移刚架例

进行杆件计算时，要注意 AB 和 CD 两杆的两端节点有相对侧移 Δ，但杆 BC 的两端节点只有整体的水平位移，而没有相对的垂直位移。利用式（7-13）、式（7-14），并叠加固端弯矩后，可列出各杆的杆端弯矩如下：

$$
\left.
\begin{aligned}
M_{AB} &= 2i\theta_B - 6i\,\frac{\Delta}{4} - \frac{1}{12}\times 3\times 4^2 \\
M_{BA} &= 4i\theta_B - 6i\,\frac{\Delta}{4} + \frac{1}{12}\times 3\times 4^2 \\
M_{BC} &= 3(2i)\theta_B \\
M_{DC} &= -3i\,\frac{\Delta}{4}
\end{aligned}
\right\}
\tag{7-24}
$$

下面建立基本方程。首先，与节点 B 角位移 θ_B 对应，取节点 B 为隔离体（如图 7-11c 所示），可列出力矩平衡方程：

$$\Sigma M_B = 0, M_{BA} + M_{BC} = 0 \tag{7-25}$$

利用式（7-24），此平衡方程可写为

$$10i\theta_B - 1.5i\Delta + 4 = 0 \tag{7-26}$$

其次，与横梁水平位移 Δ 对应，取柱顶以上横梁 BC 部分为隔离体（如图 7-11d 所示），可列出水平投影方程：

$$\Sigma F_x = 0, F_{QBA} + F_{QCD} = 0 \tag{7-27}$$

式（7-27）中的杆端剪力可先换成杆端弯矩。为此，取柱 AB 作隔离体（如图 7-11e 所示，

图中杆端轴力未画出），得

$$\Sigma M_A = 0, F_{QBA} = -\frac{1}{4}(M_{AB} + M_{BA}) - 6$$

再取柱 CD 作隔离体（如图 7-11f 所示），得

$$\Sigma M_D = 0, F_{QCD} = -\frac{1}{4}M_{DC}$$

将以上两剪力的表达式代入式（7-27），得

$$M_{AB} + M_{BA} + M_{DC} + 24 = 0 \tag{7-28}$$

再利用式（7-24），得

$$6i\theta_B - 3.75i\Delta + 24 = 0 \tag{7-29}$$

解联立方程（式 7-26 和式 7-29），就可求出节点位移 θ_B 和 Δ，然后代入式（7-24）可求出杆端弯矩，进而可以作刚架的内力图。

一般说来，位移法的基本方程都是根据平衡方程得出的。基本未知量中每一个转角有一个相应的节点力矩平衡方程，每一个独立节点线位移有一个相应的截面平衡方程。平衡方程的个数与基本未知量的个数彼此相等，正好解出全部基本未知量。

【例 7-2】 试作如图 7-12（a）所示刚架的弯矩图，忽略横梁的轴向变形。

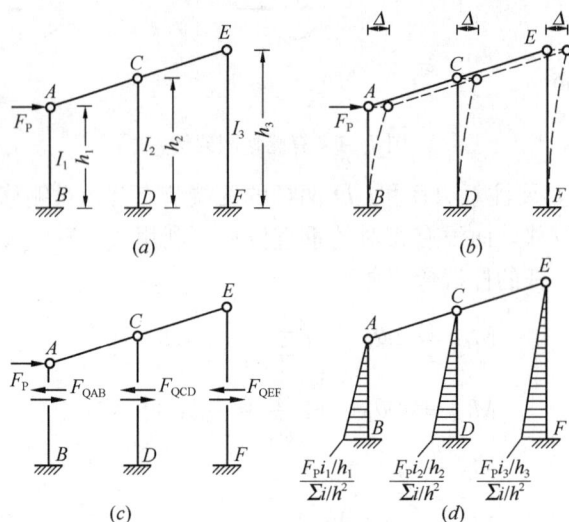

图 7-12 例题 7-2 图

【解】 （1）基本未知量

柱 AB、CD、EF 是平行的，因而变形时横梁只有水平移动，横梁在变形前后保持平行（如图 7-12b 所示），所以各柱顶的水平位移是相等的，只有一个独立线位移 Δ。本例没有刚节点，没有转角基本未知量。

（2）各柱的杆端弯矩和剪力

各柱的线刚度为

$$i_1 = \frac{EI_1}{h_1}$$

$$i_2 = \frac{EI_2}{h_2}$$

$$i_3 = \frac{EI_3}{h_3}$$

由式（7-14）可知杆端弯矩为

$$M_{BA} = -3i_1 \frac{\Delta}{h_1}$$

$$M_{DC} = -3i_2 \frac{\Delta}{h_2}$$

$$M_{FE} = -3i_3 \frac{\Delta}{h_3}$$

由每柱的平衡求得杆端剪力为

$$F_{QAB} = 3i_1 \frac{\Delta}{h_1^2}$$

$$F_{QCD} = 3i_2 \frac{\Delta}{h_2^2}$$

$$F_{QEF} = 3i_3 \frac{\Delta}{h_3^2}$$

（3）位移法方程

取柱顶以上横梁部分为隔离体（如图 7-12c 所示），由水平方向的平衡条件 $\Sigma F_x = 0$，得

$$F_P - (F_{QAB} + F_{QCD} + F_{QEF}) = 0$$

$$F_P - 3\Delta \left(\frac{i_1}{h_1^2} + \frac{i_2}{h_2^2} + \frac{i_3}{h_3^2} \right) = 0$$

求得

$$\Delta = \frac{F_P}{3 \left(\dfrac{i_1}{h_1^2} + \dfrac{i_2}{h_2^2} + \dfrac{i_3}{h_3^2} \right)} = \frac{F_P}{3\Sigma \dfrac{i}{h^2}}$$

式中，$\Sigma \dfrac{i}{h^2}$ 为各立柱 $\dfrac{i}{h^2}$ 之和。

（4）杆端弯矩和剪力

将 Δ 代入第（2）步各式得

$$M_{BA} = -\frac{F_P \dfrac{i_1}{h_1}}{\Sigma \dfrac{i}{h^2}}, \quad M_{DC} = -\frac{F_P \dfrac{i_2}{h_2}}{\Sigma \dfrac{i}{h^2}}, \quad M_{FE} = -\frac{F_P \dfrac{i_3}{h_3}}{\Sigma \dfrac{i}{h^2}}$$

$$F_{QBA} = \frac{F_P \dfrac{i_1}{h_1^2}}{\Sigma \dfrac{i}{h^2}}, \quad F_{QCD} = \frac{F_P \dfrac{i_2}{h_2^2}}{\Sigma \dfrac{i}{h^2}}, \quad F_{QEF} = \frac{F_P \dfrac{i_3}{h_3^2}}{\Sigma \dfrac{i}{h^2}}$$

（5）根据杆端弯矩可画出 M 图，如图 7-12（d）所示。

（6）讨论

计算结果表明，排架仅在柱顶荷载作用时，各柱柱顶剪力 F_Q 与 $\dfrac{i}{h^2}$ 成正比。根据这个性质，可以用下述方法求此排架的内力：荷载 F_P 作为各柱总剪力，按各柱 $\dfrac{i}{h^2}$ 的比例分配给各柱，得各柱剪力，根据柱顶剪力，即可画出弯矩图（如图 7-12d 所示）。$\dfrac{i}{h^2}$ 称为排架柱的侧移刚度，这种解法称为剪力分配法。

【**例 7-3**】 试作如图 7-13（a）所示刚架的内力图。

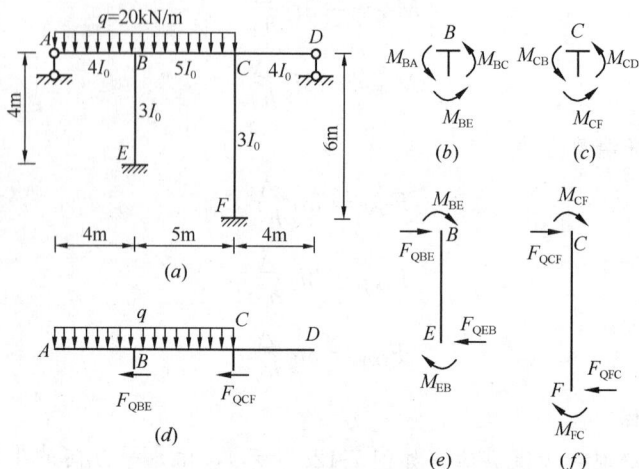

图 7-13 例题 7-3 图 I

【**解**】 （1）基本未知量

本例与［例 7-1］不同处是节点 B、C 除转角 θ_B 和 θ_C 外，还有水平线位移 Δ。

（2）杆端弯矩

固端弯矩在［例 7-1］中已求出。仍假设各杆刚度取相对值，由式（7-10）、式（7-13）、式（7-14）叠加固端弯矩后，各杆杆端弯矩为

$$M_{BA} = 3i_{BA}\theta_B + M_{BA}^F = 3\theta_B + 40$$

$$M_{BC} = 4i_{BC}\theta_B + 2i_{BC}\theta_C + M_{BC}^F = 4\theta_B + 2\theta_C - 41.7$$

$$M_{CB} = 2i_{BC}\theta_B + 4i_{BC}\theta_C + M_{CB}^F = 2\theta_B + 4\theta_C + 41.7$$

$$M_{CD} = 3i_{CD}\theta_C = 3\theta_C$$

$$M_{BE} = 4i_{BE}\theta_B - 6\frac{i_{BE}}{l_{BE}}\Delta = 3\theta_B - 1.125\Delta$$

$$M_{EB} = 2i_{BE}\theta_B - 6\frac{i_{BE}}{l_{BE}}\Delta = 1.5\theta_B - 1.125\Delta$$

$$M_{CF} = 4i_{CF}\theta_C - 6\frac{i_{CF}}{l_{CF}}\Delta = 2\theta_C - 0.5\Delta$$

$$M_{FC} = 2i_{CF}\theta_C - 6\frac{i_{CF}}{l_{CF}}\Delta = \theta_C - 0.5\Delta$$

（3）位移法方程

考虑节点 B 的平衡（如图 7-13b 所示），

$$\Sigma M_B = 0, M_{BA} + M_{BC} + M_{BE} = 0$$

得

$$10\theta_B + 2\theta_C - 1.125\Delta - 1.7 = 0 \tag{7-30}$$

考虑节点 C 的平衡（如图 7-13c 所示）：

$$\Sigma M_C = 0, M_{CB} + M_{CD} + M_{CF} = 0$$

得

$$2\theta_B + 9\theta_C - 0.5\Delta + 41.7 = 0 \tag{7-31}$$

以截面切断柱顶，考虑柱顶以上横梁 $ABCD$ 部分的平衡（如图 7-13d 所示）：

$$\Sigma F_x = 0, F_{QBE} + F_{QCF} = 0$$

再考虑柱 BE 和柱 CF 的平衡（如图 7-13e、f 所示）：

$$\Sigma M_E = 0, F_{QBE} = -\frac{M_{BE} + M_{EB}}{4}$$

$$\Sigma M_F = 0, F_{QCF} = -\frac{M_{CF} + M_{FC}}{6}$$

故截面平衡方程可写为

$$\frac{M_{BE} + M_{EB}}{4} + \frac{M_{CF} + M_{FC}}{6} = 0$$

得

$$6.75\theta_B + 3\theta_C - 4.37\Delta = 0 \tag{7-32}$$

（4）求基本未知量

联立解式（7-30）、式（7-31）、式（7-32）三个方程，得

$$\theta_B = 0.94, \quad \theta_C = -4.94, \quad \Delta = -1.94$$

（5）求杆端弯矩

将求得的位移代入第（2）步各式，得

$$M_{BA} = 42.82\text{kN} \cdot \text{m}$$
$$M_{BC} = -47.82\text{kN} \cdot \text{m}$$
$$M_{CB} = 23.82\text{kN} \cdot \text{m}$$
$$M_{CD} = -14.8\text{kN} \cdot \text{m}$$
$$M_{BE} = 5.0\text{kN} \cdot \text{m}$$
$$M_{EB} = 3.59\text{kN} \cdot \text{m}$$
$$M_{CF} = -8.91\text{kN} \cdot \text{m}$$
$$M_{FC} = -3.97\text{kN} \cdot \text{m}$$

（6）作内力图

由杆端弯矩作出的 M 图，如图 7-14（a）所示。由每杆的隔离体图，用平衡方程可求出杆端剪力，然后作 F_Q 图（如图 7-14b 所示）。由节点的平衡方程可求出杆端轴力，然后作 F_N 图（如图 7-14c 所示）

（7）校核

在力法中曾经详细讨论过超静定结构计算的校核问题，其中许多作法这里仍然适用。但是要注意一点：在位移法中，一般以校核平衡条件为主；与此相反，在力法中，一般以校核变形连续条件为主。这是因为在选取位移法的基本未知量时已经考虑了变形连续条

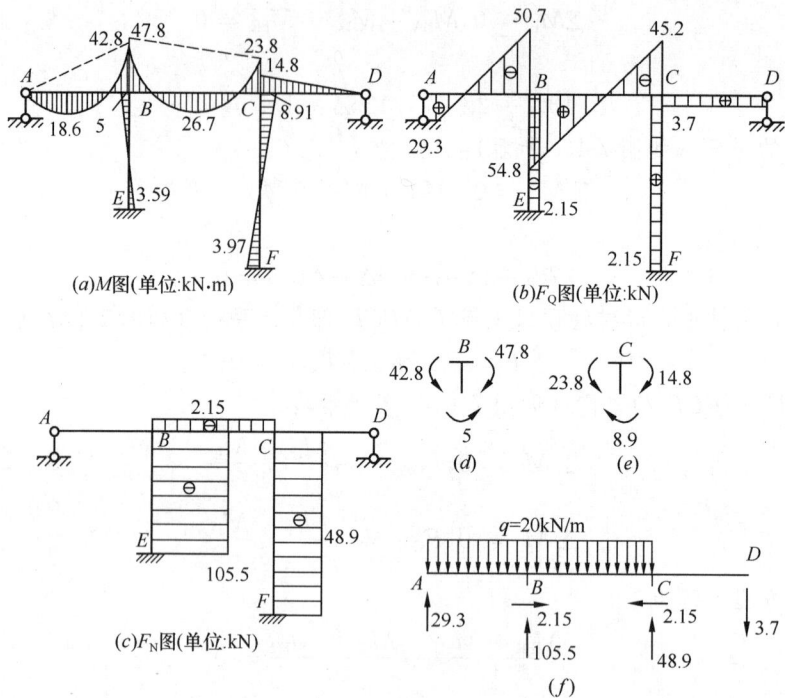

图 7-14 例题 7-3 图 Ⅱ

件，而且刚度系数的计算比较简单，不易出错，因而变形连续条件在位移法中不作为校核的重点。

图 7-14 中的内力图可进行平衡条件校核如下：首先，由图 7-14（d）、（e）看出，节点 B 和 C 处的力矩平衡条件是满足的。其次，在图 7-14（f）中取柱顶以上梁 ABCD 部分为隔离体，可校核水平和竖向平衡条件：

$$\Sigma F_x = 0, 2.15\text{kN} - 2.15\text{kN} = 0$$

$$\Sigma F_y = 0, 29.3\text{kN} + 105.5\text{kN} + 48.9\text{kN} - 20\text{kN/m} \times 9\text{m} - 3.7\text{kN}$$

$$= 183.7\text{kN} - 183.7\text{kN} = 0$$

7.5 位移法的基本体系

在上面的讨论中，介绍了位移法的基本未知量和基本方程，基本方程是直接由平衡条件建立的。本节介绍通过位移法的基本体系建立位移法典型方程的解法。这种方法解题程序与力法相对应，有助于进一步理解位移法基本方程的意义，另外也为以后将要介绍的矩阵位移法打下一些基础。

结合如图 7-15（a）所示的刚架加以说明。这个刚架在前面 7.4 节的图 7-11 中已经讨论过，可以前后对照学习。

这个刚架有两个基本未知量：节点 B 的转角 Δ_1 和节点 C 的水平位移 Δ_2。这里，位移法的基本未知量，不管是角位移还是线位移，统一用 Δ 表示，以便与力法中使用的基本未知量 X 相对照。

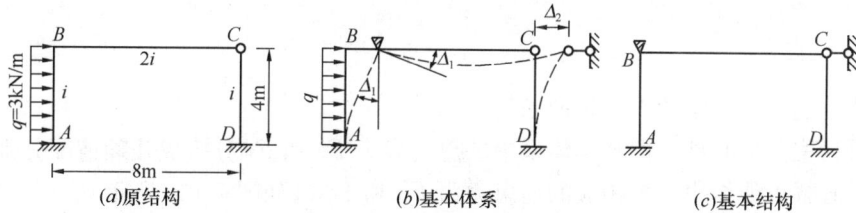

图 7-15 位移法基本体系图示

如图 7-15（b）所示为位移法采用的基本体系：在刚节点 B 加约束控制节点 B 的转角（注意：不控制线位移），在节点 C 加水平支杆控制节点 C 的水平位移。

基本体系与原结构的区别在于：增加了与基本未知量相应的人为约束，从而使基本未知量由被动的位移变成受人工控制的主动的位移。

在位移法基本体系中，如果不看其中作用的力系，而只看其中的结构，则得到如图 7-15（c）所示的结构，称为位移法基本结构。位移法基本结构就是在原结构中增加了与位移法基本未知量相应的可控约束而得到的结构。

基本体系是用来计算原结构的工具或桥梁。一方面，它可以转化成原结构，可以代表原结构；另一方面，它的计算又比较简单。因为加了人工控制的约束之后，原来的整体结构被分隔成许多杆件（这些杆件各自单独变形，互不干扰；且已经知道了它们的转角位移方程），结构的整体计算拆成许多单个杆件的计算，从而使计算简化。应该注意，在力法中是用撤除约束的办法达到简化计算的目的。在位移法中是用增加约束的办法达到简化计算的目的。措施相反，效果相同。

现在利用基本体系来建立基本方程。

分析：在什么条件下，基本体系才能转化成原结构。这个转化条件就是位移法的基本方程。下面利用基本结构分两步来考虑。

第一步，控制附加约束，使节点位移 Δ_1 和 Δ_2 全部为零，这时基本结构处于锁住状态，施加荷载后，可求出基本结构中的内力（如图 7-16a 所示），同时在附加约束中会产生约束力矩 F_{1P} 和约束水平力 F_{2P}。这些约束力在原结构中是没有的。

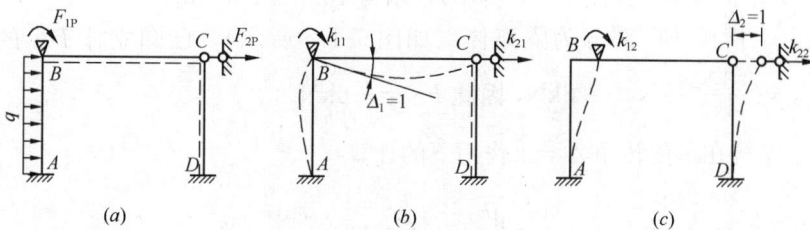

图 7-16 基本体系的分解

第二步，再控制附加约束，使基本结构发生节点位移 Δ_1 和 Δ_2，这时附加约束中的约束力 F_1 和 F_2 将随之改变。如果控制节点位移 Δ_1 和 Δ_2 使与原结构的实际值正好相等，则约束力 F_1 和 F_2 即完全消失。这时基本体系形式上虽然还有附加约束，但实际上它们已经不起作用，因而基本体系实际上处于放松状态，而与原结构完全相同。

由此看出，基本体系转化为原结构的条件是：基本结构在给定荷载以及节点位移 Δ_1 和 Δ_2 共同作用下，在附加约束中产生的总约束力 F_1 和 F_2 应等于零。即

$$F_1 = 0 \atop F_2 = 0 \Bigr\} \tag{7-33}$$

这就是建立位移法基本方程的条件。

下面利用叠加原理，把基本体系中的总约束力 F_1 和 F_2 分解成几种情况分别计算：

(1) 荷载单独作用——相应的约束力为 F_{1P} 和 F_{2P}（如图 7-16a 所示）。

(2) 单位位移 $\Delta_1 = 1$ 单独作用——相应的约束力为 k_{11} 和 k_{21}（如图 7-16b 所示）。

(3) 单位位移 $\Delta_2 = 1$ 单独作用——相应的约束力为 k_{12} 和 k_{22}（如图 7-16c 所示）。

叠加以上结果，则总约束力为

$$F_1 = k_{11}\Delta_1 + k_{12}\Delta_2 + F_{1P} \atop F_2 = k_{21}\Delta_1 + k_{22}\Delta_2 + F_{2P} \Bigr\} \tag{7-34}$$

再由式（7-33），得位移法的基本方程为

$$k_{11}\Delta_1 + k_{12}\Delta_2 + F_{1P} = 0 \atop k_{21}\Delta_1 + k_{22}\Delta_2 + F_{2P} = 0 \Bigr\} \tag{7-35}$$

利用基本方程式（7-35）即可求出基本未知量 Δ_1 和 Δ_2。

从基本体系来看，基本方程具有明确的意义，即基本体系应当实际上处于放松状态，附加约束中的约束力应当全部为零；实质上是要求原结构满足平衡方程。

由此可见，位移法的基本思路仍然是过渡法，即由基本体系过渡到原结构。过渡的步骤是先锁住后放松，根据放松的条件建立位移法的基本方程。这里讲的"先锁后松"与前面讲的"先拆后搭"，是从不同的角度对位移法的基本思路加以概括；同时，两种说法也是相通的，"锁住"实际上是把结构的整体变形"拆成"孤立的杆件变形，"放松"是要求附加约束实际上不起作用，也就是要求各个杆件综合在一起时能够满足平衡条件。

下面按照上述步骤进行具体计算。

(1) 基本结构在荷载作用下的计算

先分别求各杆的固端弯矩，作出弯矩图如图 7-17（a）所示。基本结构在荷载作用下的弯矩图称为 M_P 图。

取节点 B 为隔离体（如图 7-17b 所示），求得 $F_{1P} = 4$kN·m。

取柱顶以上横梁 BC 部分为隔离体（如图 7-17c 所示），已知立柱 BA 的固端剪力 $F_{QBA} = -\dfrac{qh}{2} = -\dfrac{3 \times 4}{2}$kN $= -6$kN，因此 $F_{2P} = -6$kN。

(2) 基本结构在单位转角 $\Delta_1 = 1$ 作用下的计算

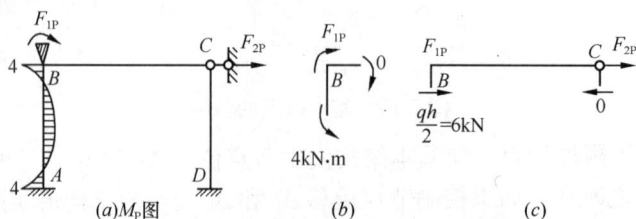

图 7-17 荷载的影响

当节点 B 转角 $\Delta_1 = 1$ 时，分别求各杆的杆端弯矩，作出弯矩图（$\overline{M}_1$ 图）如图 7-18（a）所示。

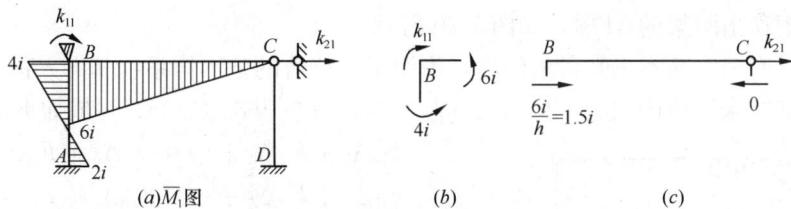

图 7-18 Δ_1 的影响

由图 7-18 (b)、(c)，得

$$k_{11} = 4i + 3(2i) = 10i, k_{21} = -1.5i$$

(3) 基本结构在单位水平位移 $\Delta_2 = 1$ 作用下的计算

当节点 B、C 的水平位移 $\Delta_2 = 1$ 时，分别求各杆的杆端弯矩，作出弯矩图（$\overline{M}_2$ 图）如图 7-19 (a) 所示。

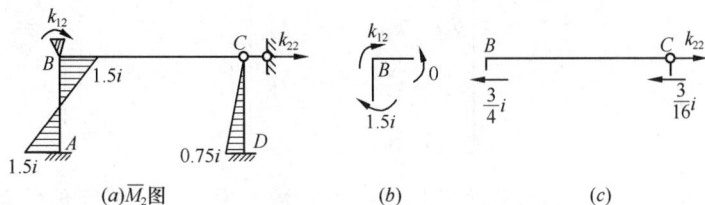

图 7-19 Δ_2 的影响

由图 7-19 (b)、(c)，得

$$k_{12} = -1.5i, k_{22} = \frac{15}{16}i$$

(4) 基本方程

由式 (7-35)，列出基本方程如下：

$$10i\Delta_1 - 1.5i\Delta_2 + 4 = 0$$

$$-1.5i\Delta_1 + \frac{15}{16}i\Delta_2 - 6 = 0$$

这里得出的基本方程与前面在 7.4 节中得出的式 7-26、式 (7-29) 实际相同。

由基本方程可求出：

$$\Delta_1 = 0.737\frac{1}{i}, \quad \Delta_2 = 7.58\frac{1}{i}$$

利用下列叠加公式作刚架的 M 图：

$$M = \overline{M}_1\Delta_1 + \overline{M}_2\Delta_2 + M_P \tag{7-36}$$

杆端弯矩如下：

$$M_{AB} = 2i \times \left(0.737\frac{1}{i}\right) - 1.5i \times \left(7.58\frac{1}{i}\right) - 4 = -13.90\text{kN} \cdot \text{m}$$

$$M_{BA} = 4i \times \left(0.737\frac{1}{i}\right) - 1.5i \times \left(7.58\frac{1}{i}\right) + 4 = -4.42\text{kN} \cdot \text{m}$$

$$M_{BC} = 6i \times \left(0.737\frac{1}{i}\right) = 4.42\text{kN} \cdot \text{m}$$

$$M_{DC} = -0.75i \times \left(7.58\frac{1}{i}\right) = -5.69\text{kN} \cdot \text{m}$$

根据杆端弯矩作出刚架的 M 图，如图 7-20 所示。

上面对具有两个基本未知量的问题，说明了位移法的基本体系和基本方程的意义。对于具有 n 个基本未知量的问题，位移法的基本方程可参照式（7-35）写成如下形式：

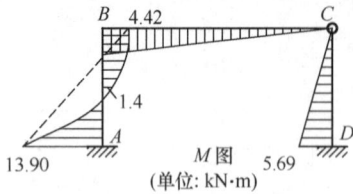

图 7-20　刚架弯矩图

$$
\left.
\begin{aligned}
k_{11}\Delta_1 + k_{12}\Delta_2 + \cdots + k_{1n}\Delta_n + F_{1P} = 0 \\
k_{21}\Delta_1 + k_{22}\Delta_2 + \cdots + k_{2n}\Delta_n + F_{2P} = 0 \\
\vdots \qquad \vdots \qquad \qquad \vdots \qquad \vdots \\
k_{n1}\Delta_1 + k_{n2}\Delta_2 + \cdots + k_{nn}\Delta_n + F_{np} = 0
\end{aligned}
\right\}
$$

$$(7\text{-}37)$$

上式与力法典型方程是对应的，称为位移法典型方程，这里

$$
\begin{bmatrix}
k_{11} & k_{12} & \cdots & k_{1n} \\
k_{21} & k_{22} & \cdots & k_{2n} \\
\vdots & \vdots & & \vdots \\
k_{n1} & k_{n2} & \cdots & k_{nn}
\end{bmatrix}
$$

称为结构的刚度矩阵，其中系数称为结构的刚度系数。由反力互等定理可知

$$k_{ij} = k_{ji}$$

因此，结构刚度矩阵也是一个对称矩阵，主对角线上的系数，称为主系数，恒大于零；其他系数称为副系数，可为正，可为负，也可为零。

第 7.3 节、7.4 节和本节以不同的表现形式解决了位移法中把拆开的杆件组装成原结构的问题，是位移法的主体内容。这与第 9 章矩阵位移法中的整体分析是相对应的。

7.6　对称结构的计算

对称的连续梁和刚架在工程中应用很多。作用于对称结构上的任意荷载，可以分为对称荷载和反对称荷载两部分，并可分别计算。在对称荷载作用下，变形是对称的，弯矩图和轴力图是对称的，而剪力图是反对称的。在反对称荷载作用下，变形是反对称的，弯矩图和轴力图是反对称的，而剪力图是对称的．利用这些规则，计算对称连续梁或对称刚架时，只需计算这些结构的半边结构。

下面讨论半边结构的取法。

1. 奇数跨对称结构

（1）对称荷载（图 7-21a）

在对称轴上的截面 C 没有转角和水平位移，但可有竖向位移。计算中所取半边结构如图 7-21（b）所示，C 端取为滑动支承端。

（2）反对称荷载（图 7-21c）

在对称轴上的截面 C 没有竖向位移，但可有水平位移和转角。计算中所取的半边结构如图 7-21（d）所示，C 端为辊轴支座。

2. 偶数跨对称结构

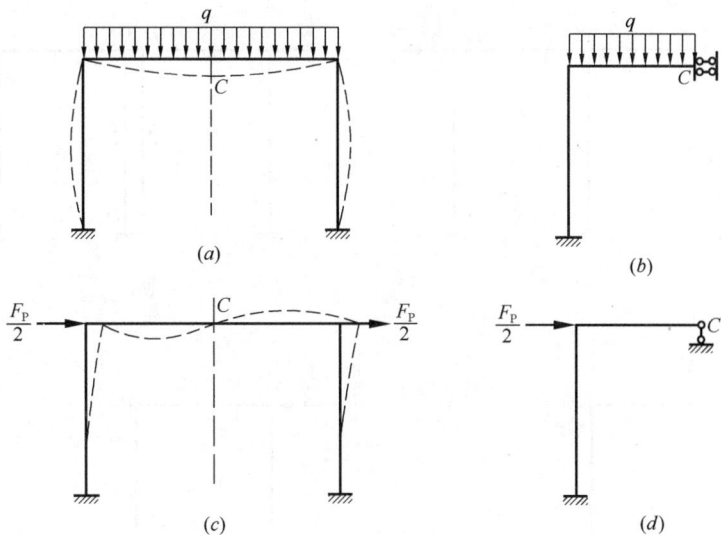

图 7-21 奇数跨对称结构

（1）对称荷载（图 7-22a）

在对称轴上的截面 C 没有转角和水平位移，柱 CD 没有弯矩和剪力。因为忽略杆 CD 的轴向变形，故半边结构如图 7-22（b）所示，C 端为固定支座。

（2）反对称荷载（图 7-23a）

在对称轴上，柱 CD 没有轴力和轴向位移，但有弯矩和弯曲变形。可将中间柱分成两根分柱，分柱的抗弯刚度为原柱的一半。这样问题就变为奇数跨的问题，如图 7-23（b）所示。其中在两根分柱之间增加一跨，但其跨度为零。半边结构如图 7-23（c）所示。因为忽略轴向变形的影响，C 处的竖向支杆可取消，半边结构也可按图 7-23（d）选取。中间柱 CD 的总内力为

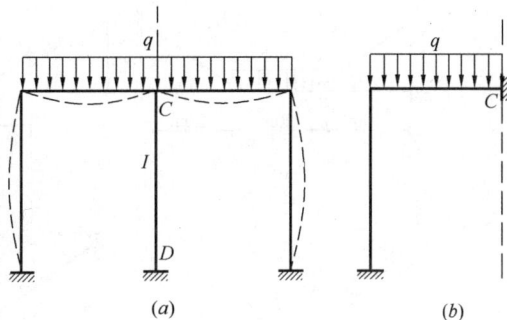

图 7-22 偶数跨对称结构之对称荷载

两根分柱内力之和。由于两根分柱的弯矩、剪力相同，故总弯矩和总剪力为分柱弯矩和剪力的 2 倍。又由于两根分柱的轴力绝对值相同而正负号相反，故总轴力为零。

最后说明一下，对取得的半边结构，可以用任何适宜的方法进行计算。

【例 7-4】 试作图 7-24（a）所示吊桥结构的内力图。吊杆的 EA 与横梁 EI 之比为 $\frac{1}{20}\mathrm{m}^{-2}$。

【解】 （1）基本未知量

图 7-24（a）是一个受对称荷载的对称结构，在对称轴上的截面 C 没有转角。

计算时取半边结构如图 7-24（b）所示。

取结点 B 的转角 θ 和竖向位移 Δ 为基本未知量（图 7-24c）。

（2）求固端力

在结点 B 加约束，固定转角 θ 和位移 Δ（图 7-24d）。查表 7-1 求出在荷载作用下的固端弯矩和固端剪力如下：

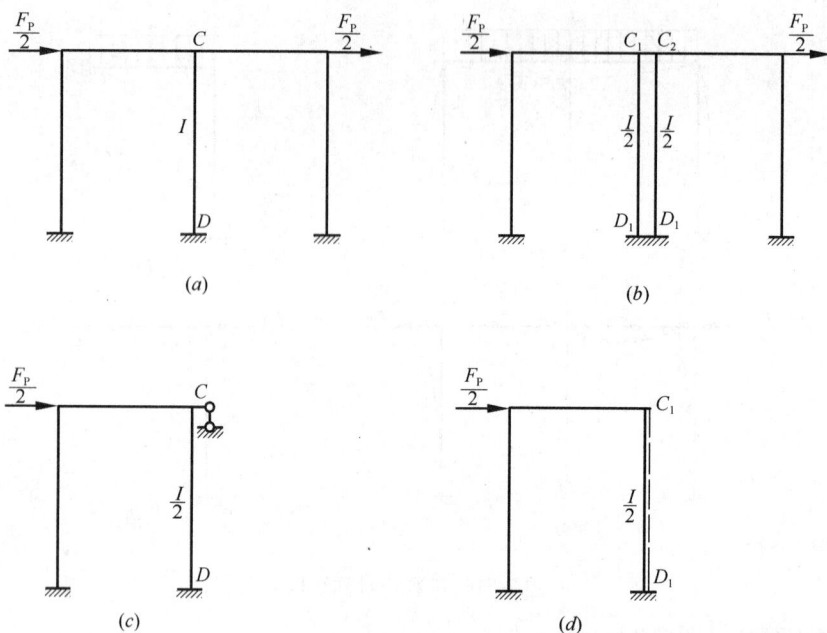

图 7-23　偶数跨对称结构之反对称荷载

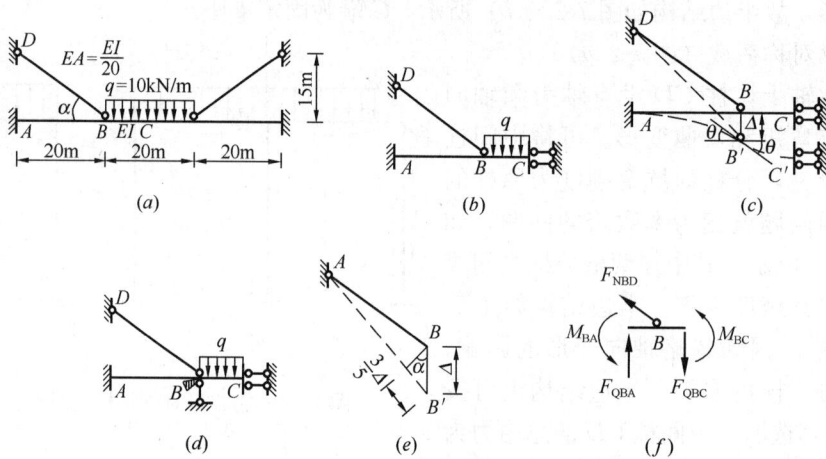

图 7-24　例题 7-4 图 I

$$M_{BC}^F = -\frac{ql^2}{3} = -\frac{10 \times 10^2}{3} = -333\text{kN} \cdot \text{m}$$

$$M_{CB}^F = -\frac{ql^2}{6} = -\frac{10 \times 10^2}{6} = -167\text{kN} \cdot \text{m}$$

$$F_{QBC} = ql = 10 \times 10 = 100\text{kN}$$

$$F_{QCB} = 0$$

（3）求杆端力

先求由位移 θ 和 Δ 所产生的杆端力。对有荷载作用的杆，再叠加上固端力，即得杆端力如下：

杆 AB：

$$M_{AB} = 2i_{AB}\theta - 6i_{AB}\frac{\Delta}{l} = 2 \times \frac{EI}{20}\theta - \frac{6EI}{20^2}\Delta$$

$$M_{BA} = 4i_{AB}\theta - 6i_{AB}\frac{\Delta}{l} = 4 \times \frac{EI}{20}\theta - \frac{6EI}{20^2}\Delta$$

$$F_{QAB} = -\frac{M_{AB} + M_{BA}}{l} = -\frac{6EI}{20^2}\theta + \frac{12EI}{20^3}\Delta$$

杆 BC：因为 C 端为滑动支承端，B 端有线位移时，不引起杆端弯矩，所以

$$M_{BC} = \frac{EI}{10}\theta - 333$$

$$M_{CB} = -\frac{EI}{10}\theta - 167$$

$$F_{QBC} = 100\text{kN}$$

$$F_{QBC} = 100\text{kN}$$

杆 BD：当 B 端有竖向位移时 Δ 移至 B' 时（图 7-24e），杆 BD 伸长 $\frac{3}{5}\Delta$。所以，链杆 BD 的轴力为

$$F_{NBD} = \frac{EA}{l} \times \left(\frac{3}{5}\Delta\right) = \frac{\frac{EI}{20}}{25} \times \left(\frac{3}{5}\Delta\right) = \frac{3EI}{5 \times 20 \times 25}\Delta$$

（4）列位移法方程

考虑结点 B 的平衡（图 7-24f 其中横梁轴力未画出）：

$$\Sigma M_B = 0, M_{BA} + M_{BC} = 0$$

$$\Sigma F_y = 0, \frac{3}{5}F_{NBD} + F_{QBD} - F_{QBC} = 0$$

将上面求出的杆端力代入，得

$$\frac{4EI}{20}\theta - \frac{6EI}{20^2}\Delta + \frac{EI}{10}\theta - 333 = 0$$

$$\frac{3}{5} \times \left(\frac{3EI}{5 \times 20 \times 25}\right)\Delta - \frac{6EI}{20^2}\theta + \frac{12EI}{20^3}\Delta - 100 = 0$$

整理后，得

$$\left.\begin{array}{r} 0.3\theta - 0.015\Delta = \dfrac{333}{EI} \\[2mm] -0.015\theta + 0.00222\Delta = \dfrac{100}{EI} \end{array}\right\}$$

（5）解位移法方程

得

$$\theta = \frac{5080}{EI}$$

$$\Delta = \frac{79400}{EI}$$

（6）求杆端力

将求得的 θ、Δ 代回第（3）步，得

$$M_{AB} = -683\text{kN} \cdot \text{m}$$

$$M_{BA} = -175\text{kN} \cdot \text{m}$$

$$F_{QBA} = 42.8 \text{kN}$$
$$M_{BC} = 175 \text{kN} \cdot \text{m}$$
$$M_{CB} = -675 \text{kN} \cdot \text{m}$$
$$F_{QBC} = 100 \text{kN}$$
$$F_{NBD} = 95.2 \text{kN}$$

M 图、F_N 图及 F_Q 图如图 7-25 所示。

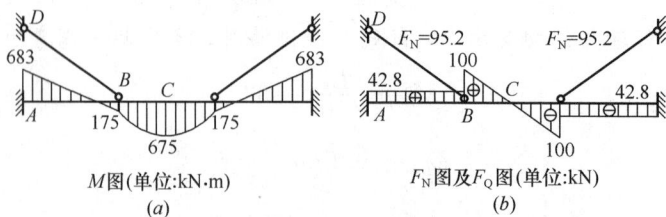

M图(单位:kN·m)
(a)

F_N图及F_Q图(单位:kN)
(b)

图 7-25 例题 7-4 图 II

小 结

力法和位移法是计算超静定结构的两个基本方法。由杆端位移和荷载推算杆端弯矩的公式是位移法的基本公式，对它的物理意义应了解清楚。由此可以了解在位移法中为什么可以取节点位移作为基本未知量，这里要特别注意关于杆端弯矩新的正负号规定。

在位移法中，用以解算基本未知量的是平衡方程。对每一个刚节点的未知角位移，可以写一个节点力矩平衡方程；对每一个独立的节点线位移，可以写一个截面平衡方程。平衡方程的数目与基本未知量的数目正好相等。

位移法的另一种演算形式是利用基本体系进行计算。这样可使位移法与力法之间建立更加完整的对应关系，因而有助于对两种方法的深入理解。采用基本体系后，不仅使得基本方程中的每项系数和自由项都具有独立的力学意义，而且可以和矩阵位移法相呼应。学习时对两种解法可以有所侧重，对前一解法应熟练掌握；对后一解法重在理解力学意义，为学习矩阵位移法打下基础。

学习了力法和位移法之后，如果将二者进行对比将是很有意思的事情。实际上，这两个方法简直是天生的一对，有许多对偶关系：从基本未知量看，力法取的是力——多余约束力，位移法取的是位移——独立的节点位移；从基本体系看，力法是去约束，位移法是加约束；从基本方程看，力法是写位移协调方程，位移法是写力系平衡方程；从计算对象看，力法只用于分析超静定结构，位移法则通用于分析静定和超静定结构。这一系列的对偶关系简直就像一幅对仗工整的对联，体现出一种内在的科学之美。

思 考 题

1. 位移法的基本思路是什么？
2. 为什么铰支座及铰节点处的角位移可不选作基本未知量？
3. 为什么滑动支座处的线位移可不选作基本未知量？
4. 将力法和位移法加以比较，二者的基本未知量、基本体系和基本方程有什么不同？

5. 建立位移法方程有哪两种不同途径？这两种方法各有什么优缺点？两种计算方法的位移法方程是否相同？

6. 位移法的典型方程是平衡条件，为什么说位移法也满足结构的位移条件？

习　题

1. 试确定图中基本未知量。

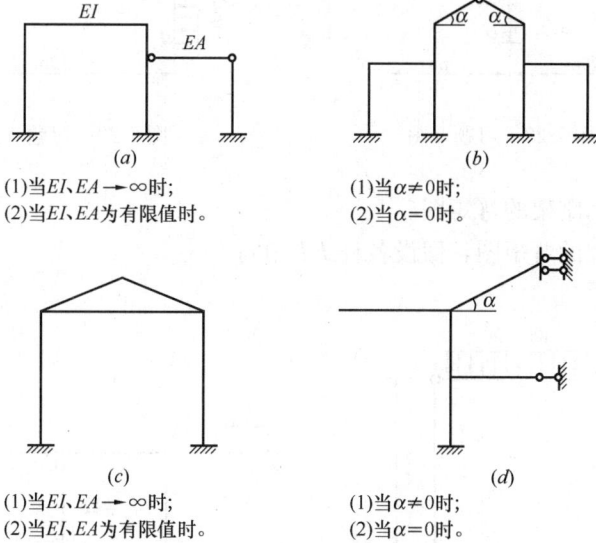

(a)

(1)当EI、EA → ∞时；
(2)当EI、EA为有限值时。

(b)

(1)当α≠0时；
(2)当α=0时。

(c)

(1)当EI、EA → ∞时；
(2)当EI、EA为有限值时。

(d)

(1)当α≠0时；
(2)当α=0时。

图 7-26　习题 1 图

2. 写出杆端弯矩表达式及位移法基本方程。

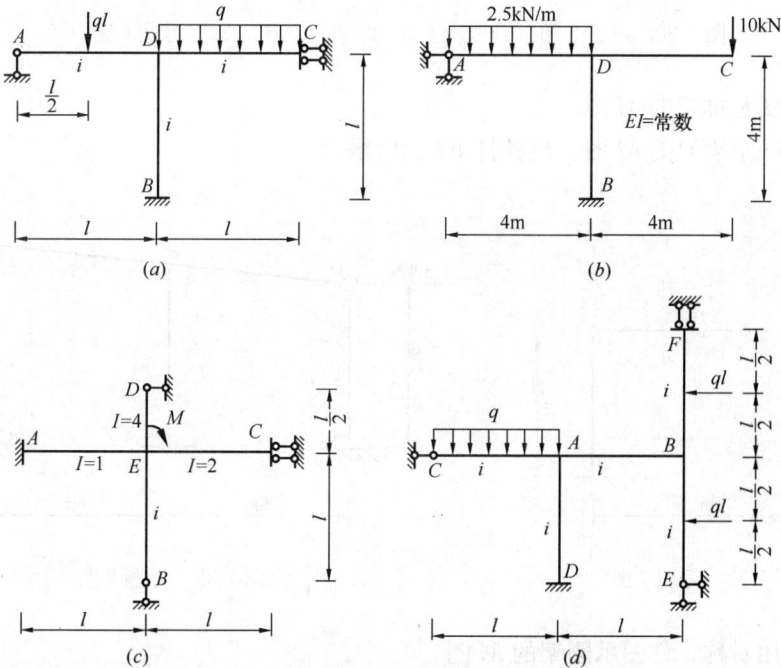

(a)

(b)

(c)

(d)

图 7-27　习题 2 图

133

3. 试作如图所示刚架的弯矩图，设各杆 EI 相同。

4. 试作如图所示刚架的 M、F_Q、F_N 图。

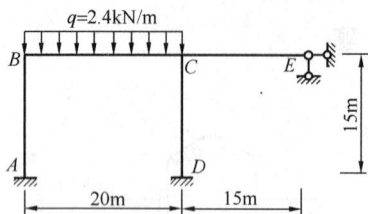

图 7-28　习题 3 图

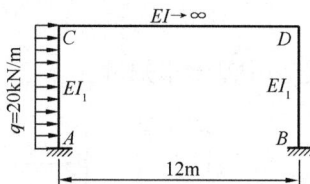

图 7-29　习题 4 图

5. 试作如图所示刚架的弯矩图。

6. 试作图示刚架的弯矩图，假设各杆 EI 相同。

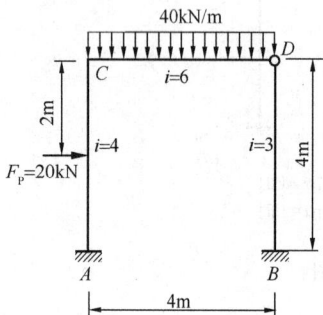

图 7-30　习题 5 图

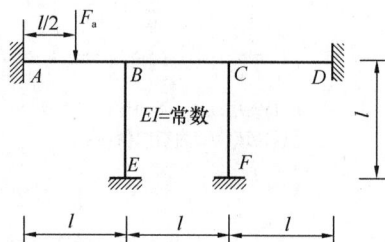

图 7-31　习题 6 图

7. 试作图示排架的 M 图。

8. 试作图示刚架的 M 图。设各杆 EI 为常数。

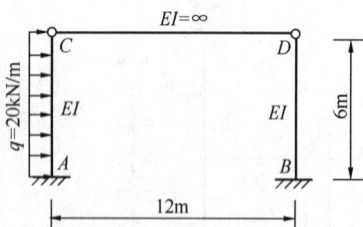

图 7-32　习题 7 图

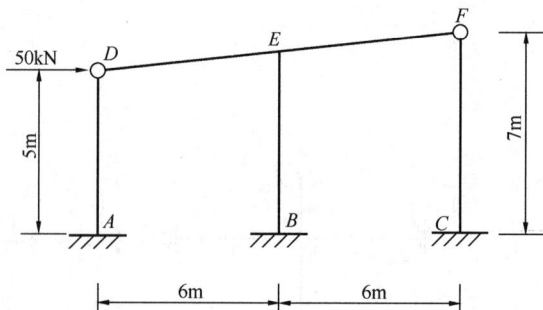

图 7-33　习题 8 图

9. 试利用对称，作图示刚架的 M 图。

10. 试利用对称，作图示刚架 M 图。

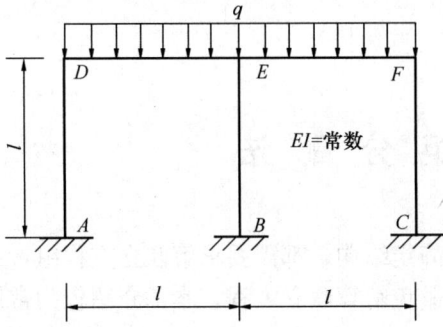

图 7-34　习题 9 图

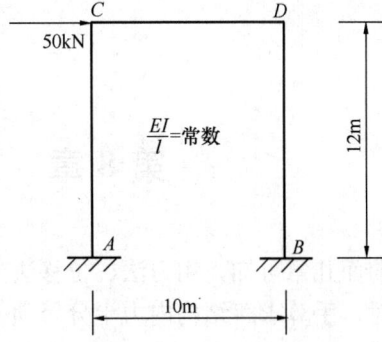

图 7-35　习题 10 图

第8章 力矩分配法

由前面几章可知，用力法、位移法分析超静定结构，都需要求解联立方程组，当未知量较多时，手算求解结构内力十分繁琐。为了避免解算联立方程，本章介绍较为常用的力矩分配法。

8.1 力矩分配法的基本概念

力矩分配法是以位移法为理论基础的一种渐近解法，它可以避免求解联立方程，而且可以直接求得各杆端弯矩，适用于无节点线位移的刚架和连续梁。

首先介绍力矩分配法中所使用的几个名词。

8.1.1 名词解释

1. 转动刚度 S

转动刚度表示杆端对转动的抵抗能力。杆端的转动刚度以 S 表示。杆端转动刚度 S_{AB} 的定义是：杆件 AB 的 A 端或称近端发生单位转角时，A 端产生的弯矩值。此值不仅与杆件的线刚度 $i = EI/l$ 有关，而且与杆件另一端的支承情况有关。图 8-1 (a)、(b)、(c) 分别为不同支承情况的等截面直杆，相应的杆端转动刚度为：

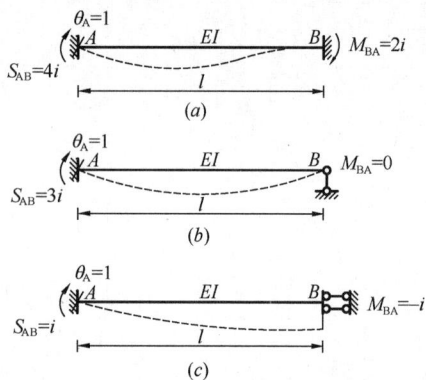

图 8-1 不同支承情况的等截面直杆

$$远端为固定支座，S_{AB} = 4i \qquad (8\text{-}1)$$

$$远端为铰支座，\quad S_{AB} = 3i \qquad (8\text{-}2)$$

$$远端为定向支座，S_{AB} = i \qquad (8\text{-}3)$$

式中，$i = \dfrac{EI}{l}$

2. 分配系数 μ

如图 8-2 (a) 所示刚架，在节点 A 处作用集中力矩 M，使节点 A 产生转角 θ，试求各杆端弯矩 M_{AB}、M_{AC}、M_{AD}，即分析节点 A 处的三个杆端如何分担外力矩 M。

由转动刚度的定义可知：

$$\left. \begin{array}{l} M_{AB} = S_{AB}\theta_A = 3i_{AB}\theta_A \\ M_{AC} = S_{AC}\theta_A = i_{AC}\theta_A \\ M_{AD} = S_{AD}\theta_A = 4i_{AD}\theta_A \end{array} \right\} \qquad (8\text{-}4)$$

取节点 A 作隔离体（如图 8-2b 所示），由平衡方程 $\Sigma M = 0$ 得：

$$S_{AB}\theta_A + S_{AC}\theta_A + S_{AD}\theta_A = M$$

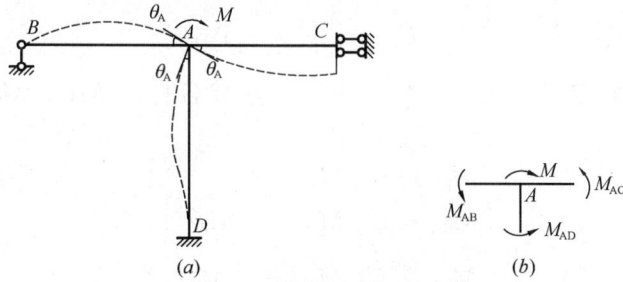

图 8-2　力矩分配法示意图

$$\theta_A = \frac{M}{S_{AB} + S_{AC} + S_{AD}} = \frac{M}{\sum\limits_A S}$$

式中，$\sum\limits_A S$ 表示汇交于节点 A 的各杆件在 A 端的转动刚度之和。

将所求得的 θ_A 代入式（8-4）得：

$$\left. \begin{aligned} M_{AB} &= \frac{S_{AB}}{\sum\limits_A S} M \\[2mm] M_{AC} &= \frac{S_{AC}}{\sum\limits_A S} M \\[2mm] M_{AD} &= \frac{S_{AD}}{\sum\limits_A S} M \end{aligned} \right\} \tag{8-5}$$

式（8-5）表明，各杆 A 端产生的弯矩与各杆 A 端的转动刚度成正比，转动刚度越大，则所产生的弯矩越大。

设

$$\mu_{Aj} = \frac{S_{Aj}}{\sum\limits_A S}$$

μ_{Aj} 称为分配系数，其中 j 可以是 B、C 或 D，如 μ_{AB} 称为杆 AB 在 A 端的分配系数。杆 AB 在节点 A 的分配系数等于杆 AB 在 A 端的转动刚度与汇交于节点 A 的各杆端转动刚度之和的比值。

汇交于同一节点的各杆杆端的分配系数之和应等于 1，即

$$\Sigma \mu_{Aj} = \mu_{AB} + \mu_{AC} + \mu_{AD} = 1$$

由上述可见，加于节点 A 的外力矩 M，按各杆 A 端的分配系数分配于各杆的 A 端。

3. 传递系数 C

在图 8-2（a）中，当外力矩 M 加于节点 A 时，使各杆近端 A 产生弯矩，同时也使各杆远端产生弯矩。当杆件 AB 仅在 A 端有转角时，远端 B 的弯矩 M_{BA} 与近端 A 的弯矩 M_{AB} 之比值，称为该杆从 A 端传至 B 端的弯矩传递系数，用 C_{AB} 表示。

显然，传递系数与远端支承情况有关。

远端为固定支座，

$$C_{AB} = \frac{M_{BA}}{M_{AB}} = \frac{2i}{4i} = \frac{1}{2} \tag{8-6}$$

远端为铰支座，

$$C_{AB} = \frac{0}{3i} = 0 \tag{8-7}$$

远端为定向支座， $$C_{AB} = \frac{-i}{i} = -1 \tag{8-8}$$

根据传递系数的定义，图 8-2（*a*）中所示刚架各杆端 M_{BA}、M_{CA}、M_{DA} 的弯矩分别为：

$$\left.\begin{array}{l} M_{BA} = C_{AB}M_{AB} = 0 \\ M_{CA} = C_{AC}M_{AC} = -M_{AC} \\ M_{DA} = C_{AD}M_{AD} = \dfrac{1}{2}M_{AD} \end{array}\right\} \tag{8-9}$$

综上所述，对于如图 8-2（*a*）所示只有一个刚节点的结构，当在刚节点上只受一力矩 *M* 作用时，其求解过程分为两步：首先按各杆汇交于刚节点处各杆端的分配系数求出各杆件的近端弯矩，又称为分配弯矩，这一步称为分配过程，其次将近端弯矩乘以传递系数得到远端弯矩，又称为传递弯矩，这一步称为传递过程。经过分配和传递便得出了各杆的杆端弯矩，这种求解方法称为力矩分配法。

8.1.2 任意荷载作用下单刚节点的力矩分配法

凡是无节点线位移的结构，上述在节点外力矩荷载下的力矩分配法亦可应用于任意荷载作用的情况，只需先将一般荷载转化成节点力矩。

现以如图 8-3（*a*）所示的连续梁来说明一般荷载作用下力矩分配法的求解过程。

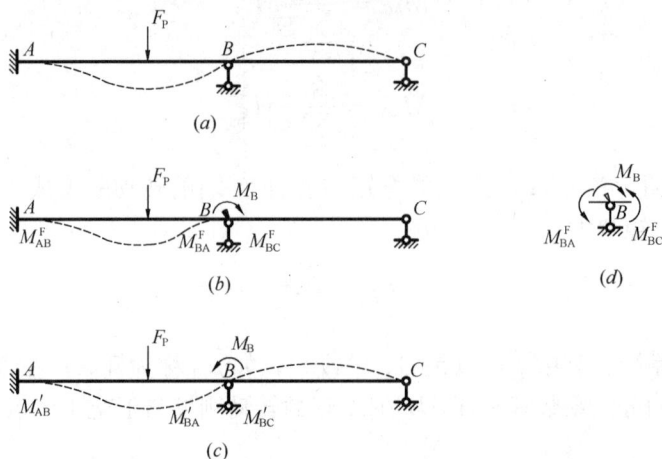

图 8-3　一般荷载作用下力矩分配法求解图

如图 8-3（*a*）所示连续梁，在图示荷载作用下，其变形如图中虚线所示。计算时，首先在节点 *B* 上加一刚臂，使节点 *B* 不能转动。这时，连续梁转化成两个单跨静定梁。将原结构的荷载作用在基本结构上，各杆的杆端产生固端弯矩，此时在附加刚臂上产生约束力矩 M_B，其值可通过节点 *B*（如图 8-3*d*）所示的力矩平衡条件求得，它等于汇交于该节点的各杆端固端弯矩的代数和，以顺时针方向为正。

连续梁的节点 *B* 本来没有约束，也不存在约束力矩。为此，我们需放松节点 *B* 处的刚臂，消除约束力矩 M_B 的作用，使梁回复到原来的状态。这一过程相当于在节点 *B* 加一个外力矩，其值等于约束力矩 M_B，但方向与约束力矩相反。将图 8-3（*b*）和图 8-3（*c*）所示两种情况相叠加，就消去了约束力矩的作用。

在图 8-3（*c*）中，节点外力矩即反号的约束力矩就是原有荷载转化到节点 *B* 的等效力矩荷载。在此节点力矩作用下，首先按分配系数分配给各杆近端，得分配弯矩，然后按传递系数将分配弯矩传递到各杆远端，得到传递弯矩。最后将图 8-3（b）中的固端弯矩和图 8-3（c）中的分配弯矩、传递弯矩相叠加，即得到各杆端的最终弯矩。

【例 8-1】 试用力矩分配法求如图 8-4 所示连续梁的弯矩图。

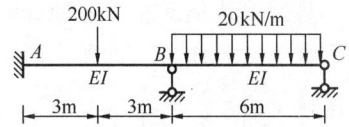

图 8-4　例题 8-1 图 I

【解】（1）计算节点 B 处各杆端的分配系数

转动刚度：设 $i = \dfrac{EI}{l}$

$$S_{BA} = 4i$$
$$S_{BC} = 3i$$

分配系数：

$$\mu_{BA} = \frac{4i}{4i + 3i} = 0.571$$

$$\mu_{BC} = \frac{3i}{4i + 3i} = 0.429$$

$$\mu_{BA} + \mu_{BC} = 1$$

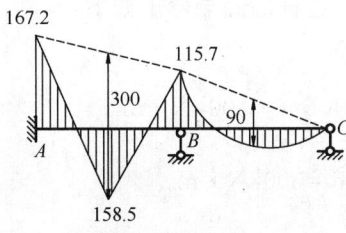

分配系数		0.571	0.429		0
固端弯矩	−150	150	−90		0
分配与传递	−17.2−	←−34.3	−25.7 →		0
最终弯矩	−167.2	115.7	−115.7		0

(a)

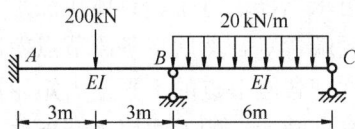

M 图（单位: kN·m）

(b)

图 8-5　例题 8-1 图 II

可见汇交于节点 B 两杆端的分配系数之和等于 1

将分配系数写在图 8-5（a）表中第一行内。

（2）在刚节点 B 上加上约束

计算由荷载产生的固端弯矩（杆端以顺时针转向为正）

$$M_{AB}^F = -\frac{200 \times 6}{8} = -150 \text{kN} \cdot \text{m}$$

$$M_{BA}^F = \frac{200 \times 6}{8} = 150 \text{kN} \cdot \text{m}$$

$$M_{BC}^F = -\frac{20 \times 6^2}{8} = -90 \text{kN} \cdot \text{m}$$

$$M_{CB}^F = 0$$

将固端弯矩写在图 8-5（a）表中第二行内。

（3）计算分配弯矩和传递弯矩

先求解汇交于节点 B 的各杆端弯矩的代数和，即得附加刚臂的约束力矩，然后将其反号乘以各杆端分配系数，即得各个分配弯矩，再乘以各杆的传递系数即得远端的传递弯矩。

分配弯矩：

$$M_{BA} = 0.571 \times (-60) = -34.3 \text{kN} \cdot \text{m}$$
$$M_{BC} = 0.429 \times (-60) = -25.7 \text{kN} \cdot \text{m}$$

传递弯矩：

$$M'_{AB} = \frac{1}{2} M'_{BA} = \frac{1}{2} \times (-34.3) = -17.2 \text{kN} \cdot \text{m}$$

$$M'_{CB} = 0$$

将这些值都写在图 8-5 (a) 表中第三行内，并在节点 B 的分配弯矩下面画一横线，表示该节点已放松，达到平衡。在分配弯矩和传递弯矩之间划一水平方向的箭头，表示弯矩传递方向。

（4）计算杆端最终弯矩

将固端弯矩、分配弯矩或传递弯矩相叠加，即得最终弯矩。将此值写在图8-5 (a)表中第四行内，在各杆端的最终弯矩下面画双横线表示最后结果。注意在节点 B 应满足平衡条件。

根据杆端弯矩，利用分段叠加法即可绘出最终弯矩图，如图 8-5 (b) 所示。

8.2 多节点的力矩分配法

上节已经说明了力矩分配法的基本概念。对于具有多个节点的连续梁和无侧移刚架，只要逐次对每一个节点应用上节的基本运算，就可求出杆端弯矩。具体作法是：先在所有的刚节点上加上阻止转动的附加刚臂，计算各杆固端弯矩，然后将各刚节点轮流放松，即每次只放松一个节点，其他节点仍暂时固定，这样把各刚节点的不平衡力矩轮流进行分配和传递，直到传递弯矩小到可忽略为止。这种计算杆端弯矩的方法属于渐近法。现结合一具体例子说明。

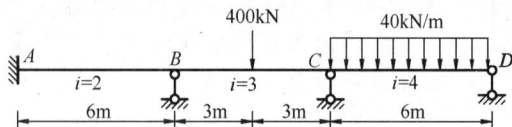

图 8-6 多节点连续梁

如图 8-6 所示连续梁，在荷载作用下，节点 B 和 C 将发生转角。首先在节点 B 和 C 上加附加刚臂，阻止节点转动，从而把原结构分成三根单跨超静定梁，由此求得各杆的固端弯矩如下：

$$M^F_{AB} = 0, \quad M^F_{BA} = 0$$

$$M^F_{BC} = -\frac{1}{8} \times 400 \times 6 = -300 \text{kN} \cdot \text{m}$$

$$M^F_{CB} = \frac{1}{8} \times 400 \times 6 = 300 \text{kN} \cdot \text{m}$$

$$M^F_{CD} = -\frac{1}{8} \times 40 \times 6^2 = -180 \text{kN} \cdot \text{m}$$

$$M^F_{DC} = 0$$

由节点 B 和 C 的平衡条件，可得 B、C 两节点的约束力矩（不平衡力矩）分别为：

$$M_B = -300 \text{kN} \cdot \text{m}$$

$$M_C = 120 \text{kN} \cdot \text{m}$$

为了消去这两个不平衡力矩，设首先放松节点 B（一般首先放松约束力矩较大的节点），而节点 C 仍为固定，此时 AC 部分可用单节点力矩分配和传递的方法进行计算。为此，汇交于节点 B 的各杆端的分配系数：

$$\mu_{BA} = \frac{4 \times 2}{4 \times 3 + 4 \times 2} = 0.4$$

$$\mu_{BC} = \frac{4 \times 3}{4 \times 3 + 4 \times 2} = 0.6$$

将不平衡力矩 M_B 反号乘以分配系数，求得汇交于节点 B 的各杆端分配弯矩：

$$M'_{BA} = 300 \times 0.4 = 120 \text{kN} \cdot \text{m}$$

$$M'_{BC} = 300 \times 0.6 = 180 \text{kN} \cdot \text{m}$$

将分配弯矩乘以相应的传递系数求得远端传递弯矩：

$$M'_{AB} = \frac{1}{2} M'_{BA} = 60 \text{kN} \cdot \text{m}$$

$$M'_{CB} = \frac{1}{2} M'_{BC} = 90 \text{kN} \cdot \text{m}$$

至此，完成了在节点 B 的第一次分配和传递，将所求得的分配弯矩和传递弯矩写入如图 8-7 所示表格中的第三行内，并在节点 B 的各分配弯矩值下画一横线，表示该节点暂时达到平衡。此时，节点 C 仍然存在不平衡力矩，它的数值等于原来在荷载作用下产生的不平衡力矩再加上由于放松节点 B 而传来的传递力矩，故节点 C 上的不平衡力矩为 210kN·m。为消去节点 C 上的不平衡力矩，需放松节点 C，即在节点 C 上加一反向的不平衡力矩，但在放松节点 C 之前应将节点 B 重新固定，此时 BCD 部分又可用单节点力矩分配和传递的方法进行计算。汇交于节点 C 的各杆端的分配系数为：

$$\mu_{CB} = \frac{4 \times 3}{4 \times 3 + 3 \times 4} = 0.5$$

$$\mu_{CD} = \frac{3 \times 4}{4 \times 3 + 3 \times 4} = 0.5$$

各杆近端的分配弯矩：

$$M'_{CB} = -210 \times 0.5 = -105 \text{kN} \cdot \text{m}$$

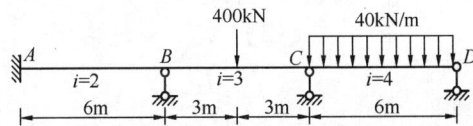

分配系数		0.4	0.6	0.5	0.5
固端弯矩	0		−300	300	−180
	0				0
放松B	60	←120	180→	90	
放松C			−52.5	←−105	−105
放松B	10.5	←21.0	31.5→	15.75	
放松C			−3.94	←−7.88	−7.88
放松B	0.79	←1.58	2.36→	1.18	
放松C			−0.3	←−0.59	−0.59
放松B	0.06	←0.12	0.18→	0.09	
放松C				−0.04	−0.04
最终弯矩	71.35	142.71	−142.71	293.51	−293.51	0

弯矩单位:kN·m

图 8-7　连续梁的力矩分配

$$M'_{CD} = -210 \times 0.5 = -105 \text{kN} \cdot \text{m}$$

远端的传递弯矩：

$$M'_{BC} = \frac{1}{2} M'_{CB} = -52.5 \text{kN} \cdot \text{m}$$

$$M'_{DC} = 0$$

以上数值都写入表格中的第四行内，在节点 C 分配弯矩值下画一横线，表示节点 C 暂时得到平衡，至此完成力矩分配法的第一个循环的计算。但是此时节点 B 上又有了新的不平衡力矩，数值为 $-52.5 \text{kN} \cdot \text{m}$，可以看出，已比前一次的不平衡力矩 $-300 \text{kN} \cdot \text{m}$ 小了许多。为了消除这一不平衡力矩，第二次放松节点 B，即在重新固定节点 C 的同时，在节点 B 施加反向的节点力矩 $52.5 \text{kN} \cdot \text{m}$，然后按照与上述完全相同的步骤进行分配和传递。经过若干轮以后，传递弯矩小到可以略去不计时，便可停止进行。最后，把每一杆端历次的分配弯矩、传递弯矩和固端弯矩相加便得各杆端的最终弯矩。整个计算过程见图 8-7。

现将力矩分配法的解题步骤总结如下：

（1）在各节点上按各杆端的转动刚度计算分配系数，并确定传递系数。

（2）在各刚节点上加附加刚臂，将原结构分解成单跨超静定梁，计算各杆端的固端弯矩。

（3）逐次放松各节点，即对每个节点按分配系数将不平衡力矩反号分配给汇交于该节点的杆端，然后将各杆的分配弯矩乘以传递系数传至另一端，按此步骤循环计算直至传递弯矩小到可略去为止。

（4）将各杆端的固端弯矩、分配弯矩和传递弯矩相叠加，即得各杆端的最后弯矩。

【例 8-2】 试用力矩分配法计算如图 8-8 所示刚架，并绘出弯矩图。

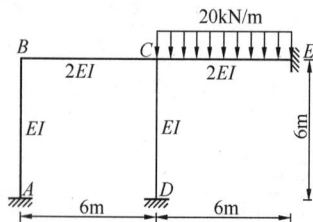

图 8-8 例题 8-2 图 I

【解】 （1）分配系数

设 $i = \dfrac{EI}{6}$

$i_{AB} = i$，$S_{BA} = 4i$

$i_{BC} = 2i$，$S_{BC} = S_{CB} = 4 \times 2i = 8i$

$i_{CD} = i$，$S_{CD} = 4i$

$i_{CE} = 2i$，$S_{CE} = 8i$

$$\mu_{BA} = \frac{S_{BA}}{\sum_B S} = \frac{4i}{12i} = \frac{1}{3} = 0.333$$

$$\mu_{BC} = \frac{S_{BC}}{\sum_B S} = \frac{8i}{12i} = \frac{2}{3} = 0.667$$

$$\mu_{CB} = \frac{S_{CB}}{\sum_C S} = \frac{8i}{20i} = \frac{2}{5} = 0.4$$

$$\mu_{CD} = \frac{S_{CD}}{\sum\limits_{C} S} = \frac{4i}{20i} = \frac{1}{5} = 0.2$$

$$\mu_{CE} = \frac{S_{CE}}{\sum\limits_{C} S} = \frac{8i}{20i} = \frac{2}{5} = 0.4$$

（2）固端弯矩

$$M_{CE}^{F} = -\frac{ql^2}{12} = -\frac{20 \times 6^2}{12} = -60 \text{kN} \cdot \text{m}$$

$$M_{EC}^{F} = \frac{ql^2}{12} = 60 \text{kN} \cdot \text{m}$$

（3）用力矩分配法计算刚架时，可列成表格进行（见表 8-1），弯矩图见图 8-9。

例题 8-2 表

表 8-1

节　点	A	B		C			D	E
杆端	AB	BA	BC	CB	CE	CD	DC	EC
分配系数		0.333	0.667	0.4	0.4	0.2		
固端弯矩	0	0	0	0	−60	0	0	60
放松节点 C			12	24	24	12	6	12
放松节点 B	−2.0	−4.0	−8.0	−4.0				
放松节点 C			0.8	1.6	1.6	0.8	0.4	0.8
放松节点 B	−0.2	−0.3	−0.5	−0.3				
放松节点 C				0.12	0.12	0.06		
最后弯矩	−2.2	−4.3	4.3	21.4	−34.3	12.9	6.4	72.8

弯矩单位：kN・m

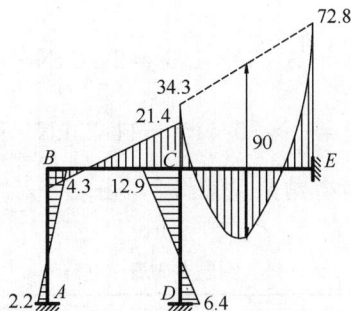

M 图（单位：kN·m）

图 8-9　例题 8-9 图Ⅱ

8.3　对称结构的计算

实际工程中的连续梁和刚架常是对称的，作用在结构上的荷载通常也是对称的。利用力矩分配法求解这些对称结构时，可以采用取半边结构的方法使计算工作得以简化。下面通过例题说明力矩分配法在对称结构中应用。

【例 8-3】 试用力矩分配法计算如图 8-10（a）所示刚架，并绘出弯矩图，EI＝常数。

【解】 本题中的结构和荷载对 x 轴和 y 轴都是对称的，所以可取结构的四分之一计算。根据对称结构在对称荷载作用下的特性：与对称轴 y 相交的截面 B 只有竖向位移，没有水平位移和转角。同样与对称轴 x 相交的截面 G 只有水平位移，没有竖向位移和转角。因此取结构的 ABG 段计算时，在 B 点和 G 点分别取定向滑动支座，如图 8-10（b）所示。

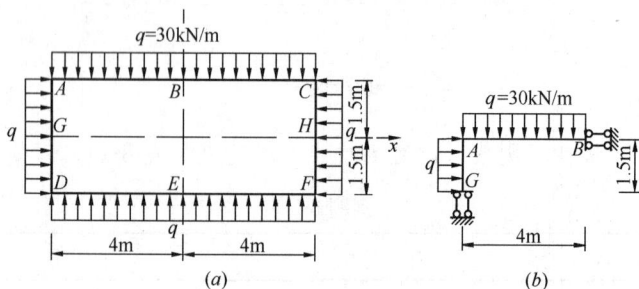

图 8-10　例题 8-3 图 I

（1）分配系数

$$S_{AB} = \frac{EI}{4} , S_{AG} = \frac{EI}{1.5} = \frac{2}{3}EI$$

$$\mu_{AB} = \frac{\dfrac{EI}{4}}{\dfrac{EI}{4} + \dfrac{2EI}{3}} = 0.273 , \mu_{AG} = 0.727$$

（2）固端弯矩

$$M_{AB}^{F} = -\frac{1}{3} \times 30 \times 4^2 = -160 \text{kN} \cdot \text{m}$$

$$M_{BA}^{F} = -\frac{1}{6} \times 30 \times 4^2 = -80 \text{kN} \cdot \text{m}$$

$$M_{AG}^{F} = \frac{1}{6} \times 30 \times 1.5^2 = 22.5 \text{kN} \cdot \text{m}$$

$$M_{GA}^{F} = \frac{1}{6} \times 30 \times 15^2 = 11.25 \text{kN} \cdot \text{m}$$

（3）弯矩的分配和传递，计算结果见表 8-2，由表 8-2 的计算结果绘制的弯矩图如图 8-11 所示。

例题 8-3 表　　　　表 8-2

节　点	A		B	G
杆端	AG	AB	BA	GA
分配系数	0.727	0.273		
固端弯矩	22.5	−160	−80	11.25
分配传递	100	37.5	−37.5	−100
最后弯矩	122.5	−122.5	−117.5	−88.8

弯矩单位：kN・m

144

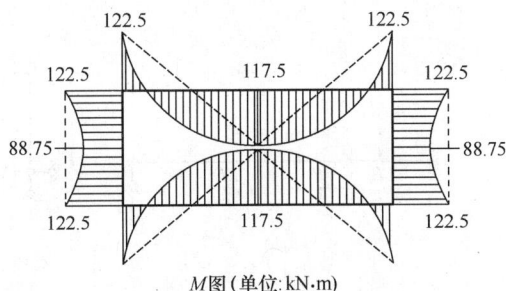

M图(单位: kN·m)

图 8-11　例题 8-3 图 Ⅱ

小　结

力矩分配法从原理上看是位移法的一种渐近解法，无需建立和求解联立方程，收敛速度快（一般只需分配两至三轮），力学概念明确，直接以杆端弯矩进行计算，是工程计算中常用的方法。需要注意的是，力矩分配法只适用于连续梁和无节点线位移的刚架。在实际工程中，如果忽略一些次要的影响，是可以用力矩分配法求解的。

在力矩分配法计算过程中，无论是单刚节点还是多刚节点结构，总是重复一个基本运算——单节点的力矩分配，其中主要包括三个基本环节。

（1）根据荷载求各杆的固端弯矩，从而求出节点的不平衡力矩。

（2）根据分配系数求分配力矩。

（3）根据传递系数求传递力矩。

需要注意的是，用力矩分配法计算单刚节点结构时，得到的解是精确解，而求多刚节点结构时，得到的解是近似解。

思　考　题

1. 什么是固端弯矩？什么是约束力矩？如何计算约束力矩？为什么要将约束力矩变号才进行分配？

2. 什么是转动刚度？什么是分配系数？为什么汇交于同一刚节点各杆端的分配系数之和等于1？

3. 力矩分配法的基本运算有哪些步骤？每一步的物理意义是什么？

4. 在多节点的力矩分配过程中，为什么每次只放松一个节点？可以同时放松多个节点吗？

5. 力矩分配法只适合于计算无节点线位移的结构，当这类结构发生已知支座位移时节点是有线位移的，为什么还可以用力矩分配法求解？

6. 力矩分配法直接计算出每杆的杆端弯矩。如果还需要求出节点的转角，应如何进行计算？

7. 用力矩分配法求解对称结构时，如何利用对称性进行简化？

习　题

1. 试用力矩分配法计算图示结构，并作 M 图。

145

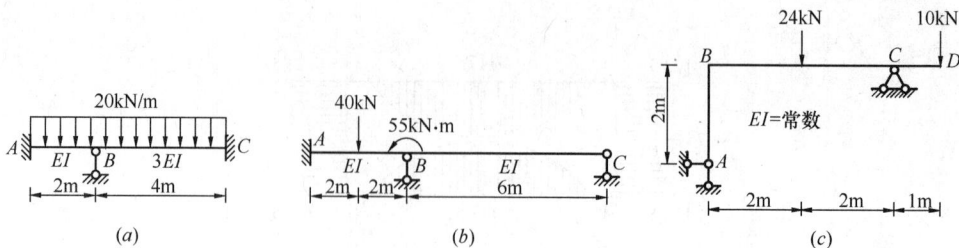

图 8-12 习题 1 图

2. 试用力矩分配法计算图示连续梁，并作 M 图、F_Q 图。

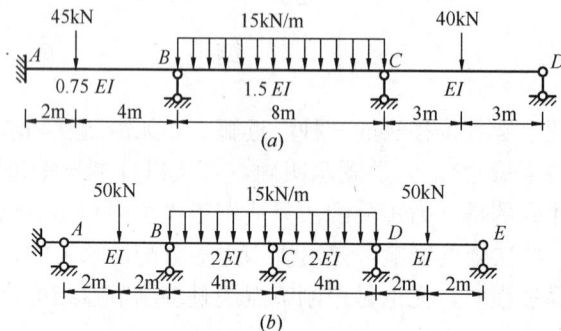

图 8-13 习题 2 图

3. 试用力矩分配法计算图示刚架，并作 M 图。

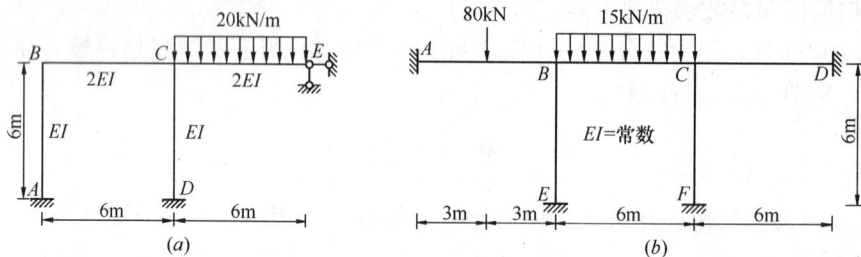

图 8-14 习题 3 图

4. 试用力矩分配法计算图示刚架，并作 M 图。

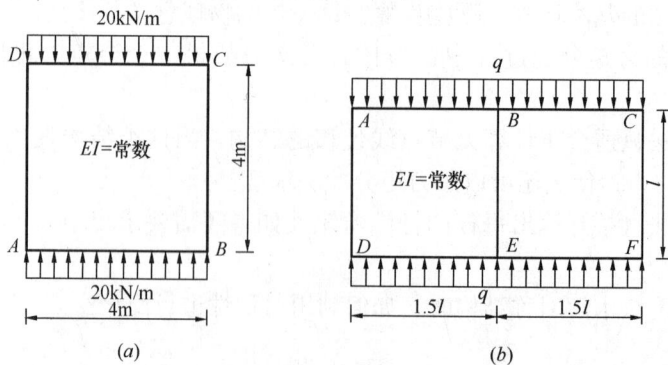

图 8-15 习题 4 图

第9章 矩阵位移法

9.1 概 述

由于计算机应用的发展和普及，以传统结构力学方法作为理论基础，以矩阵表示作为表达形式，以电算逻辑作为分析顺序的矩阵分析方法，成为当今结构分析的重要方法。

结构矩阵分析方法与结构力学传统方法在原理上同源，而作法上有别。手算怕繁，要求每一步都用最简洁的表述方法，省略所有不必要的计算；电算怕乱，偏爱计算过程的程序化、模式化和通用性，希望可以通过某些原始数据的变化，就可以解决不同的问题，而不在意过程中多计算了一些不必要的数据。

与传统的力法、位移法相对应，矩阵分析中也有矩阵力法和矩阵位移法，矩阵位移法由于具有易于实现计算过程程序化而应用广泛。本章只对矩阵位移法进行讨论。

矩阵位移法是有限单元法的雏形，因此有时也称为杆件结构的有限元法。其要点是：对于线弹性杆件结构，其节点位移与节点荷载间有一一对应的关系，即结构的刚度性质；为了确定结构的整体刚度性质，先把整体结构拆开，分解成若干个杆件单元和节点，对杆件单元分析它的杆端力与杆端位移之间的关系，即单元的刚度性质，称为单元分析；然后再将这些单元通过节点按实际情况集合成整体，单元的杆端与节点相连，包含两个方面的关系，一是杆端位移与相应节点位移相同的连续条件，二是与节点相连的所有杆端力与节点载荷间的平衡条件，称为结构整体分析。在一分一合、先拆后搭的过程中，把复杂的结构计算问题转化为简单而统一的单元分析和整体分析方法。也就是说有限元法包含两个基本环节：一是单元分析，二是整体分析。

在矩阵位移法中，单元分析的任务是归纳典型单元模型，建立单元刚度方程，形成单元刚度矩阵；整体分析的主要任务是寻求由单元刚度矩阵形成整体刚度矩阵的规律，建立整体位移法方程，从而求出解答。而非节点载荷要按照节点位移等效的原则等效化为节点载荷。对已知支座位移条件的使用，有先处理法、后处理法两种方法，分别在形成总刚度矩阵前、形成原始总刚度方程后引入，本章采用先处理法。弹性力学有限元法求解平面或其他问题时一般采用后处理法。

9.2 结构离散化及位移、力的表示与编码

9.2.1 单元划分

矩阵位移法理论来源与位移法相同，是以单个杆件的力学性质——杆端力与杆端位移的关系为已知基础，所以矩阵位移法中所谓的单元就是等截面直杆，为了清晰表达刚度关系，在刚度分析时，不考虑杆件内部载荷。这就是划分单元的条件：内部没有载荷的等截面直杆。后面将把杆件内部载荷等效成节点载荷。所以划分单元的节点应该是结构杆件的

转折点、汇交点、支座点和截面突变点等。也就是说结构每一根等截面直杆就是一个单元。单元与单元、或支承的连接点称为节点。习惯上用①、②、③、…等表示单元序号，1、2、3、…等表示节点序号，例如图9-1的桁架和刚架结构的划分。

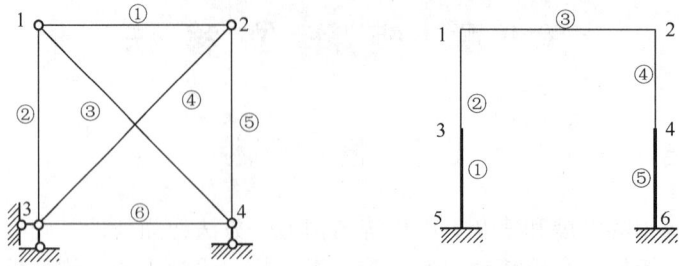

图 9-1 结构划分

对于截面连续变化而不是阶梯变化的杆件，或轴线是曲线的杆件，可根据计算精度要求等因素，把杆件分为多段，每段近似作为一个等截面直杆单元。一般来说，这些情况下单元划分的越多，其计算结果越接近于真实情况。

9.2.2 位移、力的正方向规定

为了统一（如力的正、负号可直接代入平衡方程等），在矩阵位移法中，对于所有的外力、节点位移、杆端力、杆端位移等矢量，规定坐系的正方向为它们的正方向。本章采用左手坐标系，用 oxy 表示结构平面，z 轴为截面惯性轴方向。转角位移、力矩、弯矩以顺时针方向为正（即左手螺旋轴与 z 相同为正。如果采用右手坐标系，则转角位移、力矩、弯矩以逆时针方向为正，不影响方法的讨论和刚度矩阵的形成）。

9.2.3 节点位移整体编码

对结构整体建立坐标系 $oxyz$，则每个节点都有确定的位置坐标。对平面结构，在位移法中一般一个节点 I 的位移 Δ_I 可有 3 个方向的分量，按 x、y、z 的顺序排，分别为 u_I，v_I，θ_I，受力 F_I 也有 3 个方向分量 F_{xI}，F_{yI}，M_I。用矩阵形式分别表示为

$$\Delta_I = (\delta_1, \ \delta_2, \ \delta_3)^T = (u_I, \ v_I, \ \theta_I)^T$$

$$F_I = (f_1, \ f_2, \ f_3)^T = (F_{xI}, \ F_{yI}, \ M_I)^T \tag{9-1}$$

下标 I 表示节点编号，上标 T 表示矩阵转置，以下相同。

对结构所有的节点位移，用统一矢量 Δ 表示，称为结构整体节点位移，简称节点位移或整体位移。Δ 中各分量的顺序首先是节点编号，然后是每个点本身的 x、y、z 顺序，即

$$\Delta = (\Delta_1^T, \Delta_2^T, \Delta_3^T, \cdots)^T = (u_1, v_1, \theta_1, u_2, v_2, \theta_2, u_3, v_3, \theta_3, \cdots)^T$$

$$= (\delta_1, \delta_2, \delta_3, \delta_4, \delta_5, \delta_6, \delta_7, \delta_8, \delta_9, \cdots)^T \tag{9-2}$$

对应节点载荷用矢量 F 表示，它的排序与位移排序相同。

$$F = (F_1^T, F_2^T, F_3^T, \cdots)^T = (F_{x1}, F_{y1}, M_1, F_{x2}, F_{y2}, M_2, F_{x3}, F_{y3}, M_3, \cdots)^T$$

$$= (f_1, f_2, f_3, f_4, f_5, f_6, f_7, f_8, f_9, \cdots)^T \tag{9-3}$$

这样就对所有节点的各位移分量进行了统一的编号，称为节点位移的整体编码。

在先处理法中，如果某个支座节点位移分量已知为零，可将该方向编为 0 号，从而在

整体分析时不出现在基本方程中，如图 9-2 所示刚架，节点 1 在 x、y 方向位移为 0，所以将它的转角位移在整体编码中编为 1 号，节点 2 的位移分量顺序为 2 号、3 号、4 号，4 节点的 y 方向位移为 0，也得不到整体编号。图中将各节点的三个位移分量的整体编码写在了节点编号后的括号内。

由于每个点的位移分量不可能多于 3 个，对刚架中的铰节点或组合节点，可区别为不同的点，如图 9-3 (a) 所示把铰节点看成有相同线位移不同角位移的 6、7 两个节点。如果

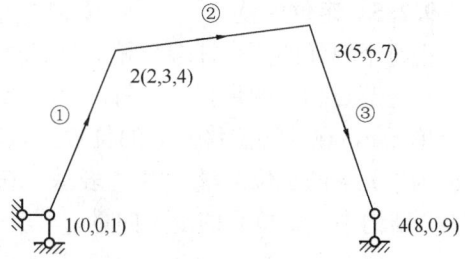

图 9-2　节点位移编号方法

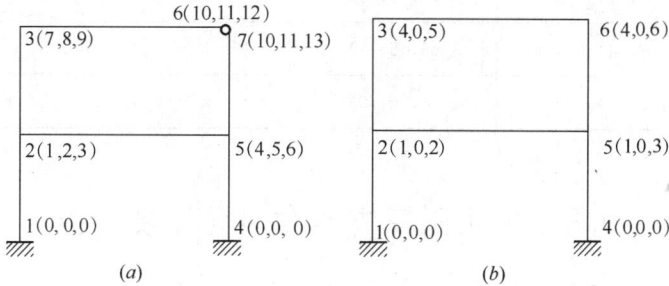

图 9-3　刚架的节点位移编号方法

某个位移与前面已有编号的位移相等，可取相同的编号。例如不计杆件轴向变形时，刚架结构的位移编号方法，如图 9-3 (b) 所示。

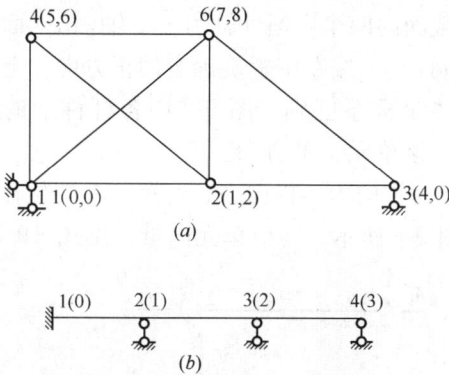

图 9-4　桁架、梁的节点、位移编号方法

桁架结构的节点只考虑 2 个线位移分量；而连续梁节点无线位移，只有转角位移 1 个位移分量；它们的整体节点位移分量比一般刚架数目少，但编码原则相同，如图 9-4 所示。

9.2.4　单元杆端位移局部编码

每个单元有两个杆端，分别称为 1、2 端，单元的状态由杆端位移决定，所以定义单元位移由杆端位移构成，

$$\Delta^e = (\Delta_1^{eT}, \Delta_2^{eT})^T \qquad (9\text{-}4)$$

上标 e 为单元编号，Δ_1^e，Δ_2^e 分别表示两个杆端位移，对一般单元，每个杆端同样有 3 个方向的位移分量，u_i^e，v_i^e，θ_i^e，于是单元有 6 个杆端位移分量

$$\Delta^e = (u_1^e, v_1^e, \theta_1^e, u_2^e, v_2^e, \theta_2^e)^T = (\delta_1, \delta_2, \delta_3, \delta_4, \delta_5, \delta_6)^{eT} \qquad (9\text{-}5)$$

向量中的六个元素的序号 1 到 6，是在每个单元中各自编码，单元之间不相关，所以称为单元杆端位移分量的局部编码。杆端力具有同样的编码方式。

$$F^e = F_1^{eF}, F_2^{eF})^{eT} = (F_{x1}^e, F_{y1}^e, M_1^e, F_{x2}^e, F_{y2}^e, M_2^e)^T$$
$$= (f_1, f_2, f_3, f_4, f_5, f_6)^{eT} \qquad (9\text{-}6)$$

149

9.2.5 定位向量

把每个单元的两个杆端与相应节点对应连接就可搭成原结构，连接后，单元杆端将取得与相应节点相同的位移，即每一个杆端位移分量，都等于与它对应的节点位移分量。对一个单元 e，在杆端位移分量的位置上，写出对应的节点位移的整体编码，形成的向量，就称为单元 e 的定位向量。用 λ^e 表示，它将在整体分析中起重要作用。例如表 9-1 所示为图 9-2 结构中 3 个单元的定位向量。

图 9-2 结构中 3 个单元的定位向量表　　　　　　　　　　表 9-1

单元编号	1 端对应节点号及 节点位移编码	2 端对应节点号及 节点位移编码	单元定位向量
1	1 (0, 0, 1)	2 (2, 3, 4)	$\lambda^① = (0, 0, 1, 2, 3, 4)^T$
2	2 (2, 3, 4)	3 (5, 6, 7)	$\lambda^② = (2, 3, 4, 5, 6, 7)^T$
3	3 (5, 6, 7)	4 (8, 0, 9)	$\lambda^③ = (5, 6, 7, 8, 0, 9)^T$

9.3　单元刚度方程和单元刚度矩阵

1. 单元局部坐标系

结构中每个杆件的位置、方向各不相同，为了便于讨论杆件本身杆端力与杆端位移间的关系，对每个单元分别建立单元局部坐标系 $\overline{o x y z}$，如图 9-5 所示，对任意单元，取坐标原点在其一杆端 1，沿杆件轴线指向另一端 2 为 $\overline{x}$ 正方向，截面的两个主惯性轴为 $\overline{y}, \overline{z}$ 轴，$\overline{o x y}$ 面与结构平面相同，$\overline{y}, \overline{z}$ 按左手螺旋确定的正方向。上划线表示与整体坐标系区别。图 9-2 中各杆件上的箭头方向表示了该单元 $\overline{x}$ 的方向。

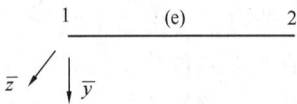

图 9-5　局部坐标系

在局部坐标系下，可表示出杆端力分量分别为轴向力、横向力、弯矩，杆端位移分量分别对应轴向位移、横向位移、转角位移，如图 9-6 所示，写成单元向量，见式（9-7）。

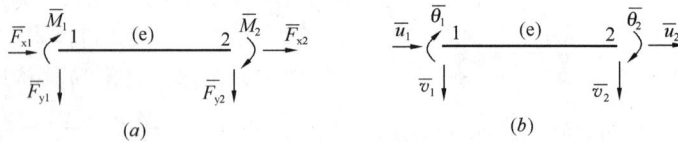

图 9-6　局部坐标系下的杆端位移与杆端力

$$\overline{\Delta}^e = (\overline{u}_1, \overline{v}_1, \overline{\theta}_1, \overline{u}_2, \overline{v}_2, \overline{\theta}_2)^{eT} = (\overline{\delta}_1, \overline{\delta}_2, \overline{\delta}_3, \overline{\delta}_4, \overline{\delta}_5, \overline{\delta}_6)^{eT}$$
$$\overline{F}^e = (\overline{F}_{x1}, \overline{F}_{y1}, \overline{M}_1, \overline{F}_{x2}, \overline{F}_{y2}, \overline{M}_2)^{eT} = (\overline{f}_1, \overline{f}_2, \overline{f}_3, \overline{f}_4, \overline{f}_5, \overline{f}_6)^{eT} \tag{9-7}$$

上划线表示该量属局部坐标系，右上标 e 表示该量属于单元 e。

2. 局部坐标系下的单元刚度方程和单元刚度矩阵

单元刚度方程，指单元杆端力与杆端位移之间的关系。首先在局部坐标系下讨论。

按照位移法基本体系的做法，在杆端施加附加约束，使单元杆端可以产生任意的指定

位移 $\overline{\Delta}^e$ ，如图 9-7 所示，然后根据位移推算相应的杆端力 $\overline{F}^e$ 。

按结构力学基本假设，忽略轴向受力状态与弯曲受力状态之间的相互影响。首先考察轴向受力状态，简单得到轴向力与轴向位移的关系

$$\begin{cases} \overline{F}^e_{x1} = \dfrac{EA}{l}(\overline{u}^e_1 - \overline{u}^e_2) \\[3mm] \overline{F}^e_{x2} = -\dfrac{EA}{l}(\overline{u}^e_1 - \overline{u}^e_2) \end{cases} \tag{9-8}$$

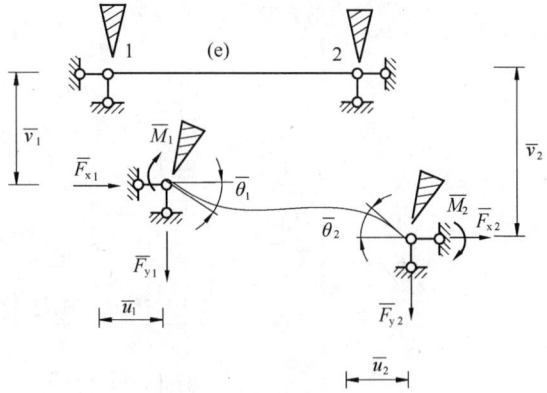

图 9-7 杆端位移与杆端力示意图

然后考察弯曲受力状态，根据位移法中总结的转角位移方程，改用本章的记号和正方向假设，即得

$$\begin{cases} \overline{F}^e_{y1} = \dfrac{6EI}{l^2}(\overline{\theta}^e_1 + \overline{\theta}^e_2) + \dfrac{12EI}{l^3}(\overline{v}^e_1 - \overline{v}^e_2) \\[3mm] \overline{F}^e_{y2} = -\dfrac{6EI}{l^2}(\overline{\theta}^e_1 + \overline{\theta}^e_2) - \dfrac{12EI}{l^3}(\overline{v}^e_1 - \overline{v}^e_2) \\[3mm] \overline{M}^e_1 = \dfrac{4EI}{l}\overline{\theta}^e_1 + \dfrac{2EI}{l}\overline{\theta}^e_2 + \dfrac{6EI}{l^2}(\overline{v}^e_1 - \overline{v}^e_2) \\[3mm] \overline{M}^e_2 = \dfrac{2EI}{l}\overline{\theta}^e_1 + \dfrac{4EI}{l}\overline{\theta}^e_2 + \dfrac{6EI}{l^2}(\overline{v}^e_1 - \overline{v}^e_2) \end{cases} \tag{9-9}$$

将以上六个方程合在一起，写成矩阵形式，即为局部坐标系下的单元刚度方程见式（9-10），

$$\begin{bmatrix} \overline{F}_{x1} \\ \overline{F}_{y1} \\ \overline{M}_1 \\ \overline{F}_{x2} \\ \overline{F}_{y2} \\ \overline{M}_2 \end{bmatrix}^e = \begin{bmatrix} \dfrac{EA}{l} & 0 & 0 & -\dfrac{EA}{l} & 0 & 0 \\[2mm] 0 & \dfrac{12EI}{l^3} & \dfrac{6EI}{l^2} & 0 & -\dfrac{12EI}{l^3} & \dfrac{6EI}{l^2} \\[2mm] 0 & \dfrac{6EI}{l^2} & \dfrac{4EI}{l} & 0 & -\dfrac{6EI}{l^2} & \dfrac{2EI}{l} \\[2mm] -\dfrac{EA}{l} & 0 & 0 & \dfrac{EA}{l} & 0 & 0 \\[2mm] 0 & -\dfrac{12EI}{l^3} & -\dfrac{6EI}{l^2} & 0 & \dfrac{12EI}{l^3} & -\dfrac{6EI}{l^2} \\[2mm] 0 & \dfrac{6EI}{l^2} & \dfrac{2EI}{l} & 0 & -\dfrac{6EI}{l^2} & \dfrac{4EI}{l} \end{bmatrix} \begin{bmatrix} \overline{u}_1 \\ \overline{v}_1 \\ \overline{\theta}_1 \\ \overline{u}_2 \\ \overline{v}_2 \\ \overline{\theta}_2 \end{bmatrix}^e \tag{9-10}$$

可简记为

$$\overline{F}^e = \overline{K}^e \overline{\Delta}^e \tag{9-11}$$

其中，$\overline{K}^e$ 表示式（9-10）中右侧的方阵，如式（9-12）称为局部坐标系下的单元刚度矩阵。

$$\overline{K}^e = \begin{bmatrix} \dfrac{EA}{l} & 0 & 0 & -\dfrac{EA}{l} & 0 & 0 \\[2mm] 0 & \dfrac{12EI}{l^3} & \dfrac{6EI}{l^2} & 0 & -\dfrac{12EI}{l^3} & \dfrac{6EI}{l^2} \\[2mm] 0 & \dfrac{6EI}{l^2} & \dfrac{4EI}{l} & 0 & -\dfrac{6EI}{l^2} & \dfrac{2EI}{l} \\[2mm] -\dfrac{EA}{l} & 0 & 0 & \dfrac{EA}{l} & 0 & 0 \\[2mm] 0 & -\dfrac{12EI}{l^3} & -\dfrac{6EI}{l^2} & 0 & \dfrac{12EI}{l^3} & -\dfrac{6EI}{l^2} \\[2mm] 0 & \dfrac{6EI}{l^2} & \dfrac{2EI}{l} & 0 & -\dfrac{6EI}{l^2} & \dfrac{4EI}{l} \end{bmatrix} \qquad (9\text{-}12)$$

3. 单元刚度矩阵的性质

(1) 单元刚度系数的意义：$\overline{K}^e$ 中的元素称为单元刚度矩阵的系数，代表由于单元杆端位移所引起的杆端力的关系，数值上等于单位杆端位移引起的杆端力的大小。通常用下标 i、j 分别表示元素在矩阵中所处的行、列号，于是 $\overline{k}_{ij}^e$ 代表当第 j 个杆端位移等于 1（其他所有位移分量等于 0）时，所引起的第 i 个杆端力分量的值。如 $\overline{k}_{26}^e$ 代表当第 6 个杆端位移分量 $\overline{\theta}_2 = 1$ 时引起的第 2 个杆端力分量 $\overline{F}_{y1}$ 的值。$\overline{K}^e$ 中某一列的六个元素分别表示局部编号与列号相同的杆端位移分量等于 1 时，所引起的六个杆端力分量。例如第 4 列表示当局部编号为 4 的位移分量 $\overline{u}_1^e = 1$ 时所引起的各杆端力分量。

(2) 单元刚度系数仅与单元的横截面积 A、惯性矩 I、弹性模量 E 和长度 l 有关。

(3) $\overline{K}^e$ 是对称矩阵，$\overline{K}^e$ 的对称性指其元素有关系

$$k_{ij}^e = k_{ji}^e \qquad (9\text{-}13)$$

实际上这与位移法典型方程副系数的互等关系相同，由反力互等定理可得到该结论。

(4) $\overline{K}^e$ 是奇异矩阵。$\overline{K}^e$ 是奇异矩阵指其行列式的值等于零，即：$|\overline{K}^e| = 0$。直接计算可以验证。由此可知 $\overline{K}^e$ 不可求逆。即利用单元刚度方程可以计算因给定的杆端位移引起的唯一对应的杆端力；但由给定的杆端力计算杆端位移时，无解或有非唯一解。这对应于单元的刚体位移，在不限定单元在坐标系中的位置时，满足方程的位移在增加任意一个刚体位移量后，仍为方程的解，只有约束了刚体位移，才可由杆端力确定唯一的杆端位移。

例如在计算连续梁时，我们通常忽略轴向变形，如果每跨的截面不变，可单独作为单元，支座无线位移，则单元的杆端位移只有两个角位移分量，即 θ_1、θ_2 可变，其余四个分量全为 0，于是单元刚度方程和单元刚度矩阵分别表示为：

$$\begin{bmatrix} \overline{M}_1 \\[2mm] \overline{M}_2 \end{bmatrix}^e = \begin{bmatrix} \dfrac{4EI}{l} & \dfrac{2EI}{l} \\[2mm] \dfrac{2EI}{l} & \dfrac{4EI}{l} \end{bmatrix} \begin{bmatrix} \overline{\theta}_1 \\[2mm] \overline{\theta}_2 \end{bmatrix} \qquad (9\text{-}14)$$

$$\overline{K}^e = \begin{bmatrix} \dfrac{4EI}{l} & \dfrac{2EI}{l} \\[2mm] \dfrac{2EI}{l} & \dfrac{4EI}{l} \end{bmatrix} \qquad (9\text{-}15)$$

它们可分别认为是从式（9-10）、式（9-12）中划去与 0 位移对应的 1、2、4、5 行和列而得到。这个单元刚度矩阵是可逆的，因为它描述的梁单元已经具有了确定的位置。式（9-14）、式（9-15）通常作为连续梁的标准单元模式采用。

对于其他因某些位移确定而无刚体位移的特殊单元，同样可分别得到它们的刚度矩阵，但一般不采用，更多是采用（9-12）的标准形式。奇异性问题在引入位移约束后，自动消失。我们在整体节点位移编码时，把已知为 0 的位移方向编为 0 号，就是这个目的。

4. 单元的坐标转换矩阵

局部坐标系下的单元刚度矩阵有非常好的一致性，但由于杆件在复杂结构中的方向并非完全相同，所以各杆的杆端力、杆端位移在整体坐标系下方向不同，必须将它们统一后才可讨论位移的连续和力的平衡。所以必须在整体坐标系下，重新讨论单元刚度方程。

由于力和位移是矢量，所以通过坐标转换即可实现方程的转换。首先分析单元杆端力在不同坐标系间的关系。如图 9-8 所示任一单元，其局部坐标系为 $\overline{oxy}$，整体坐标系为 oxy，由 x 轴到 $\overline{x}$ 轴的夹角 α 以顺时针转向为正，杆端力在局部坐标系中的分量用 $\overline{F}_x$、$\overline{F}_y$、$\overline{M}$ 表示，在整体坐标系中用 F_x、F_y、M 表示。

图 9-8 坐标系转换关系示意图

显然两者有以下关系：

$$
\begin{aligned}
\overline{F}_{x1}^e &= F_{x1}^e \cos\alpha + F_{y1}^e \sin\alpha \\
\overline{F}_{y1}^e &= -F_{x1}^e \sin\alpha + F_{y1}^e \cos\alpha \\
\overline{M}_1^e &= M_1^e \\
\overline{F}_{x2}^e &= F_{x2}^e \cos\alpha + F_{y2}^e \sin\alpha \\
\overline{F}_{y2}^e &= -F_{x2}^e \sin\alpha + F_{y2}^e \cos\alpha \\
\overline{M}_2^e &= M_2^e
\end{aligned}
\tag{9-16}
$$

写成矩阵形式，见式（9-17），

$$
\begin{bmatrix} \overline{F}_{x1}^e \\ \overline{F}_{y1}^e \\ \overline{M}_1^e \\ \overline{F}_{x2}^e \\ \overline{F}_{y2}^e \\ \overline{M}_2^e \end{bmatrix}
=
\begin{bmatrix}
\cos\alpha & \sin\alpha & 0 & 0 & 0 & 0 \\
-\sin\alpha & \cos\alpha & 0 & 0 & 0 & 0 \\
0 & 0 & 1 & 0 & 0 & 0 \\
0 & 0 & 0 & \cos\alpha & \sin\alpha & 0 \\
0 & 0 & 0 & -\sin\alpha & \cos\alpha & 0 \\
0 & 0 & 0 & 0 & 0 & 1
\end{bmatrix}
\begin{bmatrix} F_{x1} \\ F_{y1} \\ M \\ F_{x2} \\ F_{y2} \\ M_2 \end{bmatrix}
\tag{9-17}
$$

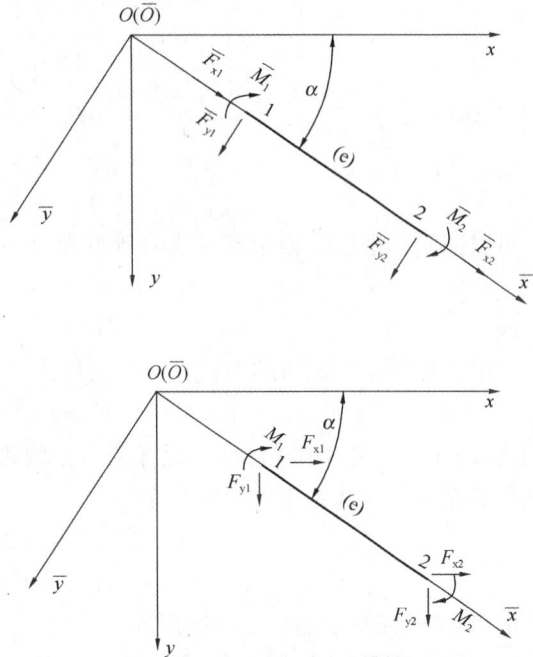

简写成
$$\overline{F}^e = TF^e \tag{9-18}$$

式中，T 称为单元坐标转换矩阵，见式（9-19）。

$$T = \begin{bmatrix} \cos\alpha & \sin\alpha & 0 & 0 & 0 & 0 \\ -\sin\alpha & \cos\alpha & 0 & 0 & 0 & 0 \\ 0 & 0 & 1 & 0 & 0 & 0 \\ 0 & 0 & 0 & \cos\alpha & \sin\alpha & 0 \\ 0 & 0 & 0 & -\sin\alpha & \cos\alpha & 0 \\ 0 & 0 & 0 & 0 & 0 & 1 \end{bmatrix} \tag{9-19}$$

可以证明，坐标转换矩阵 T 为正交矩阵，其逆矩阵等于其转置矩阵，即：

$$T^{-1} = T^T \tag{9-20}$$

或

$$TT^T = T^T T = I \tag{9-21}$$

式中，I 为与 T 同阶的单位矩阵。所以式（9-18）的逆转换可写为

$$F^e = T^T \overline{F}^e \tag{9-22}$$

式（9-18）、式（9-22）是单元杆端力在两种坐标系中的转换式。同理可以表示单元杆端位移在两种坐标系中的转换关系

$$\overline{\Delta}^e = T\Delta^e \tag{9-23}$$

$$\Delta^e = T^T \overline{\Delta}^e \tag{9-24}$$

5. 整体坐标系下的单元刚度矩阵

将局部坐标系的单元刚度方程（9-11）代入（9-22），再用（9-23），得到

$$F^e = T^T \overline{F}^e = T^T \overline{K}^e \overline{\Delta}^e = T^T \overline{K}^e T\Delta^e$$

表达了整体坐标系下单元杆端力与杆端位移间的关系——刚度方程，简写为

$$F^e = K^e \Delta^e \tag{9-25}$$

其中，K^e 称为整体坐标系下的单元刚度矩阵，它与单元坐标系的单元刚度矩阵 $\overline{K}^e$ 的关系为

$$K^e = T^T \overline{K}^e T \tag{9-26}$$

显然，整体坐标系下的单元刚度矩阵 K^e 与单元坐标系的单元刚度矩阵 $\overline{K}^e$ 同阶，具有类似的性质：

（1）元素 k_{ij} 表示单元在整体坐标系下，第 j 个杆端位移为 1，其他位移为 0 时，第 i 个杆端力分量。其一行各元素，表示各杆端位移分量对该行对应的杆端力分量的贡献，如单元①的第 3 行，表示各杆端位移分量对第 3 个的杆端力分量 $M_1^①$ 的贡献，展开即为

$$M_1^① = F_3^① = k_{31}^① \delta_1^① + k_{32}^① \delta_2^① + k_{33}^① \delta_3^① + k_{34}^① \delta_4^① + k_{35}^① \delta_5^① + k_{36}^① \delta_6^①$$

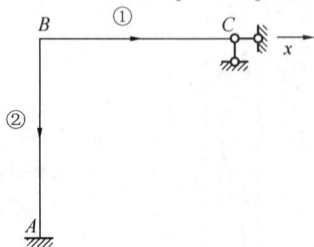

图 9-9　例题 9-1 图

（2）K^e 是对称矩阵。

（3）一般单元的 K^e 是奇异矩阵。

【例 9-1】 试求如图 9-9 所示刚架中各单元在整体坐标系中的刚度矩阵，设各杆的长度和截面尺寸相同。$l = 5\text{m}$，$bh = 0.5\text{m} \times 1\text{m}$，$E = 3 \times 10^4 \text{kN/m}^2$

【解】 先计算局部坐标系中的单元刚度矩阵 $\overline{k}^e$。

图中用箭头标明各杆局部坐标系的 $\overline{x}$ 正方向。由于单

元尺寸、材料相同，所以 $\bar{k}^{①}$ 与 $\bar{k}^{①}$ 相同。

$$\frac{EA}{l} = 300 \times 10^4 \text{kN/m}, \frac{EI}{l} = 25 \times 10^4 \text{kN} \cdot \text{m}$$

$$\bar{k}^{①} = \bar{k}^{②} = 10^4 \times$$

$$\begin{bmatrix} 300\text{kN/m} & 0 & 0 & -300\text{kN/m} & 0 & 0 \\ 0 & 12\text{kN/m} & 30\text{kN} & 0 & -12\text{kN/m} & 30\text{kN} \\ 0 & 30\text{kN} & 100\text{kN} \cdot \text{m} & 0 & -30\text{kN} & 50\text{kN} \cdot \text{m} \\ -300\text{kN/m} & 0 & 0 & 300\text{kN/m} & 0 & 0 \\ 0 & -12\text{kN/m} & -30\text{kN} & 0 & 12\text{kN/m} & -30\text{kN} \\ 0 & 30\text{kN} & 50\text{kN} \cdot \text{m} & 0 & -30\text{kN} & 100\text{kN} \cdot \text{m} \end{bmatrix}$$

再计算整体坐标系中的单元刚度矩阵 k^e。

单元①：$\alpha = 0°$，坐标转换矩阵 $T = I$，所以，$k^{①} = \bar{k}^{①}$

单元②：$\alpha = 90°$，坐标转换矩阵

$$T = \begin{bmatrix} 0 & 1 & 0 & 0 & 0 & 0 \\ -1 & 0 & 0 & 0 & 0 & 0 \\ 0 & 0 & 1 & 0 & 0 & 0 \\ 0 & 0 & 0 & 0 & 1 & 0 \\ 0 & 0 & 0 & -1 & 0 & 0 \\ 0 & 0 & 0 & 0 & 0 & 1 \end{bmatrix}$$

$$k^{②} = T^T \bar{k}^{②} T = 10^4 \times$$

$$\begin{bmatrix} 12\text{kN/m} & 0 & -30\text{kN} & -12\text{kN/m} & 0 & -30\text{kN} \\ 0 & 300\text{kN/m} & 0 & 0 & -300\text{kN/m} & 0 \\ -30\text{kN} & 0 & 100\text{kN} \cdot \text{m} & 30\text{kN} & 0 & 50\text{kN} \cdot \text{m} \\ -12\text{kN/m} & 0 & 30\text{kN} & 12\text{kN/m} & 0 & 30\text{kN} \\ 0 & -300\text{kN/m} & 0 & 0 & 300\text{kN/m} & 0 \\ -30\text{kN} & 0 & 50\text{kN} \cdot \text{m} & 30\text{kN} & 0 & 100\text{kN} \cdot \text{m} \end{bmatrix}$$

9.4 结构的整体刚度方程和整体刚度矩阵

单元分析得到了单元刚度方程和刚度矩阵，表达了单元杆端力与杆端位移间的关系，它适合于所有等截面直杆单元，具有很好的统一模式，可方便地用一个程序段实现对单元

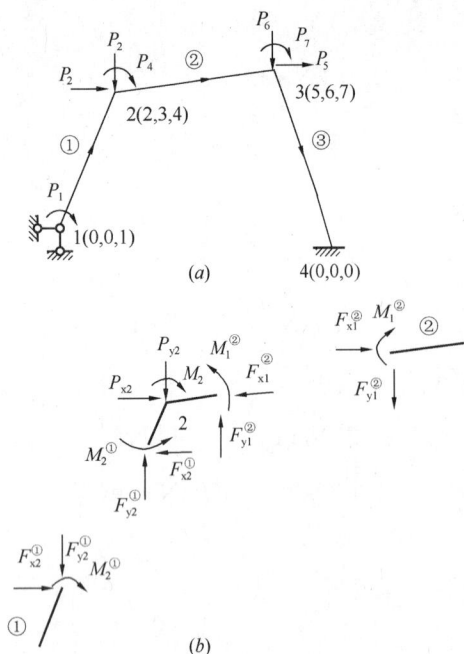

图 9-10 杆端力与节点荷载平衡关系示意图

刚度矩阵的计算。但我们的目的是结构的整体计算，下面以如图 9-10（a）所示只受节点载荷的刚架为例，说明整体分析的原理和整体刚度矩阵的集成方法。

结构由杆件在节点连接、由支座支撑，从而具有承载能力。这里体现了两方面基本关系，一是单元在杆端按连接位置，具有与节点相同的位移，即位移连续；二是节点受到载荷和与它相连的单元杆端力的共同作用，处于平衡状态。于是，我们可通过单元的性质，体现出节点载荷与节点位移间的关系。

首先，将所有节点载荷分量，按整体节点位移编号顺序对应排列，得到整体节点载荷向量 P。

$$P = (P_1, P_2, P_3, P_4, P_5, P_6, P_7)^T$$

每个节点载荷要与单元杆端作用于该节点的杆端力代数的和平衡，如图 9-10（b）所示作用于节点 2 的载荷与单元①的 2 端和单元②的 1 端的杆端力（的反力）的和平衡：

$$P_1 = F_{x2}^{①} + F_{x1}^{②} \quad P_2 = F_{y2}^{①} + F_{y1}^{②} \quad P_4 = M_2^{①} + M_1^{②}$$

于是，对所有节点位移方向，列写平衡方程如下：

$$P_1 = M_1^{①} = F_3^{①}$$

$$P_2 = F_{x2}^{①} + F_{x1}^{②} = F_4^{①} + F_1^{②}$$

$$P_3 = F_{y2}^{①} + F_{y1}^{②} = F_5^{①} + F_2^{②}$$

$$P_4 = M_2^{①} + M_1^{②} = F_6^{①} + F_3^{②} \qquad (9\text{-}27)$$

$$P_5 = F_{x2}^{②} + F_{x1}^{③} = F_4^{②} + F_1^{③}$$

$$P_6 = F_{y2}^{②} + F_{y1}^{③} = F_5^{②} + F_2^{③}$$

$$P_7 = M_2^{②} + M_1^{③} = F_6^{②} + F_3^{③}$$

注意到，单元的定位向量为

$$\lambda^{①} = (0\ 0\ 1\ 2\ 3\ 4)^T$$

$$\lambda^{②} = (2\ 3\ 4\ 5\ 6\ 7)^T$$

$$\lambda^{③} = (5\ 6\ 7\ 0\ 0\ 0)^T$$

显然，每个单元的各杆端力分量，都按照它对应的定位向量的编号与节点载荷平衡。可以认为将所有单元的杆端力分量，分别按照其定位向量，叠加到 P 相应的行上，即得到各节点的平衡方程。对应定位值为 0 的分量，在平衡方程中没有体现，因为与它平衡的

是未知支座反力，不作为计算节点位移的基本方程。式（9-27）可简写为

$$P = \Sigma F^e \qquad (9\text{-}28)$$

F^e 中的第 i 个元素，对应到与 P 的第 j 个分量平衡方程中，其中 $j = \lambda^e(i)$。

再引入单元刚度方程，得到节点载荷与单元杆端位移的关系，并再依定位向量把单元杆端位移，对应转换为节点位移，如下：

$$P_1 = F_3^① = k_{31}^① \delta_1^① + k_{32}^① \delta_2^① + k_{33}^① \delta_3^① + k_{34}^① \delta_4^① + k_{35}^① \delta_5^① + k_{36}^① \delta_6^①$$

$$= k_{33}^① \Delta_1 + k_{34}^① \Delta_2 + k_{35}^① \Delta_3 + k_{36}^① \Delta_4$$

$$P_2 = F_4^① + F_1^② = k_{41}^① \delta_1^① + k_{42}^① \delta_2^① + k_{43}^① \delta_3^① + k_{44}^① \delta_4^① + k_{45}^① \delta_5^① + k_{46}^① \delta_6^①$$

$$+ k_{11}^② \delta_1^② + k_{12}^② \delta_2^② + k_{13}^② \delta_3^② + k_{14}^② \delta_4^② + k_{15}^② \delta_5^② + k_{16}^② \delta_6^②$$

$$= k_{43}^① \Delta_1 + k_{44}^① \Delta_2 + k_{45}^① \Delta_3 + k_{46}^① \Delta_4 + k_{11}^② \Delta_2 + k_{12}^② \Delta_3 + k_{13}^② \Delta_4 + k_{14}^② \Delta_5 + k_{15}^② \Delta_6 + k_{16}^② \Delta_7$$

$$= k_{43}^① \Delta_1 + (k_{44}^① + k_{11}^②) \Delta_2 + (k_{45}^① + k_{12}^②) \Delta_3 + (k_{46}^① + k_{13}^②) \Delta_4 + k_{14}^② \Delta_5 + k_{15}^② \Delta_6 + k_{16}^② \Delta_7$$

$$\vdots$$

$$P_7 = F_6^② + F_3^③ = k_{61}^② \delta_1^② + k_{62}^② \delta_2^② + k_{63}^② \delta_3^② + k_{64}^② \delta_4^② + k_{65}^② \delta_5^② + k_{66}^② \delta_6^②$$

$$+ k_{31}^③ \delta_1^③ + k_{32}^③ \delta_2^③ + k_{33}^③ \delta_3^③ + k_{34}^③ \delta_4^③ + k_{35}^③ \delta_5^③ + k_{36}^③ \delta_6^③$$

$$= k_{61}^② \Delta_2 + k_{62}^② \Delta_3 + k_{63}^② \Delta_4 + k_{64}^② \Delta_5 + k_{65}^② \Delta_6 + k_{66}^② \Delta_7 + k_{31}^③ \Delta_5 + k_{32}^③ \Delta_6 + k_{33}^③ \Delta_7$$

$$= k_{61}^② \Delta_2 + k_{62}^② \Delta_3 + k_{63}^② \Delta_4 + (k_{64}^② + k_{31}^③) \Delta_5 + .(k_{65}^② + k_{32}^③) \Delta_6 + (k_{66}^② + k_{33}^③) \Delta_7$$

写成矩阵形式为：

$$\begin{bmatrix} P_1 \\ P_2 \\ P_3 \\ P_4 \\ P_5 \\ P_6 \\ P_7 \end{bmatrix} = \begin{bmatrix} k_{33}^① & k_{34}^① & k_{35}^① & k_{36}^① & 0 & 0 & 0 \\ k_{43}^① & k_{44}^①+k_{11}^② & k_{45}^①+k_{12}^② & k_{46}^①+k_{13}^② & k_{14}^② & k_{15}^② & k_{16}^② \\ k_{53}^① & k_{54}^①+k_{21}^② & k_{55}^①+k_{22}^② & k_{56}^①+k_{23}^② & k_{24}^② & k_{25}^② & k_{26}^② \\ k_{63}^① & k_{64}^①+k_{31}^② & k_{65}^①+k_{32}^② & k_{66}^①+k_{33}^② & k_{34}^② & k_{35}^② & k_{36}^② \\ 0 & k_{41}^② & k_{42}^② & k_{43}^② & k_{44}^②+k_{11}^③ & k_{45}^②+k_{12}^③ & k_{46}^②+k_{13}^③ \\ 0 & k_{51}^② & k_{52}^② & k_{53}^② & k_{54}^②+k_{21}^③ & k_{55}^②+k_{22}^③ & k_{56}^②+k_{23}^③ \\ 0 & k_{61}^② & k_{62}^② & k_{63}^② & k_{64}^②+k_{31}^③ & k_{65}^②+k_{32}^③ & k_{66}^②+k_{33}^③ \end{bmatrix} \begin{bmatrix} \Delta_1 \\ \Delta_2 \\ \Delta_3 \\ \Delta_4 \\ \Delta_5 \\ \Delta_6 \\ \Delta_7 \end{bmatrix} \qquad (9\text{-}29)$$

简写为

$$P = K\Delta \qquad (9\text{-}30)$$

式（9-29）或式（9-30）称为结构的整体刚度方程，其中 K 称为结构的整体刚度矩阵。结构的整体刚度方程，体现了结构节点载荷与节点位移间的关系。方程的每一行表示

该节点位移方向力的平衡关系，其左边为节点载荷，右边为刚度矩阵与节点位移向量的积，显然刚度矩阵的元素的列号决定它与节点位移的哪行元素相乘。

$$
K = \begin{bmatrix}
k_{33}^{①} & k_{34}^{①} & k_{35}^{①} & k_{36}^{①} & 0 & 0 & 0 \\
k_{43}^{①} & k_{44}^{①}+k_{11}^{②} & k_{45}^{①}+k_{12}^{②} & k_{46}^{①}+k_{13}^{②} & k_{14}^{②} & k_{15}^{②} & k_{16}^{②} \\
k_{53}^{①} & k_{54}^{①}+k_{21}^{②} & k_{55}^{①}+k_{22}^{②} & k_{56}^{①}+k_{23}^{②} & k_{24}^{②} & k_{25}^{②} & k_{26}^{②} \\
k_{63}^{①} & k_{64}^{①}+k_{31}^{②} & k_{65}^{①}+k_{32}^{②} & k_{66}^{①}+k_{33}^{②} & k_{34}^{②} & k_{35}^{②} & k_{36}^{②} \\
0 & k_{41}^{②} & k_{42}^{②} & k_{43}^{②} & k_{44}^{②}+_{11}^{③} & k_{45}^{②}+k_{12}^{③} & k_{46}^{②}+k_{13}^{③} \\
0 & k_{51}^{②} & k_{52}^{②} & k_{53}^{②} & k_{54}^{②}+k_{21}^{③} & k_{55}^{②}+k_{22}^{③} & k_{56}^{②}+k_{23}^{③} \\
0 & k_{61}^{②} & k_{62}^{②} & k_{63}^{②} & k_{64}^{②}+k_{31}^{③} & k_{65}^{②}+k_{32}^{③} & k_{66}^{②}+k_{33}^{③}
\end{bmatrix} \tag{9-31}
$$

总体刚度矩阵是一个方阵，其阶数与结构节点位移分量总数相同。它的分量是由单元刚度矩阵的系数叠加构成的。叠加规律是：单元刚度矩阵的元素，按照它所处的局部行和列号，对应单元的定位向量，在总刚度矩阵中落到新的行和列上。如单元②的定位向量为

$$
\lambda^{②} = (2 \quad 3 \quad 4 \quad 5 \quad 6 \quad 7)^{T}
$$

$\lambda^{②}(3)=4, \lambda^{②}(5)=6$，所以元素 $k_{35}^{②}$ 在总刚度矩阵中的位置在第 4 行第 6 列；当有多个元素对应相同位置时，数据叠加；如果某个位置没有元素加入，则保持为 0。

这就是"对号入座"的集成规律，单元刚度矩阵的元素，按照单元的定位向量，在总刚度矩阵中重新定位，结构所有单元依次叠加计入，即可得到结构的总刚度矩阵。这种由单元刚度矩阵集成总刚度矩阵的方法称为直接刚度法。

总刚度矩阵的特点：

(1) 刚度矩阵的系数是物理量，由结构本身的长度、截面尺寸、材料性质、连接方式等决定，与载荷、变形等量无关。

(2) 总刚度系数 K_{ij} 表示结构沿第 j 个整体节点位移方向产生单位位移 $\Delta_j=1$，其他所有节点位移等于 0 时，在第 i 节点位移方向所需要施加的力（与传统位移法相同）。

(3) 对称性：总刚度系数由单元刚度系数叠加构成，单元刚度系数本身有对称性，由定位向量确定的位置也是对称位置。由反力互等定理同样可验证。

(4) 稀疏性：一般情况下，总刚度矩阵中有很多的"0"元素。这是因为当节点、杆件很多时，会有很多节点间没有杆件相联，当使结构仅在其中一个节点产生位移，而其他所有位移为"0"时，这些不相关的节点上就不需要施加任何节点力。在编码合理的情况下，总刚度矩阵的非"0"元素可集中分布在主对角线两侧一定宽度的带状区域内，利用这个特性，可节省很多计算资源。

【例 9-2】 试求如图 9-11 所示刚架的总体刚度矩阵。设杆件长度、截面系数与［例 9-1］相同。

【解】 如图 9-11 所示，首先对节点、单元进行编号，由于节点 C 是铰节点，把它看成 2 个具有相同线位移和不同转角位移的节点，并将各节点位移分量的总编码写在节点编号后的括号内。总共有 7 个整体节点位移分量，总刚度矩阵为 7 行 7 列的方阵。

在图 9-11 中，同时用箭头表示各单元的局部坐标 $\overline{x}$ 轴正方向，各单元的定位向量为

$\lambda^① = (1 \quad 2 \quad 3 \quad 4 \quad 5 \quad 6)^T$，$\lambda^② = (1 \quad 2 \quad 3 \quad 0 \quad 0 \quad 0)^T$，
$\lambda^③ = (4 \quad 5 \quad 7 \quad 0 \quad 0 \quad 0)^T$

由于各杆材料、尺寸与 [例 9-1] 相同，所以整体坐标系下单元刚度矩阵 $k^①,k^② = k^③$ 采用 [例 9-1] 的数据。依据定位向量，依次将 3 个单元的单元刚度矩阵叠加计入总刚度矩阵。

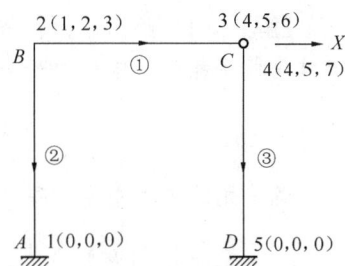

图 9-11　例题 9-2 图

计入单元①，$k^①$ 的 6 行 6 列对应到 K 的前 6 行前 6 列（以下省略各量的单位）。

$$\begin{bmatrix} 300 & 0 & 0 & -300 & 0 & 0 & 0 \\ 0 & 12 & 30 & 0 & -12 & 30 & 0 \\ 0 & 30 & 100 & 0 & -30 & 50 & 0 \\ -300 & 0 & 0 & 300 & 0 & 0 & 0 \\ 0 & -12 & -30 & 0 & 12 & -30 & 0 \\ 0 & 30 & 50 & 0 & -30 & 100 & 0 \\ 0 & 0 & 0 & 0 & 0 & 0 & 0 \end{bmatrix} \times 10^4$$

计入单元②，$k^②$ 的前 3 行前 3 列对应到 K 的前 3 行前 3 列。

$$\begin{bmatrix} 300+12 & 0+0 & 0+(-30) & -300 & 0 & 0 & 0 \\ 0+0 & 12+(300) & 30+0 & 0 & -12 & 30 & 0 \\ 0+(-30) & 30+0 & 100+100 & 0 & -30 & 50 & 0 \\ -300 & 0 & 0 & 300 & 0 & 0 & 0 \\ 0 & -12 & -30 & 0 & 12 & -30 & 0 \\ 0 & 30 & 50 & 0 & -30 & 100 & 0 \\ 0 & 0 & 0 & 0 & 0 & 0 & 0 \end{bmatrix} \times 10^4$$

计入单元③，$k^②$ 的前 3 行前 3 列对应到 K 的 4、5、7 行 4、5、7 列。得最后结果

$$K = \begin{bmatrix} 300+12 & 0+0 & 0+(-30) & -300 & 0 & 0 & 0 \\ 0+0 & 12+(300) & 30+0 & 0 & -12 & 30 & 0 \\ 0+(-30) & 30+0 & 100+100 & 0 & -30 & 50 & 0 \\ -300 & 0 & 0 & 300+12 & 0+0 & 0 & 0+(-30) \\ 0 & -12 & -30 & 0+0 & 12+300 & -30 & 0+0 \\ 0 & 30 & 50 & 0 & -30 & 100 & 0 \\ 0 & 0 & 0 & 0+(-30) & 0+0 & 0 & 0+100 \end{bmatrix} \times 10^4$$

以上集成方法同样适用于特殊的结构形式。如对没有节点线位移的连续梁，每个节点只考虑转角位移作为基本未知量，各单元也对应只考虑杆端转角位移和弯矩，所以单元刚度方程和刚度矩阵可采用式（9-14）和式（9-15）的特殊形式，定位向量也降为二阶。

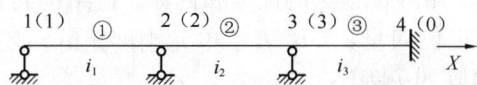

图 9-12　例题 9-3 图

【例 9-3】 试求如图 9-12 所示连续梁的整体刚度矩阵。

【解】 （1）给出单元、节点、节点位移编号如图 9-12 所示，各单元的局部坐标系与整体坐标系相同，定位向量分别为

$$\lambda^{①} = \begin{bmatrix} 1 \\ 2 \end{bmatrix}, \lambda^{②} = \begin{bmatrix} 2 \\ 3 \end{bmatrix}, \lambda^{③} = \begin{bmatrix} 3 \\ 0 \end{bmatrix}$$

各单元的单元刚度矩阵分别为：

$$k^{①} = \begin{bmatrix} 4i_1 & 2i_1 \\ 2i_1 & 4i_1 \end{bmatrix}, k^{②} = \begin{bmatrix} 4i_2 & 2i_2 \\ 2i_2 & 4i_2 \end{bmatrix}, k^{③} = \begin{bmatrix} 4i_3 & 2i_3 \\ 2i_3 & 4i_3 \end{bmatrix}$$

把单元刚度矩阵依次定位叠加于总刚度矩阵：

计入单元①的中间结果　　$K = \begin{bmatrix} 4i_1 & 2i_1 & 0 \\ 2i_1 & 4i_1 & 0 \\ 0 & 0 & 0 \end{bmatrix}$

计入单元②的中间结果　　$K = \begin{bmatrix} 4i_1 & 2i_1 & 0 \\ 2i_1 & 4i_1+4i_2 & 2i_2 \\ 0 & 2i_2 & 4i_2 \end{bmatrix}$

计入单元③的最后结果　　$K = \begin{bmatrix} 4i_1 & 2i_1 & 0 \\ 2i_1 & 4i_1+4i_2 & 2i_2 \\ 0 & 2i_2 & 4i_2+4i_3 \end{bmatrix}$

显然，它的刚度方程展开式，与位移法的典型方程相同。

对桁架结构，单元局部刚度方程可采用（9-8），增加 $\overline{y}$ 方向后，单元刚度方程扩展到 4 阶，单元定位向量也为 4 阶。对应各量表示如下：

$$\overline{\Delta}^e = (\overline{u}_1, \overline{v}_1, \overline{u}_2, \overline{u}_2)^{eT} = (\overline{\delta}_1, \overline{\delta}_2, \overline{\delta}_3, \overline{\delta}_4)^{eT}$$

$$\overline{F}^e = (\overline{F}_{x1}, \overline{F}_{y1}, \overline{F}_{x2}, \overline{F}_{y2})^{eT} = (\overline{f}_1, \overline{f}_2, \overline{f}_3, \overline{f}_4)^{eT}$$

$$\overline{K}^e = \begin{bmatrix} \dfrac{EA}{l} & 0 & -\dfrac{EA}{l} & 0 \\ 0 & 0 & 0 & 0 \\ -\dfrac{EA}{l} & 0 & \dfrac{EA}{l} & 0 \\ 0 & 0 & 0 & 0 \end{bmatrix}$$

$$T = \begin{bmatrix} \cos\alpha & \sin\alpha & 0 & 0 \\ -\sin\alpha & \cos\alpha & 0 & 0 \\ 0 & 0 & \cos\alpha & \sin\alpha \\ 0 & 0 & -\sin\alpha & \cos\alpha \end{bmatrix}$$

$$K^e = T^T \overline{K}^e T$$

读者可自行验算。

用算法语言，可以很简洁地实现总刚度矩阵的集成。下面是采用 *FORTRAN* 编制的直接刚度法程序段，可供理解集成规律，也反映了矩阵位移法的优势和目标。设结构共有 N 个节点位移分量，NE 个单元，LM 表示单元定位向量，DK 表示单元刚度矩阵，ZK 表示总刚度矩阵。ELE 是已有的计算单元刚度矩阵的子程序。

　　5　*DO* 10 I=1, N　　　　　　　　　　对总刚度矩阵阶数循环

```
      DO 10 J=1，N
   10 ZK(I，J)=0.0                        总刚度矩阵初始赋0
      DO 20 M=1，NE                       对单元循环
      CALL ELE(M，NE，…，DK)              调用相关子程序段，计算整体坐标系下 M
                                          单元的单元刚度矩阵 DK

      DO 25 I=1，6                        对单元刚度矩阵的行循环
      K=LM(M，I)                          由定位向量确定单元刚度矩阵该行的元素
                                          在总刚度矩阵中的行号

      IF(K. EQ. 0) GOTO 25                排除定位项是0的行
      DO 15 J=1，6                        对单元刚度矩阵的列循环
      L=LM(M，J)                          由定位向量确定单元刚度矩阵该列的元素
                                          在总刚度矩阵中的列号

      IF(L. EQ. 0) GOTO 15                排除定位项是0的列
      ZK(K，L)=ZK(K，L)+DK(I，J)          单元刚度系数叠加计入到总刚度系数
   15 CONTINUE
   25 CONTINUE
   20 CONTINUE
```

9.5　非节点荷载的等效化

在前两节讨论了单元刚度方程和结构的总刚度方程。由总刚度方程，可计算由节点载荷引起的节点位移。但在讨论中要求单元上没有荷载，即所有荷载都作用在节点上，而工程上必须讨论杆件内部的非节点载荷。为了解决这个问题，我们回顾一下位移法典型方程的推导方法。以如图 9-13（a）所示结构为例，结构上有节点载荷 P_0、M_0 等和非节点载荷 P、q 等。把原结构分为基本结构两种状态如图 9-13（b）和（c）所示。

状态一：所有节点载荷 P_0、M_0 和非节点荷载 P、q 等作用于基本结构，而所有节点位移用附加约束保持为"0"。如图 9-13（b）所示。此时所有杆件都可视为单跨超静定梁，它们的杆端力就是固端力；在附加约束上需要施加约束力，它的大小可由节点平衡条件得到，再按结构整体节点位移的编号排列为一个矢量 F_P。

状态二：把状态一附加约束上的约束力 F_P 改变方向施加在节点上。如图 9-13（c）所示

$$F = -F_P \qquad\qquad (9-32)$$

显然状态二的位移是由 F 引起，它可由总刚度方程确定。

$$F = K\Delta \qquad\qquad (9-33)$$

原结构状态是状态一和二的代数和，状态一的节点位移为0，所以原结构的节点位移与状态二相同，而原结构的内力是状态一和状态二的代数和。

于是得到结论，计算任意载荷（包括节点载荷和非节点载荷）引起的结构的节点位移，可用总刚度方程式（9-33）求解，方程中的载荷 F 由式（9-32）得到。其中 F_P 的称

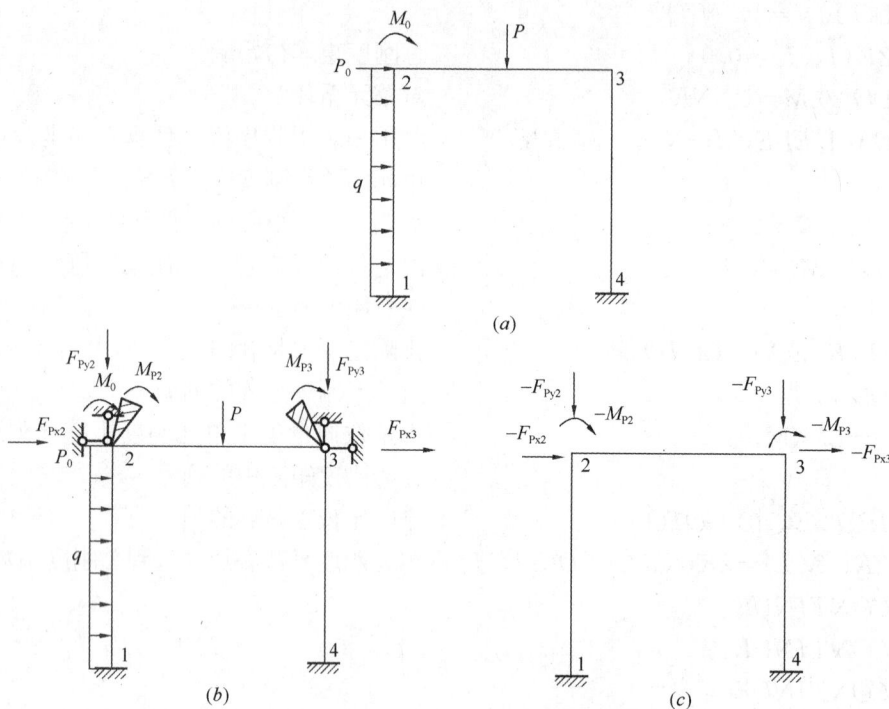

图 9-13 非节点荷载等效化示意图

为非节点载荷的（节点位移）等效节点载荷。下面分析它的计算步骤。

（1）局部坐标系下计算单元的等效载荷

在局部坐标系下，由于在单元两端附加约束的作用，单元成为"单跨超静定梁"，在给定载荷下，可求出六个固端约束力，组成固端力矢量 $\overline{F}_P^e$

$$\overline{F}_P^e = (\overline{F}_{xP1}, \overline{F}_{yP1}, \overline{M}_{P1}, \overline{F}_{xP2}, \overline{F}_{yP2}, \overline{M}_{P2})^{eT} \tag{9-34}$$

表 9-2 中给出了几种典型载荷所引起的固端力。实际上它与位移法梁的固端力相同。

局部坐标系单元固端约束力

表 9-2

序号	荷载简图		杆端 1	杆端 2
1		$\overline{F}_{xP}$	0	0
		$\overline{F}_{yP}$	$-qa\left(1-\dfrac{a^2}{l^2}+\dfrac{a^3}{2l^3}\right)$	$-q\,\dfrac{a^2}{l^2}\left(1-\dfrac{a}{2l}\right)$
		$\overline{M}_P$	$-\dfrac{qa^2}{12}\left(6-8\dfrac{a}{l}+3\dfrac{a^2}{l^2}\right)$	$\dfrac{qa^3}{12l}\left(4-3\dfrac{a}{l}\right)$
2		$\overline{F}_{xP}$	0	0
		$\overline{F}_{yP}$	$-F_P\,\dfrac{b^2}{l^2}\left(1+2\dfrac{a}{l}\right)$	$-F_P\,\dfrac{a^2}{l^2}\left(1+2\dfrac{b}{l}\right)$
		$\overline{M}_P$	$-F_P\,\dfrac{ab^2}{l}$	$-F_P\,\dfrac{a^2b}{l}$

162

序号	荷载简图		杆端 1	杆端 2
3		$\overline{F}_{xP}$	0	0
		$\overline{F}_{yP}$	$\dfrac{6Mab}{l^3}$	$-\dfrac{6Mab}{l^3}$
		$\overline{M}_P$	$M\dfrac{b}{l}\left(2-3\dfrac{b}{l}\right)$	$M\dfrac{a}{l}\left(2-3\dfrac{a}{l}\right)$

（2）将固端力转换到结构（整体）坐标系

由坐标转换关系式（9-22），将局部坐标系下的固端力 $\overline{F}_P$ 转换为整体坐标系下的杆端力 F_P^e

$$F_P^E = T^T \overline{F}_P^e \qquad (9\text{-}35)$$

（3）等效节点载荷 F

将单元的杆端力 F_P 改变符号成 $-F_P^e$，再将它的每个元素按照定位向量 λ^e 在 F_P 中进行定位并叠加。

将所有的非节点载荷，依次完成这三个步骤，即可得到等效节点载荷 F_P。与原来的直接节点载荷相加，得到最后刚度方程的节点载荷向量，于是可求解出节点位移。

原结构的杆端内力，同样是状态一和状态二的代数和。状态一的杆端力是固端力，状态二的杆端力是由节点位移引起的，可由单元刚度方程得到，所以原结构的杆端力表示为：

$$\overline{F}^e = \overline{F}_P^e + \overline{K}^e \overline{\Delta}^e = \overline{F}_P^e + TK^e\Delta^e \quad (9\text{-}36)$$

【例 9-4】　计算图 9-9 结构在如图 9-14 所示给定载荷下的等效节点载荷向量。

图 9-14　例题 9-4 图

【解】　先求各单元局部坐标系下的固端力 $\overline{F}^{(e)}$

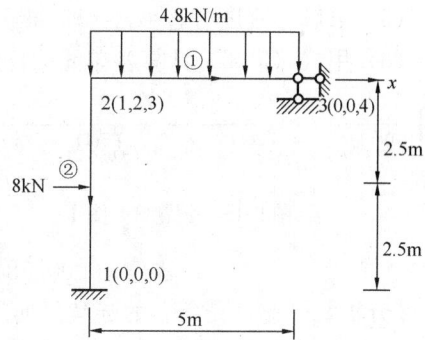

单元①，由表 9-1 第一行，计算

$$\begin{cases} \overline{F}_{xP1} = 0 \\ \overline{F}_{yP1} = -12\text{kN} \\ \overline{M}_{P1} = -10\text{kN} \cdot \text{m} \end{cases} , \quad \begin{cases} \overline{F}_{xP2} = 0 \\ \overline{F}_{yP2} = -12\text{kN} \\ \overline{M}_{P2} = 10\text{kN} \cdot \text{m} \end{cases}$$

单元②，由表 9-1 第二行，计算

$$\begin{cases} \overline{F}_{xP1} = 0 \\ \overline{F}_{yP1} = 4\text{kN} \\ \overline{M}_{P1} = 5\text{kN} \cdot \text{m} \end{cases} , \quad \begin{cases} \overline{F}_{xP2} = 0 \\ \overline{F}_{yP2} = 4\text{kN} \\ \overline{M}_{P2} = -5\text{kN} \cdot \text{m} \end{cases}$$

再转换到结构整体坐标系，坐标转换矩阵见 [例 9-1]，

$$P^① = T^① \overline{F}^① = (0 \quad -12\text{kN} \quad -10\text{kN} \cdot \text{m} \quad 0 \quad -12\text{kN} \quad 10\text{kN} \cdot \text{m})^T$$

$$P^② = T^② \overline{F}^② = (-4\text{kN} \quad 0 \quad 5\text{kN} \cdot \text{m} \quad -4\text{kN} \quad 0 \quad -5\text{kN} \cdot \text{m})^T$$

最后将杆端力 $P^{(i)}$ 按定位向量，并改变正负号叠加计入等效节点载荷向量：

$\lambda^① = (1 \quad 2 \quad 3 \quad 0 \quad 0 \quad 4)^T$，计入单元①的中间结果 $P = (0 \quad 12\text{kN} \quad 10\text{kN} \cdot \text{m}$ $-10\text{kN} \cdot \text{m})$

$\lambda^② = (1 \quad 2 \quad 3 \quad 0 \quad 0 \quad 0)^T$，计入单元②的最后结果 $P = (4\text{kN} \quad 12\text{kN} \quad 5\text{kN} \cdot \text{m}$ $-10\text{kN} \cdot \text{m})$。

9.6 计算步骤和算例

至此，我们可总结矩阵位移法的基本步骤如下：

(1) 整理原始数据，对节点位移进行整体编码，得到单元定位向量等。直接的节点载荷按它对应的节点位移编码，直接计入整体节点载荷向量 F 中。

(2) 单元分析，先形成局部坐标系中的单元刚度矩阵 $\overline{K}^e$，用式 (9-12)。再形成整体坐标系中的单元刚度矩阵 K^e，用式 (9-26)。

(3) 整体分析，依定位向量，将单元刚度矩阵"对号入座"集成总刚度矩阵 K。

(4) 计算非节点载荷引起的单元固端力 $\overline{F}_P^e$，用式 (9-35) 进行坐标转换并改符号得 $-F_P^e$，也依定位向量叠加计入节点载荷向量 F。

(5) 求解总刚度方程 $K\Delta = F$，得到节点位移向量 Δ。

(6) 用式 (9-36) 计算各单元的杆端内力 $\overline{F}^e$。绘内力图或作其他分析。

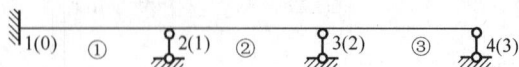

图 9-15 例题 9-5 图 I

【例 9-5】 如图 9-15 所示连续梁，各跨长度 5m，$EI = 5\text{kN} \cdot \text{m}^2$，支座 2，3 分别发生向下位移 0.02m 和 0.012m，已经得到节点位移向量，试作出弯矩图。

$$\Delta = (0.00258, -0.00314, -0.00203)^T$$

【分析】 此题是简单的连续梁问题，可用简化的单元模式，关键是在给出的位移编号中，不涉及竖向位移，所以应把已知支座移动看成"非节点载荷"处理。

【解】 各单元局部坐标系方向与整体坐标系方向相同，单元定位向量

$$\lambda^① = (0,1)^T, \quad \lambda^② = (1,2)^T, \quad \lambda^③ = (2,3)^T$$

单元刚度矩阵

$$k^① = k^② = k^③ = \overline{k}^① = \overline{k}^② = \overline{k}^③ = \begin{bmatrix} 4i & 2i \\ 2i & 4i \end{bmatrix}$$

$$i = EI/l = 1\text{kN} \cdot \text{m}$$

单元固端弯矩

$$M_f^① = \left(-\frac{6i}{l}, -\frac{6i}{l}\right)^T \times 0.02 = (-0.024, -0.024)^T$$

$$M_f^② = \left(-\frac{6i}{l}, -\frac{6i}{l}\right)^T \times (-0.008) = (0.0096, 0.0096)^T$$

$$M_f^③ = \left(-\frac{6i}{l}, -\frac{6i}{l}\right)^T \times (-0.012) = (0.0144, 0.0144)^T$$

164

节点位移引起杆端弯矩

$$M^{①} = \begin{bmatrix} 4 & 2 \\ 2 & 4 \end{bmatrix} \begin{bmatrix} 0 \\ 0.00258 \end{bmatrix} = \begin{bmatrix} 0.00516 \\ 0.01032 \end{bmatrix}$$

$$M^{②} = \begin{bmatrix} 4 & 2 \\ 2 & 4 \end{bmatrix} \begin{bmatrix} 0.00258 \\ -0.00314 \end{bmatrix} = \begin{bmatrix} 0.00404 \\ -0.0074 \end{bmatrix}$$

$$M^{③} = \begin{bmatrix} 4 & 2 \\ 2 & 4 \end{bmatrix} \begin{bmatrix} -0.00314 \\ -0.00203 \end{bmatrix} = \begin{bmatrix} -0.01662 \\ -0.0144 \end{bmatrix}$$

最后弯矩

$$M^{①} = \begin{bmatrix} -0.01884 \\ -0.01368 \end{bmatrix}$$

$$M^{②} = \begin{bmatrix} 0.01364 \\ 0.0022 \end{bmatrix}$$

$$M^{③} = \begin{bmatrix} -0.0022 \\ 0 \end{bmatrix}$$

作弯矩图如图 9-16 所示。

【例 9-6】 试求如图 9-17（a）所示刚架的内力。设各杆为矩形截面，横梁 $b_2 \times h_2 = 0.5\text{m} \times 1.26\text{m}$，立柱 $b_1 \times h_1 = 0.5\text{m} \times 1\text{m}$，材料相同，为简便取 $E=1$。

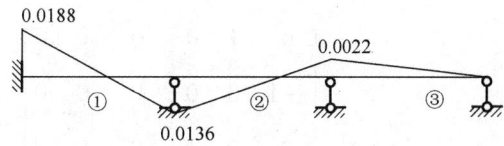

图 9-16 例题 9-5 图 Ⅱ

【解】 （1）原始数据及编码

柱单元①③： $A_1 = 0.5\text{m}^2$，$I_1 = \dfrac{1}{24}\text{m}^4$，$l_1 = 6\text{m}$，

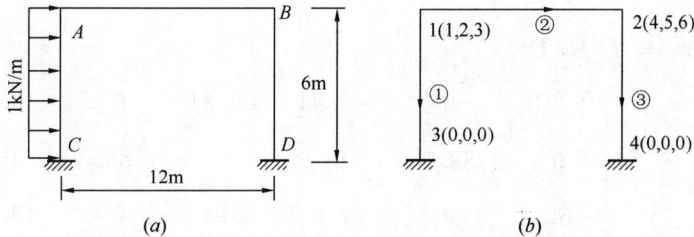

图 9-17 例题 9-6 图 Ⅰ

梁单元②： $A_2 = 0.63\text{m}^2$，$I_2 = \dfrac{1}{12}\text{m}^4$，$l_2 = 12\text{m}$

单元、节点、节点位移编号、局部坐标系方向如图 9-17（b）所示，各单元定位向量为

$$\boldsymbol{\lambda}^{①} = (1 \quad 2 \quad 3 \quad 0 \quad 0 \quad 0)^T, \boldsymbol{\lambda}^{②} = (1 \quad 2 \quad 3 \quad 4 \quad 5 \quad 6)^T,$$

$$\lambda^{③} = (4 \quad 5 \quad 6 \quad 0 \quad 0 \quad 0)^T$$

（2）形成局部坐标系下的单元刚度矩阵

$$\bar{k}^{①} = \bar{k}^{③} = 10^{-3} \times \begin{bmatrix} 83.3 & 0 & 0 & -83.3 & 0 & 0 \\ 0 & 2.31 & 6.94 & 0 & -2.31 & 6.94 \\ 0 & 6.94 & 27.8 & 0 & -6.94 & 13.9 \\ -83.3 & 0 & 0 & 83.3 & 0 & 0 \\ 0 & -2.31 & -6.94 & 0 & 2.31 & -6.94 \\ 0 & 6.94 & 13.9 & 0 & -6.94 & 27.9 \end{bmatrix}$$

$$\bar{k}^{②} = 10^{-3} \times \begin{bmatrix} 52.5 & 0 & 0 & -52.5 & 0 & 0 \\ 0 & 0.58 & 3.47 & 0 & -0.58 & 3.47 \\ 0 & 3.47 & 27.8 & 0 & -3.47 & 13.9 \\ -52.5 & 0 & 0 & 52.5 & 0 & 0 \\ 0 & -0.58 & -3.47 & 0 & 0.58 & -3.47 \\ 0 & 3.47 & 13.9 & 0 & -3.47 & 27.8 \end{bmatrix}$$

转换到整体坐标系，单元②$\alpha = 0°$，$T = I$，

$$k^{②} = \bar{k}^{②};$$

单元①，③ $\alpha = 90°$，

$$T = \begin{bmatrix} 0 & 1 & 0 & 0 & 0 & 0 \\ -1 & 0 & 0 & 0 & 0 & 0 \\ 0 & 0 & 1 & 0 & 0 & 0 \\ 0 & 0 & 0 & 0 & 1 & 0 \\ 0 & 0 & 0 & -1 & 0 & 0 \\ 0 & 0 & 0 & 0 & 0 & 1 \end{bmatrix}$$

$$k^{①} = k^{③} = T^T \bar{k}^{①} T$$

$$= 10^{-3} \times \begin{bmatrix} 2.31 & 0 & -6.94 & -2.31 & 0 & -6.94 \\ 0 & 83.3 & 0 & 0 & -83.3 & 0 \\ -6.94 & 0 & 27.8 & 6.94 & 0 & 13.9 \\ -2.31 & 0 & 6.94 & 2.31 & 0 & 6.94 \\ 0 & -83.3 & 0 & 0 & 83.3 & 0 \\ -6.94 & 0 & 13.9 & 6.94 & 0 & 27.9 \end{bmatrix}$$

（3）按定位向量集成总刚度矩阵

$$K = 10^{-3} \times \begin{bmatrix} 54.81 & 0 & -6.94 & -52.5 & 0 & 0 \\ 0 & 83.3 & 3.47 & 0 & -0.58 & 3.47 \\ -6.94 & 3.47 & 55.6 & 0 & -3.47 & 13.9 \\ -52.5 & 0 & 0 & 54.81 & 0 & -6.94 \\ 0 & -0.58 & -3.47 & 0 & 83.3 & -3.47 \\ 0 & 3.47 & 13.9 & -6.94 & -3.47 & 55.6 \end{bmatrix}$$

（4）求等效节点荷载

首先求单元固端力，只有单元①有 $\overline{F}_P^{①}$：

$$\overline{F}_P^{①} = (0 \quad 3 \quad 3 \quad 0 \quad 3 \quad -3)^T,$$

向整体坐标系转换 $\quad F_P^{①} = T^{①T} \overline{F}_P^{①} = (-3 \quad 0 \quad 3 \quad -3 \quad 0 \quad -3)^T$

按定位向量计入节点载荷 $P = (3 \quad 0 \quad -3 \quad 0 \quad 0 \quad 0)^T$

（5）解刚度方程

$$10^{-3} \times \begin{bmatrix} 54.81 & 0 & -6.94 & -52.5 & 0 & 0 \\ 0 & 83.3 & 3.47 & 0 & -0.58 & 3.47 \\ -6.94 & 3.47 & 55.6 & 0 & -3.47 & 13.9 \\ -52.5 & 0 & 0 & 54.81 & 0 & -6.94 \\ 0 & -0.58 & -3.47 & 0 & 83.3 & -3.47 \\ 0 & 3.47 & 13.9 & -6.94 & -3.47 & 55.6 \end{bmatrix} \begin{bmatrix} \Delta_1 \\ \Delta_2 \\ \Delta_3 \\ \Delta_4 \\ \Delta_5 \\ \Delta_6 \end{bmatrix} = \begin{bmatrix} 3 \\ 0 \\ -3 \\ 0 \\ 0 \\ 0 \end{bmatrix}$$

得节点位移 $\quad \Delta = \begin{bmatrix} \Delta_1 \\ \Delta_2 \\ \Delta_3 \\ \Delta_4 \\ \Delta_5 \\ \Delta_6 \end{bmatrix} = \begin{bmatrix} 847 \\ -5.13 \\ 28.4 \\ 824 \\ 5.13 \\ 96.5 \end{bmatrix} = \begin{bmatrix} u_A \\ v_A \\ \theta_A \\ u_B \\ v_B \\ \theta_B \end{bmatrix}$

（6）求杆端力

单元①

$$F^{①} = k^{①} \Delta^{①} + \overline{F}_P^{①}$$

$$= 10^{-3} \times \begin{bmatrix} 2.31 & 0 & -6.94 & -2.31 & 0 & -6.94 \\ 0 & 83.3 & 0 & 0 & -83.3 & 0 \\ -6.94 & 0 & 27.8 & 6.94 & 0 & 13.9 \\ -2.31 & 0 & 6.94 & 2.31 & 0 & 6.94 \\ 0 & -83.3 & 0 & 0 & 83.3 & 0 \\ -6.94 & 0 & 13.9 & 6.94 & 0 & 27.9 \end{bmatrix} \begin{bmatrix} 847 \\ -5.13 \\ 28.4 \\ 0 \\ 0 \\ 0 \end{bmatrix}$$

$$+ \begin{bmatrix} -3 \\ 0 \\ 3 \\ \hdashline -3 \\ 0 \\ -3 \end{bmatrix} = \begin{bmatrix} -1.24 \\ -0.43 \\ -2.09 \\ \hdashline -4.76 \\ 0.43 \\ -8.49 \end{bmatrix}$$

$$\overline{F}^{①} = TF^{①} = (-0.43 \quad 1.24 \quad -2.09 \vdots 0.43 \quad 4.76 \quad -8.49)^T$$

单元②

$$\overline{F}^{②} = F^{②} = k^{②}\Delta^{②}$$

$$= 10^{-3} \times \begin{bmatrix} 52.5 & 0 & 0 & -52.5 & 0 & 0 \\ 0 & 0.58 & 3.47 & 0 & -0.58 & 3.47 \\ 0 & 3.47 & 27.8 & 0 & -3.47 & 13.9 \\ \hdashline -52.5 & 0 & 0 & 52.5 & 0 & 0 \\ 0 & -0.58 & -3.47 & 0 & 0.58 & -3.47 \\ 0 & 3.47 & 13.9 & 0 & -3.47 & 27.8 \end{bmatrix} \begin{bmatrix} 847 \\ -5.13 \\ 28.4 \\ \hdashline 824 \\ 5.13 \\ 96.5 \end{bmatrix}$$

$$= \begin{bmatrix} 1.24 \\ 0.43 \\ 2.09 \\ \hdashline -1.24 \\ -0.43 \\ 3.04 \end{bmatrix}$$

单元③

$$F^{③} = k^{③}\Delta^{③}$$

$$= 10^{-3} \times \begin{bmatrix} 2.31 & 0 & -6.94 & -2.31 & 0 & -6.94 \\ 0 & 83.3 & 0 & 0 & -83.3 & 0 \\ -6.94 & 0 & 27.8 & 6.94 & 0 & 13.9 \\ \hdashline -2.31 & 0 & 6.94 & 2.31 & 0 & 6.94 \\ 0 & -83.3 & 0 & 0 & 83.3 & 0 \\ -6.94 & 0 & 13.9 & 6.94 & 0 & 27.9 \end{bmatrix} \begin{bmatrix} 824 \\ 5.13 \\ 96.5 \\ \hdashline 0 \\ 0 \\ 0 \end{bmatrix}$$

$$= \begin{bmatrix} 1.24 \\ 0.43 \\ -3.04 \\ \hline -1.24 \\ -0.43 \\ -4.38 \end{bmatrix}$$

$$\overline{F}^{③} = TF^{③} = (0.43 \quad -1.24 \quad -3.04 \vdots -0.43 \quad 1.24 \quad -4.38)^{T}$$

(7) 根据杆端力绘制内力图

如图 9-18 所示。

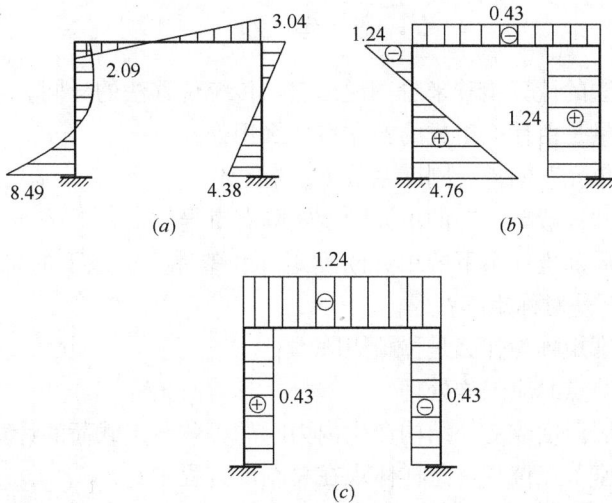

图 9-18　例题 9-6 图 Ⅱ

(a) M 图（单位：kN/m）；(b) F_Q 图（单位：kN）；(c) F_N 图（单位：kN）

小　结

矩阵位移法是新的计算工具〈电子计算机〉与传统力学原理〈位移法〉相结合的产物，矩阵位移法要与传统位移法对照起来学习，注意它们之间"原理上同源，作法上有别"的关系。

手算方法避免麻烦和不必要的计算，在位移法典型方程建立时，采取逐个可能的节点位移分别讨论的方法，并同时考虑位移连续、静力平衡，利用单位位移引起的内力图，计算总刚度系数 K_{ij}；然后组合得到典型方程。电算讲究规律，矩阵位移法采取逐个杆件分析的方法，每个杆件同时产生所有可能的杆端位移，得到单元刚度矩阵，再考虑整体位移连续和节点静力平衡，叠加得到总刚度矩阵的系数 K_{ij}。非节点载荷的处理本质是相同的，即由载荷确定方程的常数项。

位移法最便于实现计算过程的程序化。矩阵位移法（有限元位移法）是结构矩阵分析（有限元法）中占主导地位的方法。位移法基本方程的矩阵形式为

$$K\Delta = F$$

这是一个非常普遍、非常简洁的方程。它既可用于分析梁、刚架、桁架等平面和空间结构，又可用于分析板、壳和弹性力学问题，具有普遍性。这样丰富的内容凝聚在三个符号、一个方程之中，形式简洁而具有高度的概括。

矩阵位移法基本方程的建立，归结为两个问题：一是根据结构的几何和弹性性质建立整体刚度矩阵 K，二是根据结构的受载情况形成整体荷载向量 P。每一步都是首先在单元局部坐标系下，寻找最基本规律（建立单元刚度方程、和固端力），有限元法称为建立单元模型；然后进行坐标转换，实现坐标统一；最后依定位向量组集总刚度方程。在计算最后杆端内力时，一定注意基本思想，方程 $K\Delta = F$ 计算的是状态二，必须叠加状态一的固端力，即式（9-36）。

为了加深对矩阵位移法的理解和掌握，应当对计算程序有所了解，并上机进行实践。

思 考 题

1. 从矩阵位移法的计算步骤来看，说出它与传统位移法的异同。

2. 单元定位向量是由什么组成的？它有什么用处？

3. 解释"一般单元"的单元刚度系数 K_{ij} 的意义。

4. 解释为什么"一般单元"的单元刚度矩阵有奇异性。

5. 一般单元在局部坐标系下的单元刚度矩阵和整体坐标系下的单元刚度矩阵是否都是奇异矩阵？是否都是对称矩阵？

6. 结构的总刚度矩阵为什么是稀疏矩阵？

7. 刚架中有铰节点时应怎样处理？

8. 试讨论计算因温度改变使结构产生内力时的等效节点载荷的计算。

9. 如果已知支座节点位移，怎样体现在总刚度方程中？

10. 如果一个刚架结构具有弹性支座，应该如何形成它的刚度矩阵？

习 题

1. 对图示结构标注节点、单元、节点位移编号；对各单元确定局部坐标系方向，写出其定位向量。

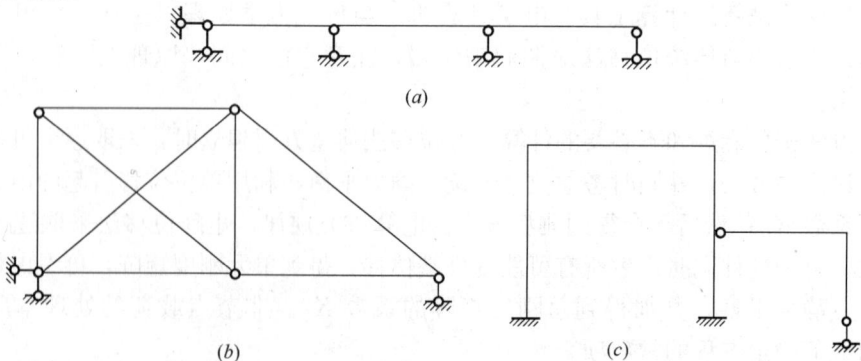

(a)

(b)

(c)

图 9-19 习题 1 图

(a) 梁；(b) 桁架；(c) 刚架

2. 对图示结构，试用单元集成法求出其总刚度矩阵 K。并列写基本方程（忽略各杆轴向变形的影响）。EI 为常数，各单元长 $l=4m$。

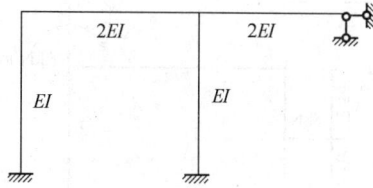

图 9-20　习题 2 图

3. 试求图示刚架的整体刚度矩阵。设各杆几何尺寸相同，$l=5m$，$A=0.5m^2$，$I=1/24m^4$，$E=3104MPa$。

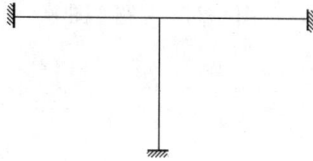

图 9-21　习题 3 图

4. 试用矩阵位移法计算图示连续梁，并画出弯矩图，EI 取相对值。

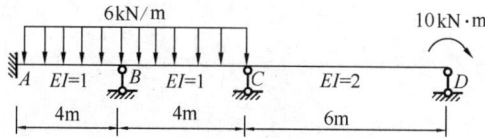

图 9-22　习题 4 图

5. 试求图示刚架的整体刚度矩阵、节点位移和各杆内力（EI 取相对值，忽略轴向变形）。

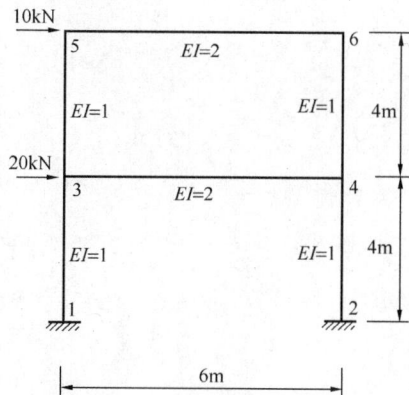

图 9-23　习题 5 图

6. 对图示刚架结构，进行单元编号、节点编号、节点位移编号；写出单元的定位向量；计算并形成结构的节点载荷列矩阵。

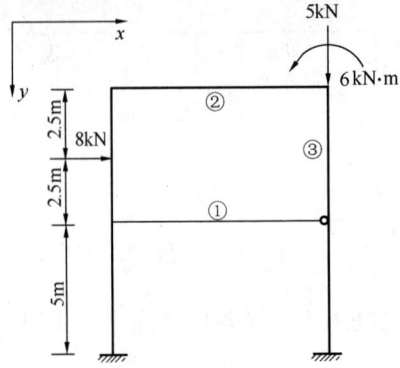

图 9-24　习题 6 图

第 10 章　结构动力计算基础

10.1　动力计算的特点和动力自由度

10.1.1　结构动力计算的特点

结构动力计算就是讨论在动力荷载作用下结构的计算问题。动力荷载的特征是荷载（大小、方向、作用位置）随时间而变化。严格说来，如果单纯从荷载本身性质来看，绝大多数实际荷载都应属于动荷载。但是，如果从荷载对结构所产生的影响这个角度来看，则可分为两种情况。一种情况是：荷载虽然随时间变化，但是变得很慢，荷载对结构所产生的影响与静荷载相比相差甚微。因此，在这种荷载作用下的结构计算问题实际上仍属于静荷载作用下的结构计算问题。另一种情况是：荷载随时间变得较快，荷载对结构所产生的影响与静荷载相比相差甚大。在这种荷载作用下的结构计算问题属于动力计算问题。换句话说，这种荷载实际上应看作动力荷载。

根据达朗伯（J. Le R. d'Alembert）原理，动力计算问题可以转化为静力平衡问题来处理。但是，这是一种动平衡，是在引进惯性力的条件下的平衡。换句话说，在动力计算中，虽然形式上仍是在列平衡方程，但是这里要注意两个特点：第一，在所考虑的力系中要包括惯性力；第二，这里考虑的是瞬间的平衡，荷载、内力等都是时间的函数。

10.1.2　动荷载的分类

工程实际中经常遇到的动荷载主要有下面几类：

第一类是周期荷载。这类荷载随时间作周期性的变化。周期荷载中最简单也是最重要的一种称为简谐荷载（如图 10-1 所示），荷载 $F_p(t)$ 随时间 t 的变化规律可用正弦或余弦函数表示。机器转动部分引起的荷载常属于这一类。其他的周期荷载可称为非简谐性的周期荷载。

第二类是冲击荷载。这类荷载在很短的时间内，荷载值急剧增大（如图 10-2a 所示）或急剧减小（如图 10-2b 所示）。各种爆炸荷载属于这一类。

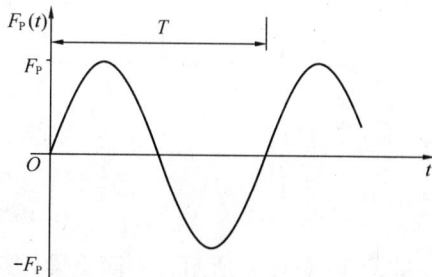

图 10-1　简谐荷载

第三类是随机荷载。前面两类荷载都属于确定性荷载，任一时刻的荷载值都是事先确定的。如果荷载在将来任一时刻的数值无法事先确定，则称为非确定性荷载，或称为随机荷载。地震荷载和风荷载是随机荷载的典型例子。

10.1.3　结构动力计算的任务

结构在动力荷载作用下产生的内力和位移，称为结构的动内力和动位移，统称结构的动力反应。因为动力荷载随时间而变化，所以结构产生的动力反应也随时间变化。结构动力计

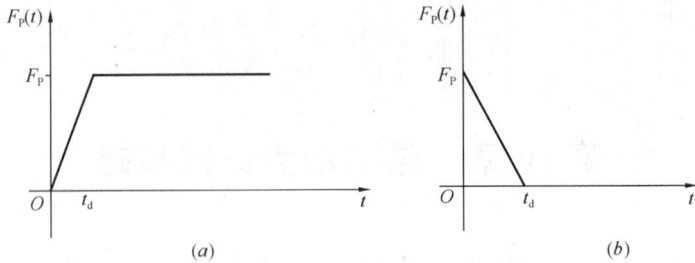

图 10-2　冲击荷载

算的主要任务就是研究结构动力反应的计算原理和方法，确定结构动力反应随时间变化的规律，从面进行强度和刚度等方面的力学讨论，以作为结构设计、校核等的依据。由于结构的动力反应与结构本身的自振频率、振动形式（振型）和阻尼等动力特性密切相关，所以分析结构自身动力特性是研究结构动力反应的前提，也是结构动力分析的首要内容。

10.1.4　结构动力计算中体系的自由度

与静力计算一样，在结构动力计算中也需要事先选取一个合理的计算简图。两者选取的原则基本相同，但在动力计算中，由于要考虑惯性力的作用，因此还需要确定质量在运动过程中的可能位置。在动力计算中，一个体系的自由度是指为了确定运动过程中任一时刻全部质量的位置所需要的独立几何参数的数目。

由于实际结构的质量都是连续分布的，因此任何一个实际结构都可以说具有无限个自由度。但是如果所有结构都按无限自由度去计算，则不仅十分困难，而且也没有必要。因此，通常需要对计算方法加以简化。常用的简化方法有集中质量法、广义坐标法和有限单元法。本章只介绍集中质量法。

把连续分布的质量集中为几个质点，这样就可以把一个原来是无限自由度的问题简化成为有限自由度的问题。下面举几个例子加以说明。

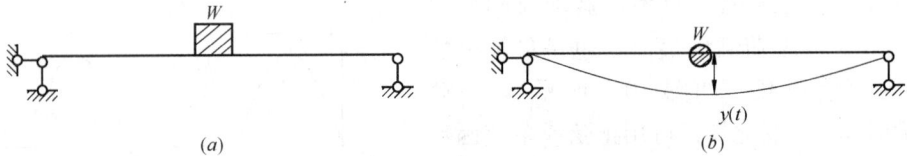

图 10-3　一个自由度的梁

如图 10-3（a）所示为一简支梁，跨中放有重物 W。当梁本身质量远小于重物的质量时，可忽略梁的质量，取如图 10-3（b）所示的计算简图。这时体系由无限自由度简化为一个自由度。

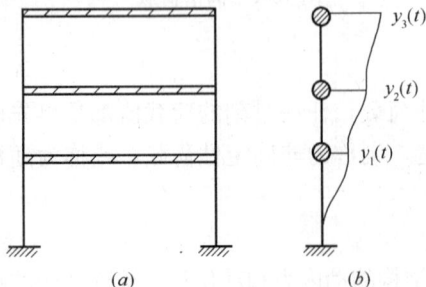

图 10-4　三个自由度的刚架

如图 10-4（a）所示为一三层平面刚架。在水平力作用下计算刚架的侧向振动时，一种常用的简化计算方法是将柱的分布质量化为集中于上下两端的集中质量，因而刚架的全部质量都集中在横梁上；此外每个横梁上各点的水平位移可认为彼此相等，因而横梁上的分布质量可用一个集中质量来替代。最后，可取如图 10-4（b）所示的计算简图，只有三个自由度。

如图 10-5（a）所示为一块形基础，计算时可简化为一刚性质块。当考虑面内的振动时，共有三个自由度，即水平位移 x、竖向位移 y 和角位移 θ（如图 10-5b 所示）。当仅考虑竖直方向的振动时，则只有一个自由度（如图 10-5c 所示）。

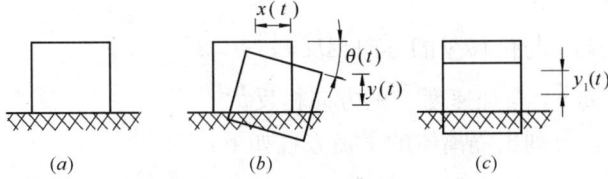

图 10-5　块形基础的自由度

由图 10-5 还可看出，自由度的个数与集中质量的个数并不一定彼此相等。又如图 10-6 所示体系，虽然只有一个集中质量，但有两个自由度。

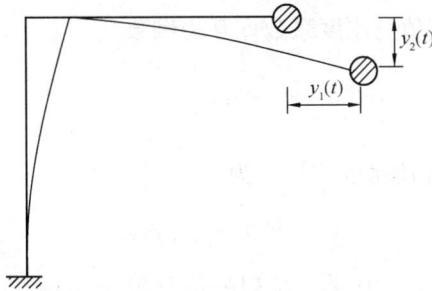

图 10-6　两个自由度的刚架

10.2　单自由度体系的自由振动

单自由度体系的动力分析虽然比较简单，但是非常重要。这是因为第一，很多实际的动力问题常可按单自由度体系进行计算，或进行初步的估算。第二，单自由度体系的动力分析是多自由度体系动力分析的基础。

10.2.1　自由振动微分方程的建立

现结合图 10-7 讨论单自由度体系的自由振动。

如图 10-7（a）所示的悬臂立柱在顶部有一重物，质量为 m。设柱本身的质量比 m 小得多，可以忽略不计，且不计轴向变形，因此，体系只有一个自由度，即 m 的水平方向振动。

在建立自由振动微分方程之前，先把图 10-7（a）中的体系用图 10-7（b）所示的弹簧模型来表示。原来由立柱对质量 m 所提供的弹性力这里改用弹簧来

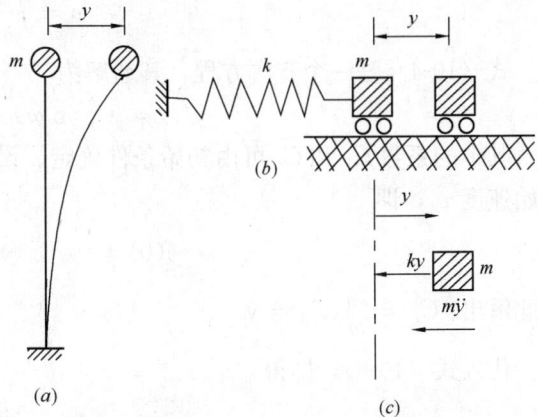

图 10-7　单自由度体系自由振动的运动模型

175

提供。因此，弹簧的刚度系数 k（使弹簧伸长单位距离时所需施加的拉力）应与立柱的刚度系数（使柱顶产生单位水平位移时，在柱顶所需施加的水平力）相等。

现在推导自由振动的微分方程。以静平衡位置为原点，取质量 m 在振动中位置为 y 时的状态作隔离体，如图 10-7（c）所示。如果忽略振动过程中所受到的阻力，则隔离体所受的力有下列两种：

（1）弹性力——ky，与位移 y 的方向相反；

（2）惯性力——$m\ddot{y}$，与加速度 $\ddot{y}$ 的方向相反。

根据达朗伯原理，可列出隔离体的平衡方程如下：

$$m\ddot{y} + ky = 0 \tag{10-1}$$

这就是从力系平衡角度建立的自由振动微分方程。这种推导方法称为刚度法。

另一方面，自由振动微分方程也可从位移协调角度来推导。用 F_1 表示结构所受到的作用力，其大小等于惯性力：$F_1 = -m\ddot{y}$；用 δ 表示弹簧（即结构）的柔度系数，即在单位力作用下所产生的位移，其值与刚度系数 k 互为倒数。

$$\delta = \frac{1}{k} \tag{10-2}$$

则质点 m 处结构的位移（即质量的位移）为

$$y = F_1\delta = (-m\ddot{y})\delta \tag{10-3}$$

上式表明：质量 m 在运动过程中任一时刻的位移等于结构在当时惯性力作用下的静力位移。

将式（10-2）代入式（10-3），整理后仍得到式（10-1）。这是从位移协调的角度建立自由振动微分方程的。这种推导方法称为柔度法。

10.2.2 自由振动微分方程的解

单自由度体系自由振动微分方程式（10-1）可改写为

$$\ddot{y} + \omega^2 y = 0 \tag{10-4}$$

其中

$$\omega = \sqrt{\frac{k}{m}} \tag{10-5}$$

式（10-4）是一个齐次方程，其通解为

$$y(t) = C_1 \sin \omega t + C_2 \cos \omega t \tag{10-6}$$

其中的系数 C_1 和 C_2 可由初始条件确定。设在初始 $t=0$ 时刻，质点有初始位移 y_0 和初始速度 v_0，即

$$y(0) = y_0, \quad \dot{y}(0) = v_0$$

由此解出：$C_1 = \dfrac{v_0}{\omega}, C_2 = y_0$

代入式（10-6），即得

$$y(t) = y_0 \cos\omega t + \frac{v_0}{\omega}\sin\omega t \tag{10-7}$$

由上式看出，振动是由两部分组成：一部分是单独由初始位移 y_0（没有初始速度）引起的，质点按 $y_0 \cos \omega t$ 的规律振动，如图 10-8（a）所示。另一部分是单独由初始速度 v_0（没有初始位移）引起的，质点按 $\dfrac{v_0}{\omega} \sin \omega t$ 的规律振动，如图 10-8（b）所示。

式（10-7）还可改写为

$$y(t) = a \sin (\omega t + \alpha) \qquad (10\text{-}8)$$

其图形如图 10-8（c）所示。其中参数 a 称为振幅，α 称为初始相位角。参数 a、α 与参数 y_0、v_0 之间的关系可由式（10-8）的展开式

$$y(t) = a \sin \omega t \cos \alpha + a \cos \omega t \sin \alpha$$

与式（10-7）比较得：

$$y_0 = a \sin \alpha, \qquad \frac{v_0}{\omega} = a \cos \alpha \qquad (10\text{-}9)$$

$$a = \sqrt{y_0^2 + \frac{v_0^2}{\omega^2}}, \qquad \alpha = \tan^{-1} \frac{y_0 \omega}{v_0} \qquad (10\text{-}10)$$

10.2.3 结构的自振周期

式（10-8）的右边是一个周期函数，其周期为

$$T = \frac{2\pi}{\omega} \qquad (10\text{-}11)$$

即结构的位移 $y(t)$ 满足周期运动的条件
$y(t + T) = y(t)$

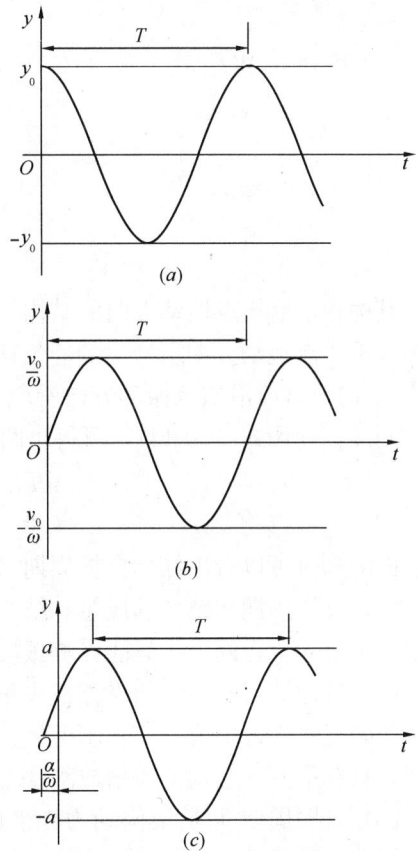

图 10-8 单自由度体系自由振动位移时间曲线

这表明，在自由振动过程中，质点每隔一段时间 T，又回到原来的状态，因此 T 称为结构的自振周期。

自振周期的倒数称为频率，记作 f

$$f = \frac{1}{T} = \frac{\omega}{2\pi} \qquad (10\text{-}12)$$

频率表示单位时间内的振动次数，其常用单位为 s^{-1}，或 Hz。

此外 ω 可称为圆频率或角频率（习惯上也称为频率）

$$\omega = \frac{2\pi}{T} = 2\pi f \qquad (10\text{-}13)$$

ω 表示在 2π 个单位时间内的振动次数，其常用单位为 s^{-1}，或 Hz。

下面给出自振周期计算公式的几种形式：

(1) 将式（10-5）代入式（10-11），得

$$T = 2\pi \sqrt{\frac{m}{k}} \qquad (10\text{-}14)$$

(2) 将 $\delta = \dfrac{1}{k}$ 代入式（10-14），得

$$T = 2\pi\sqrt{m\delta} \tag{10-15}$$

（3）将 $m = W/g$ 代入式（10-15），得

$$T = 2\pi\sqrt{\frac{W\delta}{g}} \tag{10-16}$$

（4）令 $W\delta = \Delta_{st}$，得

$$T = 2\pi\sqrt{\frac{\Delta_{st}}{g}} \tag{10-17}$$

其中 δ 是沿质点振动方向的结构柔度系数，它表示在结构上沿振动方向施加单位荷载时结构沿质点运动方向所产生的静位移。因此，$\Delta_{st} = W\delta$ 表示在结构上沿振动方向施加数值为 W 的荷载时沿质点振动方向所产生的静位移。

同样，利用式（10-13），可得出圆频率的计算公式如下：

$$\omega = \sqrt{\frac{k}{m}} = \frac{1}{\sqrt{m\delta}} = \sqrt{\frac{g}{W\delta}} = \sqrt{\frac{g}{\Delta_{st}}} \tag{10-18}$$

由上面的分析可以看出结构自振周期 T 的一些重要性质：

（1）自振周期与结构的质量和结构的刚度有关，而且只与这两者有关，与外界的干扰因素无关。干扰力的大小只能影响振幅 a 的大小，而不能影响结构自振周期 T 的大小。

（2）自振周期与质量的平方根成正比，质量越大，则周期越大（频率 f 越小）；自振周期与刚度的平方根成反比，刚度越大，则周期越小（频率 f 越大）；要改变结构的自振周期，只有从改变结构的质量或刚度着手。

（3）自振周期 T 是结构动力性能的一个很重要的数量标志。两个外表相似的结构，如果周期相差很大，则动力性能相差很大；反之，两个外表看来并不相同的结构，如果其自振周期相近，则在动荷载作用下其动力性能基本一致。地震中常发现这样的现象。所以，自振周期的计算十分重要。

【例 10-1】 如图 10-9（a）所示为一等截面简支梁，截面抗弯刚度为 EI，跨度为 l。在梁的跨度中点有一个集中质量 m。如果忽略梁本身的质量，试求梁的自振周期 T 和圆频率 ω。

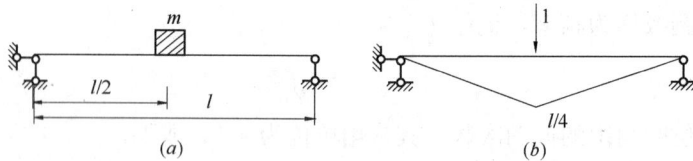

图 10-9 例题 10-1 图

【解】 对于简支梁跨中截面的竖向位移来说，柔度系数可由跨中竖向单位力引起的弯矩图（如图 10-9b 所示）自身图乘得到。

$$\delta = \frac{l^3}{48EI}$$

因此，由式（10-15）和式（10-18）得

$$T = 2\pi\sqrt{m\delta} = 2\pi\sqrt{\frac{ml^3}{48EI}}, \quad \omega = \frac{1}{\sqrt{m\delta}} = \sqrt{\frac{48EI}{ml^3}}$$

【例 10-2】 如图 10-10 所示为一等截面竖直悬臂杆，长度为 l，截面面积为 A，惯性矩为 I，弹性模量为 E。柱顶有重物，其重量为 W。设杆件本身质量不计，试分别求水平振动和竖向振动的自振周期。

【解】 (1) 水平振动

柱顶水平方向的柔度系数为（参见第 6.2 节 6.2.1 中 δ_{11} 的计算）。

$$\delta = \frac{l^3}{3EI}$$

所以

$$T = 2\pi\sqrt{\frac{Wl^3}{3EIg}}$$

图 10-10 例题 10-2 图

(2) 竖向振动

由材料力学知，当杆顶作用竖向力 W 时，柱顶的竖向位移为 $\Delta_{st} = \dfrac{Wl}{EA}$，

所以

$$T = 2\pi\sqrt{\frac{Wl}{EAg}}$$

【例 10-3】 如图 10-11 所示一静定组合结构，在跨中节点上有集中质量 m，各受弯杆的抗弯刚度为 EI，各轴力杆的抗拉刚度为 EA（数值上等于 $EI/12$），不计杆件自重，试计算结构的自振频率。

【解】 质量只能在竖向运动，为单自由度振动。在质量处加竖向单位力，可得受弯杆件弯矩和轴力杆件轴向力值如图 10-12 所示，由位移计方法算得

$$\delta = \frac{1}{EI}\frac{1}{2}\times 2\times 1\times\frac{2}{3}\times 1\times 4 + \frac{1}{EA}\left[(-2)^2\times 2 + (\sqrt{2})^2\times 2\sqrt{2}\times 2\right] = \frac{234.41}{EI}$$

所以

$$\omega = \frac{1}{\sqrt{m\delta}} = 0.0653\sqrt{\frac{EI}{m}}$$

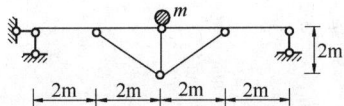

图 10-11 例题 10-3 图Ⅰ

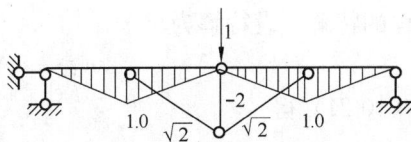

图 10-12 例题 10-3 图Ⅱ

【例 10-4】 如图 10-13 所示一三跨刚架，各柱抗弯刚度为 EI，横梁抗弯刚度 $EI = \infty$，各跨梁的质量为 m，柱的质量不计，求刚架的水平自振频率。

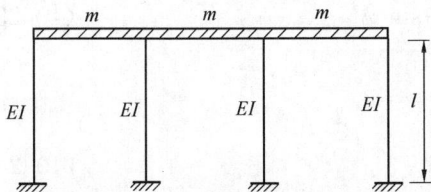

图 10-13 例题 10-4 图

【解】 这是一个单自由度体系，当横梁沿水平方向产生单位位移时，各柱顶的剪力为 $12EI/l^3$。取横梁整体为隔离体，由水平方向合力平衡条件，即得刚架水平振动的刚度系数

$$k = 4\times\frac{12EI}{l^3}$$

所以
$$\omega = \sqrt{\frac{k}{3m}} = 4\sqrt{\frac{EI}{ml^3}}$$

10.3 单自由度体系的强迫振动

结构在动力荷载作用下的振动称为强迫振动或受迫振动。

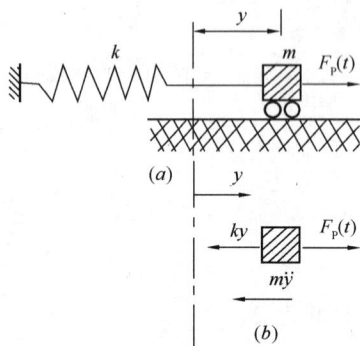

如图 10-14（a）所示为单自由度体系的振动模型，质量为 m，刚度系数 k，承受动荷载 $F_P(t)$。取质量 m 作为隔离体，如图 10-14（b）所示。

弹性力——ky，惯性力——$m\ddot{y}$ 和动荷载 $F_P(t)$ 之间的平衡方程为：

$$F_P(t) = m\ddot{y} + ky$$

或写为
$$\ddot{y} + \omega^2 y = \frac{F_P(t)}{m} \tag{10-19}$$

其中，ω 仍是 $\sqrt{k/m}$。

式（10-19）就是单自由度体系强迫振动的微分方程。

图 10-14　单自由度体系强迫振动的运动模型

下面讨论几种常见的动荷载作用时结构的振动情况。

1. 简谐荷载

设体系承受如下的简谐荷载：

$$F_P(t) = F\sin\theta t \tag{10-20}$$

其中，θ 是简谐荷载的圆频率，F 荷载的最大值，称为幅值。将式（10-20）代入式（10-19），即得运动方程如下：

$$\ddot{y} + \omega^2 y = \frac{F}{m}\sin\theta t \tag{10-21}$$

先求方程的特解。设特解为

$$y(t) = A\sin\theta t \tag{10-22}$$

代入式（10-21）得

$$(-\theta^2 + \omega^2)A\sin\theta t = \frac{F}{m}\sin\theta t$$

由此得
$$A = \frac{F}{m(\omega^2 - \theta^2)}$$

所以方程的特解为

$$y(t) = \frac{F}{m\omega^2\left(1 - \dfrac{\theta^2}{\omega^2}\right)}\sin\theta t \tag{10-23}$$

若令

$$y_{st} = \frac{F}{m\omega^2} = F\delta \tag{10-24}$$

则 y_{st} 可称为最大静位移（即把荷载最大值 F 当作静荷载作用时，结构所产生的位移），而特解式（10-23）可写为：

$$y(t) = y_{st} \frac{1}{1 - \frac{\theta^2}{\omega^2}} \sin \theta t \qquad (10\text{-}25)$$

微分方程的齐次解已在上节求出，故得通解如下：

$$y(t) = C_1 \sin \omega t + C_2 \cos \omega t + y_{st} \frac{1}{1 - \frac{\theta^2}{\omega^2}} \sin \theta t \qquad (10\text{-}26)$$

积分常数 C_1 和 C_2 需由初始条件来求。设在 $t=0$ 时的初始位移和初始速度均为零，则得

$$C_1 = -y_{st} \frac{\frac{\theta}{\omega}}{1 - \frac{\theta^2}{\omega^2}}, \quad C_2 = 0$$

代入式（10-26），即得

$$y(t) = y_{st} \frac{1}{1 - \frac{\theta^2}{\omega^2}} \left(\sin \theta t - \frac{\theta}{\omega} C_1 \sin \omega t \right) \qquad (10\text{-}27)$$

由此看出，振动是由两部分合成的：第一部分按荷载频率 θ 振动，第二部分按自振频率 ω 振动。由于在实际振动过程中存在着阻尼力（参看下节），因此按自振频率振动的那一部分将会逐渐消失，最后只余下按荷载频率振动的部分。我们把振动刚开始两种振动同时存在的阶段称为"过渡阶段"，而把后来只按荷载频率振动的阶段称为"平稳阶段"。由于过渡阶段延续的时间较短，因此在实际问题中平稳阶段的振动较为重要。

下面讨论平稳阶段的振动。任一时刻的位移为

$$y(t) = y_{st} \frac{1}{1 - \frac{\theta^2}{\omega^2}} \sin \theta t$$

最大位移（即振幅）为 $\qquad [y(t)]_{max} = y_{st} \frac{1}{1 - \frac{\theta^2}{\omega^2}}$

最大动位移 $[y(t)]_{max}$ 与最大静位移 y_{st} 的比值称为动力系数，用 β 表示，即

$$\beta = \frac{[y(t)]_{max}}{y_{st}} = \frac{1}{1 - \frac{\theta^2}{\omega^2}} \qquad (10\text{-}28)$$

由此看出，动力系数 β 是频率比值 θ/ω 的函数。函数图形如图 10-15 所示，其中横坐标为 θ/ω，纵坐标为 β 的绝对值（注意，当 $\theta/\omega > 1$ 时，β 为负值）。

由图 10-15 可看出如下特性：

当 $\theta/\omega \to 0$ 时，动力系数 $\beta \to 1$。这时简谐荷载的数值虽然随时间变化，但变化得非常慢（与结构的自振频率相比），因而可当作静荷载处理。

当 $0 < \theta/\omega < 1$ 时，动力系数 $\beta > 1$，又 β 随 θ/ω 的增大而增大。

当 $\theta/\omega \to 1$ 时，$|\beta| \to \infty$。即当荷载频率 θ 接近于

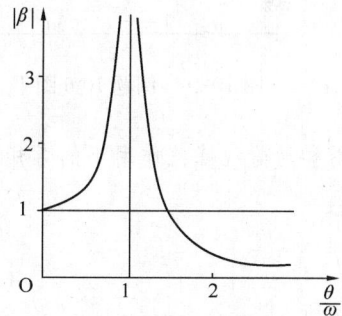

图 10-15 简谐荷载动力系数与频率比曲线

结构自振频率 ω 时，振幅会无限增大。这种现象称为"共振"。实际上由于存在阻尼力的影响，共振时也不会出现振幅为无限大的情况，但是共振时的振幅比静位移大很多倍的情况是可能出现的（还需指出，共振现象的形成有一个过程，振幅是由小逐渐变大的，并不是一开始就很大。在简谐振动实验中可以看到这个发展过程）。

当 $\theta/\omega > 1$ 时，β 的绝对值随 θ/ω 的增大而减小。

以上分析了在简谐荷载作用下结构位移幅度随 θ/ω 变化的情况。由于弹性体系内力与位移的一一对应关系，对于结构内力（例如弯矩）也存在类似的情况。

【例 10-5】 设有一简支钢梁，跨度 $l=4\mathrm{m}$，采用型钢，惯性矩 $I=7480\mathrm{cm}^4$，截面系数 $W=534\mathrm{cm}^3$，弹性模量 $E=2.1\times10^5\mathrm{MPa}$。在跨度中点有电动机，重量 $G=35\mathrm{kN}$，转速 $n=500\ \mathrm{r/min}$。由于具有偏心，转动时产生离心力 $F_\mathrm{P}=10\ \mathrm{kN}$，离心力的竖向分力为 $F_\mathrm{P}\sin\theta t$。忽略梁本身的质量，试求钢梁在上述竖向简谐荷载作用下强迫振动的动力系数和最大正应力。

【解】 （1）简支钢梁的自振频率

$$\omega=\sqrt{\frac{g}{\Delta_\mathrm{st}}}=\sqrt{\frac{48EIg}{Gl^3}}=\sqrt{\frac{48\times2.1\times10^4\mathrm{kN/cm^2}\times7480\mathrm{cm}^4\times980\mathrm{cm/s^2}}{35\mathrm{kN}\times(400\mathrm{cm})^3}}$$
$$=57.4\mathrm{s}^{-1}$$

（2）荷载的频率

$$\theta=\frac{2\pi n}{60}=2\times3.1416\times\frac{500}{60s}=52.3\mathrm{s}^{-1}$$

（3）动力系数 β，由式（10-28）

$$\beta=\frac{1}{1-\left(\dfrac{\theta^2}{\omega^2}\right)}=\frac{1}{1-\left(\dfrac{52.3}{57.4}\right)^2}=5.88$$

即动力位移和动力应力的最大值为静力值的 5.88 倍。

（4）跨中最大正应力

$$\sigma_\mathrm{max}=\frac{Gl}{4W}+\beta\frac{F_\mathrm{P}l}{4W}=\frac{(G+\beta F_\mathrm{P})l}{4W}=\frac{(35\mathrm{kN}+5.88\times10\mathrm{kN})400\mathrm{cm}}{4\times534\mathrm{cm}^3}=175.6\mathrm{MPa}$$

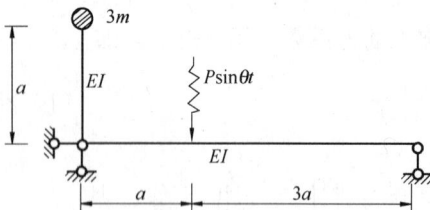

图 10-16 例题 10-6 图 I

式中第一项是电机重量 G 产生的正应力，第二项是动力荷载 $F_\mathrm{P}\sin\theta t$ 产生的最大正应力。

【例 10-6】 求如图 10-16 所示体系的自振频率和质点的振幅，设 $\theta=2\omega$。

【解】 首先写出质点的运动方程：

$$y=(-3m\ddot{y})\delta_{11}+\Delta_\mathrm{1P}\sin\theta t$$

计算体系的柔度系数，作单位力作用下的弯矩图和动荷载峰值作用下的弯矩图如图 10-17 所示。图乘法得到

$$\delta_{11}=\frac{5a^3}{3EI} \qquad \Delta_\mathrm{1P}=\frac{7Pa^3}{8EI}$$

所以

$$\omega^2=\frac{1}{3m\delta_{11}}=\frac{EI}{5a^3m}$$

设稳定状态的解为 $y(t)=A\sin\theta t$，代入运动方程约掉 $\sin\theta t$ 得到

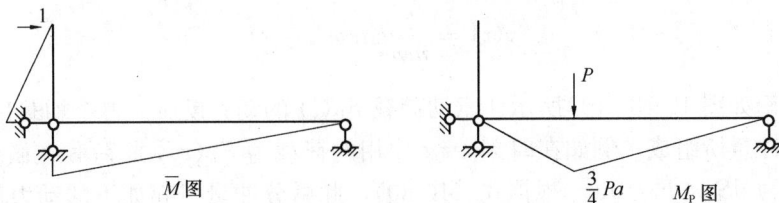

图 10-17　例题 10-6 图 Ⅱ

$$A = 3mA\theta^2 \frac{5a^3}{3EI} + \frac{7}{8EI}Pa^3$$

所以振幅
$$A = -\frac{7Pa^3}{24EI}$$

2. 一般动荷载

现在讨论在一般动荷载 $F_P(t)$ 作用下所引起的动力反应。我们分两步讨论：首先讨论瞬时冲量的动力反应，然后在此基础上讨论一般动荷载的动力反应。

设体系在 $t=0$ 时处于静止状态。然后有瞬时冲量 S 作用。例如图 10-18（a）所示为在 Δt 时间内作用荷载 F_P，其冲量 S 即为 $F_P \Delta t$。由于冲量 S 的作用，体系将产生初速度 $v_0 = S/m$，但初位移仍为零。利用式（10-7），即得

$$y(t) = \frac{S}{m\omega}\sin \omega t \tag{10-29}$$

上式就是在 $t=0$ 时作用瞬时冲量 S 所引起的动力反应。

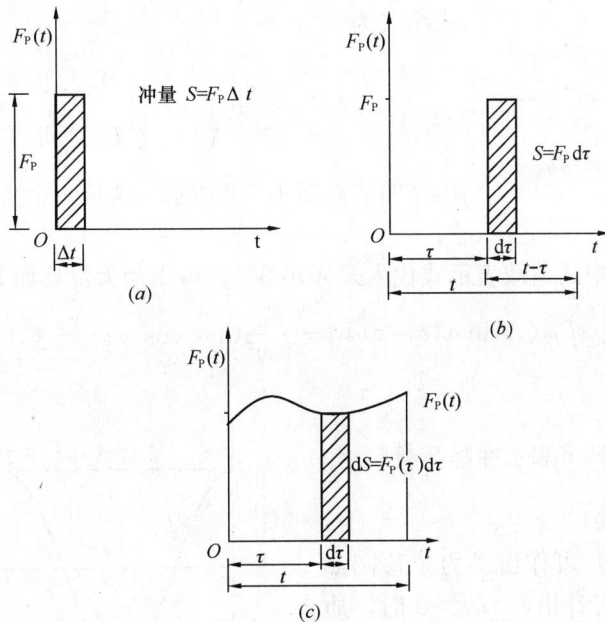

图 10-18　冲量、一般荷载的微分

如果在 $t=\tau$ 时作用瞬时冲量 S（如图 10-18b 所示），则在以后任一时刻 $t(t>\tau)$ 的位移为

183

$$y(t) = \frac{S}{m\omega} \sin \omega(t - \tau) \tag{10-30}$$

现在讨论如图 10-18（c）所示任意动荷载 $F_P(t)$ 的动力反应。整个加载过程可看作由一系列瞬时冲量所组成。例如在时刻 $t = \tau$ 作用的荷载为 $F_P(\tau)$，此荷载在微分时段 $d\tau$ 内产生的冲量为 $dS = F_P(\tau)d\tau$。根据式（10-30），此微分冲量引起如下的动力反应：对于 $t > \tau$，

$$dy = \frac{F_P(\tau)d\tau}{m\omega} \sin \omega(t - \tau) \tag{10-31}$$

然后对加载过程中产生的所有微分反应进行叠加，即对式（10-31）进行积分，可得出总反应如下：

$$y(t) = \frac{1}{m\omega} \int_0^t F_P(\tau) \sin \omega(t - \tau) d\tau \tag{10-32}$$

式（10-32）称为杜哈梅（J. M. C. Duhamel）积分。这就是初始处于静止状态的单自由度体系在任意动荷载 $F_P(t)$ 作用下的位移公式。如初始位移 y_0 和初始速度 v_0 不为零，则总位移应为

$$y(t) = y_0 \cos \omega t + \frac{v_0}{\omega} \sin \omega t + \frac{1}{m\omega} \int_0^t F_P(\tau) \sin \omega(t - \tau) d\tau \tag{10-33}$$

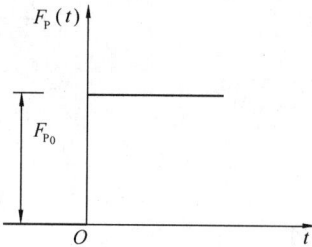

图 10-19　突加荷载

下面应用式（10-33）来讨论突加荷载的动力反应。

设体系原处于静止状态。在 $t = 0$ 时，突然加上荷载 F_{P0}，并一直作用在结构上。这种荷载称为突加荷载，其表示式为

$$F_P(t) = \begin{cases} 0, & t < 0 \\ F_{p0}, & t > 0 \end{cases} \tag{10-34}$$

$F_P\text{-}t$ 曲线如图 10-19 所示。这是一个阶梯形曲线，在 $t = 0$ 处，曲线有间断点。

将式（10-34）中的荷载表示式代入式（10-32），可得动力位移如下，当 $t > 0$ 时，

$$y(t) = \frac{1}{m\omega} \int_0^t F_{P0}(\tau) \sin \omega(t - \tau) d\tau = \frac{F_{p0}}{m\omega^2}(1 - \cos \omega t) = y_{st}(1 - \cos \omega t)$$

$$\tag{10-35}$$

这里，$y_{st} = \dfrac{F_{p0}}{m\omega^2} = F_{p0}\delta$ 表示在静荷载 F_{P0} 作用下所产生的静位移。

根据式（10-34）可作出动力位移图如图 10-20 所示。由图看出，当 $t > 0$ 时，质点是围绕其静力平衡位置 $y = y_{st}$ 作简谐运动，动力系数为

$$\beta = \frac{[y(t)]_{max}}{y_{st}} = 2$$

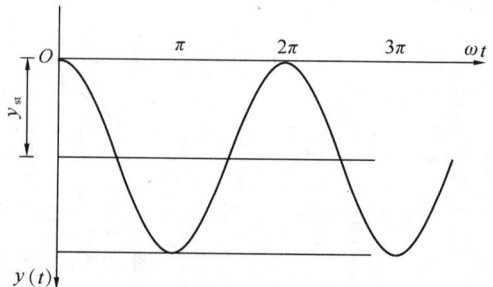

图 10-20　突加荷载下单自由度体系的位移动力响应

由此看出，突加荷载所引起的最大位移比相应的静位移增大 1 倍。也可认识到撞击对结构的破坏主要是如何产生的。还可认识到缓慢加载（加载时间比自振周期大很多倍）时，动力系数可取 0，所以通常简化为静力荷载。

10.4 阻尼对振动的影响

以上各节是在忽略阻尼影响的条件下研究体系的振动问题。所得的结果大体上反映实际结构的振动规律，例如结构的自振频率是结构本身一个固有值的结论，在简谐荷载作用下有可能出现共振现象的结论等。但是也有一些结果与实际振动情况不尽相符，例如自由振动时振幅永不衰减的结论，共振时振幅可趋于无限大的结论等。因此，为了进一步了解结构的振动规律，有必要对阻尼力这个因素加以考虑。

振动中的阻尼力有多种来源，例如振动过程中结构与支承之间的摩擦，材料之间的内摩擦，周围介质的阻力等。阻尼力对质点运动起阻碍作用。从方向上看，它总是与质点的速度方向相反。从数值上看，它与质点速度有如下的关系：

（1）阻尼力与质点速度成正比，这种阻尼力比较常用，称为粘滞阻尼力。

（2）阻尼力与质点速度的平方成正比，固体在流体中运动受到的阻力属于这一类。

（3）阻尼力的大小与质点速度无关，摩擦力属于这一类。

在上述几种阻尼力中，粘滞阻尼力的分析比较简便，其他类型的阻尼力也可化为等效粘滞阻尼力来分析。因此，下面只对粘滞阻尼力的情形加以讨论。

具有阻尼的单自由度体系的振动模型如图 10-21 (a) 所示，体系的质量为 m，承受动荷载 $F_P(t)$ 的作用。体系的弹性性质用弹簧表示，弹簧的刚度系数为 k。体系的阻尼性质用阻尼减震器表示，阻尼常数为 c。取质量 m 为隔离体，如图 10-21 (b) 所示，弹性力、阻尼力、惯性力和荷载之间的平衡方程为

$$m\ddot{y} + c\dot{y} + ky = F_P(t) \qquad (10\text{-}36)$$

下面分别讨论自由振动和强迫振动。

1. 有阻尼的自由振动

图 10-21 有阻尼的单自由度体系振动的运动模型

在式（10-36）中令

$$\ddot{y} + 2\xi\omega\dot{y} + \omega^2 y = 0 \qquad (10\text{-}37)$$

其中

$$\omega = \sqrt{\frac{k}{m}}, \qquad \xi = \frac{c}{2m\omega} \qquad (10\text{-}38)$$

设微分方程式（10-37）的解为如下的形式：$y(t) = Ce^{\lambda t}$

则 λ 由特征方程 $\lambda^2 + 2\xi\omega\lambda + \omega^2 = 0$ 所定

其解为

$$\lambda = \omega(-\xi \pm \sqrt{\xi^2 - 1}) \qquad (10\text{-}39)$$

根据 $\xi < 1$、$\xi = 1$、$\xi > 1$ 三种情况，可得出三种运动形态，分别表述如下。

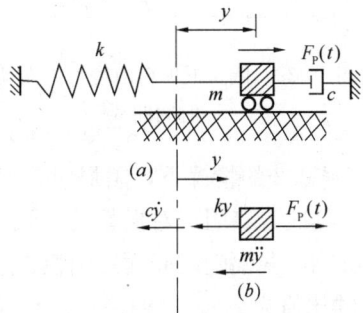

（1）考虑 $\xi < 1$ 的情况（即低阻尼情况）。令

$$\omega_r = \omega\sqrt{1-\xi^2} \tag{10-40}$$

则

$$\lambda = -\xi\omega \pm i\omega_r$$

此时，微分方程式（10-37）的解为　$y(t) = e^{-\xi\omega t}(C_1\cos\omega_r t + C_2\sin\omega_r t)$

再引入初始条件，即得

$$y(t) = e^{-\xi\omega t}\left(y_0\cos\omega_r t + \frac{v_0 + \xi\omega y_0}{\omega_r}\sin\omega_r t\right) \tag{10-41}$$

也可写成

$$y(t) = e^{-\xi\omega t} a\sin(\omega_r t + \alpha) \tag{10-42}$$

其中，$a = \sqrt{y_0^2 + \dfrac{(v_0 + \xi\omega y_0)^2}{\omega_r^2}}$，$\tan\alpha = \dfrac{y_0\omega_r}{v_0 + \xi\omega y_0}$

由式（10-41）或式（10-42）可画出低阻尼体系自由振动时的 $y-t$ 曲线，如图 10-22 所示。

这是一条逐渐衰减的波动曲线。

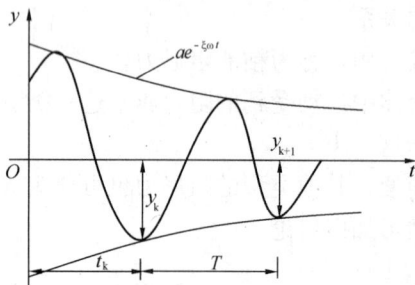

图 10-22　低阻尼单自由度自由振动位移时间曲线

将图 10-22 与图 10-8（c）相比，可看出在低阻尼体系中阻尼对自振频率和振幅的影响。

首先，看阻尼对自振频率的影响。在式（10-42）中，ω_r 是低阻尼体系的自振圆频率。有阻尼与无阻尼的自振圆频率 ω 和 ω_r 之间的关系由式（10-40）给出。由此可知，在 $\xi < 1$ 的低阻尼情况下，ω_r 恒小于 ω，而且 ω_r 随 ξ 值的增大而减小。此外，在通常情况下，ξ 是一个小数。如果 $\xi < 0.2$，则 $0.96 < \dfrac{\omega_r}{\omega} < 1$，即 ω_r 与 ω 的值很相近。因此，在 $\xi < 0.2$ 的情况下，阻尼对自振频率的影响不大，可以忽略。

其次，看阻尼对振幅的影响。在式（10-42）中，振幅为 $ae^{-\xi\omega t}$。由此看出，由于阻尼的影响，振幅随时间而逐渐衰减。还可看出，经过一个周期 T 后，相邻两个振幅 y_{k+1} 与 y_k 的比值为

$$\frac{y_{k+1}}{y_k} = \frac{e^{-\xi\omega(t_k+T)}}{e^{-\xi\omega t_k}} = e^{-\xi\omega T}$$

由此可见，ξ 值越大则衰减速度越快。且 $\ln\dfrac{y_k}{y_{k+1}} = \xi\omega t = \xi\omega\dfrac{2\pi}{\omega_r}$

因此

$$\xi = \frac{1}{2\pi}\frac{\omega_r}{\omega}\ln\frac{y_k}{y_{k+1}} \tag{10-43}$$

如果 $\xi < 0.2$，则 $\dfrac{\omega_r}{\omega} \approx 1$，而

$$\xi \approx \frac{1}{2\pi}\ln\frac{y_k}{y_{k+1}} \tag{10-44}$$

这里，$\ln\dfrac{y_k}{y_{k+1}}$ 称为振幅的对数递减率。同样用 y_k 和 y_{k+n} 表示两个相隔 n 个周期的振幅，可

得

$$\xi = \frac{1}{2\pi n} \frac{\omega_\mathrm{r}}{\omega} \ln \frac{y_\mathrm{k}}{y_\mathrm{k+n}}$$

当 $\frac{\omega_\mathrm{r}}{\omega} \approx 1$ 时， $\qquad\qquad \xi \approx \frac{1}{2\pi n} \ln \frac{y_\mathrm{k}}{y_\mathrm{k+n}}$ (10-45)

(2) 考虑 $\xi = 1$ 的情形。此时由式（10-39）得 $\lambda = -\omega$。因此，微分方程（10-37）的解为

$$y(t) = (C_1 + C_2 t) e^{-\omega t}$$

再引入初始条件，得 $\qquad y(t) = [y_0(1 + \omega t) + v_0 t] e^{-\omega t}$

其 $y - t$ 曲线仍然具有衰减性质，但不具有波动性质。

综合以上的讨论可知：当 $\xi < 1$ 时，体系在自由反应中是会引起振动的；而当阻尼增大到 $\xi = 1$ 时，体系在自由反应中即不再引起振动，这时的阻尼常数称为临界阻尼常数，用 c_r 表示。在式（10-45）中令 $\xi = 1$，即知临界阻尼常数为

$$c_\mathrm{r} = 2m\omega = 2\sqrt{mk}$$ (10-46)

由式（10-38）和式（10-46）得 $\qquad \xi = \dfrac{c}{c_\mathrm{r}}$

参数 ξ 表示阻尼常数 c 与临界阻尼常数 c_r 的比值，称为阻尼比。阻尼比 ξ 是反映阻尼情况的基本参数，它的数值可以通过实测得到。例如，在低阻尼体系中，如果我们测得了两个振幅值 y_k 和 $y_\mathrm{k+n}$，则由式（10-45）即可推算出 ξ 值，由式（10-38）可确定阻尼常数。

至于 $\xi > 1$ 的情形。体系在自由反应中仍不出现振动现象。由于在实际问题中很少遇到这种情况，故不作进一步讨论。

2. 有阻尼的强迫振动

有阻尼体系（设 $\xi < 1$）承受一般动力荷载 $F_\mathrm{P}(t)$ 时，它的反应也可表示为杜哈梅积分，与无阻尼体系的式（10-32）相似，推导方法也相似。

首先，由式（10-41）可知，单独由初始速度 v_0（初始位移 y_0 为零）所引起的振动为

$$y(t) = e^{-\xi \omega t} \frac{v_0}{\omega_\mathrm{r}} \sin \omega_\mathrm{r} t$$

其次，任意荷载 $F_\mathrm{P}(t)$ 的加载过程可看作由一系列瞬时冲量所组成。在由 $t = \tau$ 到 $t = \tau + \mathrm{d}\tau$ 的时段内荷载的微分冲量为 $\mathrm{d}S = F_\mathrm{P}(\tau)\mathrm{d}\tau$，对时间进行积分，即得反应如下：

$$y(t) = \int_0^t \frac{F_\mathrm{P}(\tau)}{m\omega_\mathrm{r}} e^{-\xi \omega(t-\tau)} \sin \omega_\mathrm{r}(t - \tau) \mathrm{d}\tau$$ (10-47)

这就是开始处于静止状态的单自由度体系在任意荷载 $F_\mathrm{P}(t)$ 作用下所引起的有阻尼的强迫振动的位移公式。

如果还有初始位移 y_0 和初始速度 v_0，则总位移为

$$y(t) = e^{-\xi \omega t} \left(y_0 \cos \omega_\mathrm{r} t + \frac{v_0 + \xi \omega y_0}{\omega_\mathrm{r}} \sin \omega_\mathrm{r} t \right) + \int_0^t \frac{F_\mathrm{P}(\tau)}{m\omega_\mathrm{r}} e^{-\xi \omega(t-\tau)} \sin \omega_\mathrm{r}(t - \tau) \mathrm{d}\tau$$

(10-48)

下面讨论突加荷载和简谐荷载两种情形。

(1) 突加荷载 F_P0

此时，由式（10-47）可得动力位移如下：当 $t > 0$ 时，

$$y(t) = \frac{F_{P0}}{m\omega^2}\left[1 - e^{-\xi\omega t}\left(\cos\omega_r t - \frac{\xi\omega}{\omega_r}\sin\omega_r t\right)\right] \tag{10-49}$$

此式与无阻尼体系的式（10-34）相对应。根据式（10-49）可作出动力位移图如图 10-23 所示。由图看出，具有阻尼的体系在突加荷载作用下，最初所引起的最大位移可能接近静力位移 y_{st} 的 2 倍，然后经过衰减振动，最后停留在静力平衡位置上。

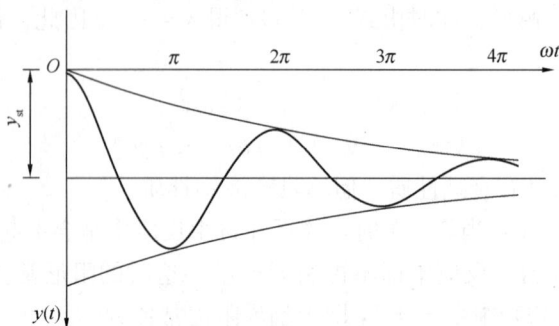

图 10-23　低阻尼单自由度突加荷载位移动力响应

（2）简谐荷载 $F_P(t) = F\sin\theta t$

在式（10-36）中令 $F_P(t) = F\sin\theta t$，即得简谐荷载作用下有阻尼体系的振动微分方程：

$$\ddot{y} + 2\xi\omega\dot{y} + \omega^2 y = \frac{F}{m}\sin\theta t \tag{10-50}$$

首先，求方程的特解。设特解为　$y = A\sin\theta t + B\cos\theta t$

代入式（10-50），可得

$$\left.\begin{array}{l} A = \dfrac{F}{m}\,\dfrac{\omega^2 - \theta^2}{(\omega^2 - \theta^2) + 4\xi^2\omega^2\theta^2} \\[3mm] B = \dfrac{F}{m}\,\dfrac{-2\xi\omega\theta}{(\omega^2 - \theta^2) + 4\xi^2\omega^2\theta^2} \end{array}\right\}$$

其次，叠加方程的齐次解，即得方程的全解如下：

$$y(t) = \left[e^{-\xi\omega t}(C_1\cos\omega t + C_2\sin\omega t)\right] + \left[A\sin\theta t + B\cos\theta t\right]$$

其中，两个常数 C_1 和 C_2 由初始条件确定。

上式的右边分为两部分（各用中括号标出），表明体系的振动系由两个具有不同频率 ω_r 和 θ 的振动所组成。由于阻尼作用，频率为 ω_r 的第一部分含有因子 $e^{-\xi\omega t}$，将逐渐衰减而消失。频率为 θ 的第二部分由于受到荷载的周期影响而不衰减，这部分振动称为平稳振动。

下面讨论平稳振动。任一时刻的动力位移可改用下式来表示：

$$y(t) = y_P\sin(\theta t - \alpha) \tag{10-51}$$

其中　　$y_P = y_{st}\left[\left(1 - \frac{\theta^2}{\omega^2}\right)^2 + 4\xi^2\frac{\theta^2}{\omega^2}\right]^{-1/2}$,　　$\alpha = \tan^{-1}\dfrac{2\xi\dfrac{\theta}{\omega}}{1 - \left(\dfrac{\theta}{\omega}\right)^2} \tag{10-52}$

这里，y_P 表示振幅，y_{st} 表示荷载最大值 F 作用下的静力位移。由此可求得动力系数如下：

$$\beta = \frac{y_P}{y_{st}} = \left[\left(1 - \frac{\theta^2}{\omega^2}\right)^2 + 4\xi^2\frac{\theta^2}{\omega^2}\right]^{-1/2} \tag{10-53}$$

上式表明，动力系数 β 不仅与频率比值 $\dfrac{\theta}{\omega}$ 有关，而且与阻尼比 ξ 有关。对于不同的 ξ 值，可画出相应的 β 与 $\dfrac{\theta}{\omega}$ 之间的关系曲线，如图 10-24 所示。

由图 10-24 和以上的讨论，可得以下几点：

第一，随着阻尼比 ξ 的增大（在 $0 \leqslant \xi \leqslant 1$ 的范围内），在图 10-24 中相应的曲线渐趋平缓，由险峻的高山下降为平缓的小丘，特别是在 $\dfrac{\theta}{\omega} = 1$ 附近，β 的峰值下降得最为显著。

第二，在 $\dfrac{\theta}{\omega} = 1$ 的共振情况下，动力系数可由式（10-53）求得

$$\beta \Big|_{\frac{\theta}{\omega}=1} = \frac{1}{2\xi} \qquad (10\text{-}54)$$

如果忽略阻尼的影响，在式（10-54）中令 $\xi \to 0$，则得出无阻尼体系共振时动力系数趋于无穷大的结论，但是如果考虑阻尼的影响，即 ξ 不为零，得出共振时动力系数是一个有限值的结论。

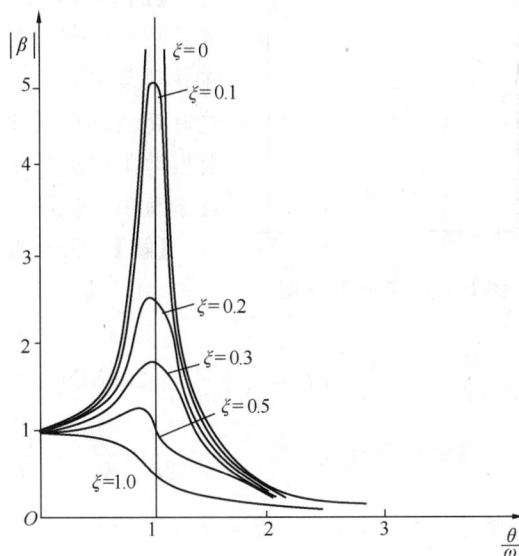

图 10-24　低阻尼简谐荷载动力系数与频率的关系曲线

第三，在阻尼体系中，$\dfrac{\theta}{\omega} = 1$ 共振时的动力系数并不等于最大的动力系数 β_{max}，但两者的数值比较接近。利用式（10-53），求 β 对参数 $\dfrac{\theta}{\omega}$ 的导数，并令导数为零，可求出 β 为峰值时相应的频率比。对于 $\xi < \dfrac{1}{\sqrt{2}}$ 的实际结构，可得 $\dfrac{\theta}{\omega} = \sqrt{1 - 2\xi^2}$。代入式（10-53），即得 $\beta_{max} = \dfrac{1}{2\xi\sqrt{1 - \xi^2}}$

第四，由式（10-51）看出，阻尼体系的位移比荷载滞后一个相位角 α。α 的值可由式（10-52）求出。下面是三个典型情况的相位角：

当 $\dfrac{\theta}{\omega} \to 0 (\theta \ll \omega)$ 时，$\alpha \to 0°$。即当荷载频率很小时，体系振动很慢，因此惯性力和阻尼力都很小，动荷载主要与弹性力平衡。由于弹性力与位移成正比，但方向相反，故荷载与位移基本上是同步的。

当 $\dfrac{\theta}{\omega} \to \infty (\theta \gg \omega) \alpha \to 180°$。体系振动很快，因此惯性力很大，弹性力和阻尼力相对来说比较小，动荷载主要与惯性力平衡。由于惯性力与位移是同相位的，因此荷载与位移的相位角相差 180°，即方向彼此相反。

当 $\dfrac{\theta}{\omega} \to 1 (\theta \approx \omega)$ 时，$\alpha \to 90°$。即当荷载频率接近自振频率时，$y(t)$ 与 $F_P(t)$ 相差的相

位角接近 90°。因此，当荷载值为最大时，位移和加速度接近于零，因而弹性力和惯性力都接近于零，这时动荷载主要由阻尼力相平衡。由此看出，在共振情况下，阻尼力起重要作用，它的影响是不容忽略的。

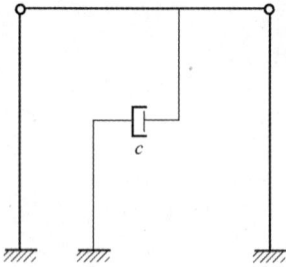

【例 10-7】 如图 10-25 所示单跨排架，横梁 $EA=\infty$，屋盖及柱子的部分质量集中在横梁处，结构为单自由度体系，在柱顶集中力 $P=120\mathrm{kN}$ 作用下，排架产生侧移 $y_0=0.6\mathrm{cm}$，这时突然卸除荷载 P，排架自由振动，测得周期 $T=2.0\mathrm{s}$，及振动 1 周后柱顶的侧移 $y_1=0.5\mathrm{cm}$，试求排架的阻尼系数及振动 10 周后柱顶的振幅。

【解】 因为阻尼系数很小，所以可取

$$\omega=\frac{2\pi}{T}=\frac{2\pi}{2.0}(\mathrm{s}^{-1})$$

图 10-25 例题 10-7 图

所以，$\dfrac{k}{m}=\left(\dfrac{2\pi}{2.0}\right)^2$，$k=\dfrac{120}{0.006}=20(\mathrm{MN/m})$，$m=\left(\dfrac{2.0}{2\pi}\right)^2 k=2.026(\mathrm{Mkg})$

振幅的对数衰减率为 $\quad \xi=\dfrac{1}{2\pi}\ln\dfrac{y_0}{y_1}=\dfrac{1}{2\pi}\ln\dfrac{0.6}{0.5}=0.029$

阻尼系数 $\quad c=2m\omega\xi=2\times2.026\times\dfrac{2\pi}{2.0}\times0.029=0.369(\mathrm{Mkg/s})$

因为 $\dfrac{y_{10}}{y_0}=e^{-\xi\omega\times10T}=\left(\dfrac{y_1}{y_0}\right)^{10}$，所以 $y_{10}=\left(\dfrac{y_1}{y_0}\right)^{10}y_0=\left(\dfrac{0.5}{0.6}\right)^{10}\times0.6=0.097$

10.5 多自由度体系的自由振动

在工程实际中，很多问题可以简化成单自由度体系进行计算，但也有一些问题不能这样处理。例如多层房屋的侧向振动、不等高排架的振动等都要当成多自由度体系进行计算。按建立运动方程的方法，多自由度体系自由振动的求解的方法有两种：刚度法和柔度法。刚度法通过建立力的平衡方程求解，柔度法通过建立位移协调方程求解，两者各有其适用范围。

10.5.1 刚度法

先讨论两个自由度的体系，然后推广到 n 个自由度的体系。

如图 10-26 (a) 所示为一具有两个集中质量的体系，具有两个自由度。现按刚度法推导无阻尼自由振动的微分方程。

取质量 m_1 和 m_2 作隔离体，如图 10-26 (b) 所示。隔离体 m_1 和 m_2 所受的力有下列两种：

(1) 惯性力 $-m_1\ddot{y}_1$ 和 $-m_2\ddot{y}_2$，分别与加速度 $\ddot{y}_1$ 和 $\ddot{y}_2$ 的方向相反；

(2) 弹性力 r_1 和 r_2 分别与位移 y_1 和 y_2 的方向相反。

根据达朗伯原理，可列出平衡方程如下：

$$\left.\begin{aligned} m_1\ddot{y}_1+r_1=0\\ m_2\ddot{y}_2+r_2=0 \end{aligned}\right\} \tag{10-55}$$

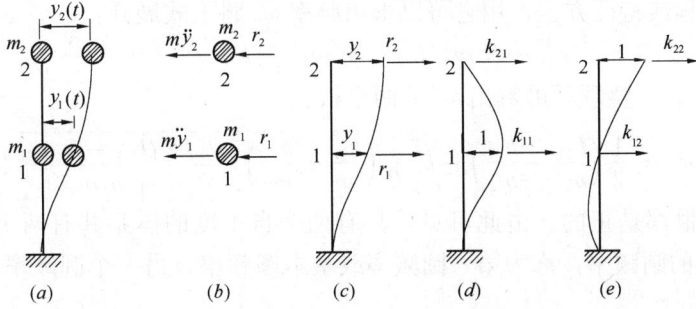

图 10-26　两个自由度体系自由振动刚度法模型

弹性力 r_1 和 r_2 是质量 m_1 和 m_2 与结构之间的相互作用力，如图 10-26（b）与（c）的关系。结构所受的力 r_1、r_2 与结构的位移 y_1 和 y_2 之间应满足刚度方程：

$$\left. \begin{array}{l} r_1 = k_{11}y_1 + k_{12}y_2 \\ r_2 = k_{21}y_1 + k_{22}y_2 \end{array} \right\} \tag{10-56}$$

这里，k_{ij} 是结构的刚度系数。例如 k_{12} 是使点 2 沿运动方向产生单位位移（点 1 位移保持为零）时在点 1 需施加的力，如图 10-26（d）、（e）所示。

将式（10-56）代入式（10-55），可得

$$\left. \begin{array}{l} m_1\ddot{y}_1(t) + k_{11}y_1(t) + k_{12}y_2(t) = 0 \\ m_2\ddot{y}_2(t) + k_{21}y_1(t) + k_{22}y_2(t) = 0 \end{array} \right\} \tag{10-57}$$

这就是按刚度法建立的两个自由度无阻尼体系的自由振动微分方程。

下面求微分方程式（10-57）的解。与单自由度体系自由振动的情况一样，这里也假设两个质点为简谐振动，式（10-57）的解设为如下形式：

$$\left. \begin{array}{l} y_1(t) = Y_1\sin(\omega t + \alpha) \\ y_2(t) = Y_2\sin(\omega t + \alpha) \end{array} \right\} \tag{10-58}$$

上式所表示的运动具有以下特点：

（1）在振动过程中，两个质点具有相同的频率 ω 和相同的相位角 α。Y_1 和 Y_2 是位移幅值。

（2）在振动过程中，两个质点的位移的数值随时间变化，但两者的比值始终保持不变，即

$$\frac{y_1(t)}{y_2(t)} = \frac{Y_1}{Y_2} = 常数$$

这种结构位移形状保持不变的振动形式可称为主振型或振型。

将式（10-58）代入式（10-57），消去公因子 $\sin(\omega t + \alpha)$ 后，得

$$\left. \begin{array}{l} (k_{11} - \omega^2 m_1)Y_1 + k_{12}Y_2 = 0 \\ k_{21}Y_1 + (k_{22} - \omega^2 m_2)Y_2 = 0 \end{array} \right\} \tag{10-59}$$

上式为 Y_1、Y_2 的齐次方程，$Y_1 = Y_2 = 0$ 虽然是方程的解，但它相应于没有发生振动的静止状态。为了要得到 Y_1、Y_2 不全为零的解答，应使其系数行列式为零，即

$$D = \begin{vmatrix} k_{11} - \omega^2 m_1 & k_{12} \\ k_{21} & k_{22} - \omega^2 m_2 \end{vmatrix} = 0 \tag{10-60}$$

191

上式称为频率方程或特征方程，用它可以求出频率 ω。将上式展开：

$$(k_{11}-\omega^2 m)(k_{22}-\omega^2 m_2)-k_{12}k_{21}=0 \tag{10-61}$$

这是 ω^2 的二次方程，整理后可解出 ω^2 的两个根：

$$\omega^2=\frac{1}{2}\left(\frac{k_{11}}{m_1}+\frac{k_{22}}{m_2}\right)\pm\sqrt{\left[\frac{1}{2}\left(\frac{k_{11}}{m_1}+\frac{k_{22}}{m_2}\right)\right]^2-\frac{k_{11}k_{22}-k_{12}k_{21}}{m_1 m_2}} \tag{10-62}$$

可以证明这两个根都是正的。由此可见，具有两个自由度的体系共有两个自振频率。用 ω_1 表示其中最小的圆频率，称为第一圆频率或基本圆频率。另一个圆频率 ω_2 称为第二圆频率。

求出自振圆频率 ω_1 和 ω_2 之后，再来确定它们各自相应的振型。

将第一圆频率 ω_1 代入式（10-59），由于行列式 $D=0$，方程组中的两个方程是线性相关的，实际上只有一个独立的方程。由其中的任一个方程可求出比值 Y_1/Y_2，这个比值所确定的振动形式就是与第一圆频率 ω_1 相对应的振型，称为第一主振型或基本振型。如由式（10-59）的第一式可得

$$\frac{Y_{11}}{Y_{21}}=-\frac{k_{12}}{k_{11}-\omega_1 m_1} \tag{10-63}$$

这里，Y_{11} 和 Y_{21} 分别表示第一振型中质点 1 和 2 的振幅。

同样，将 ω_2 代入式（10-59），可以求出 Y_1/Y_2 的另一个比值。这个比值所确定的另一个振动形式称为第二振型。例如仍由式（10-59）的第一式可得

$$\frac{Y_{12}}{Y_{22}}=-\frac{k_{12}}{k_{11}-\omega_2 m_1} \tag{10-64}$$

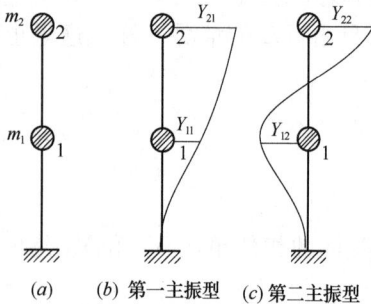

图 10-27　两个自由度体系的主振型

这里，Y_{12} 和 Y_{22} 分别表示第二振型中质点 1 和 2 的振幅。上面求出的两个振型分别如图 10-27 (b)、(c) 所示。

多自由度体系如果按某个主振型自由振动时，由于它的振动形式保持不变，因此这个多自由度体系实际上是像一个单自由度体系那样在振动。多自由度体系能够按某个主振型自由振动的条件是：初始位移和初始速度应当与此主振型相对应。在一般情形下，两个自由度体系的自由振动可看作是两种频率及其主振型的组合振动，即

$$\left.\begin{array}{l}y_1(t)=A_1 Y_{11}\sin(\omega_1 t+\alpha_1)+A_2 Y_{12}\sin(\omega_2 t+\alpha_2)\\y_2(t)=A_1 Y_{21}\sin(\omega_1 t+\alpha_1)+A_2 Y_{22}\sin(\omega_2 t+\alpha_2)\end{array}\right\}$$

这就是微分方程（10-57）的全解。其中两对待定常数 A_1、α_1 和 A_2、α_2 可由初始条件来确定。

从上面的讨论中可归纳出几点：

第一，多自由度体系自由振动的问题，主要问题是确定体系的全部自振频率及其相应的主振型。

第二，多自由度体系自振频率不止一个，其个数与自由度的个数相等。

192

第三，每个自振频率有自己相应的主振型。主振型就是多自由度体系能够按单自由度振动时所具有的特定形式。

第四，与单自由度体系相同，多自由度体系的自振频率和主振型也是体系本身的固有性质。自振频率只与体系本身的刚度系数及其质量的分布情形有关，而与外部荷载无关。

【例 10-8】 如图 10-28（a）所示两层刚架，其横梁为无限刚性。设质量集中在楼层上，第一、二层的质量分别为 m_1 和 m_2。层间侧移刚度分别为 k_1 和 k_2，即层间产生单位相对侧移时所需施加的力，如图 10-28（b）所示。试求刚架水平振动时的自振频率和主振型。

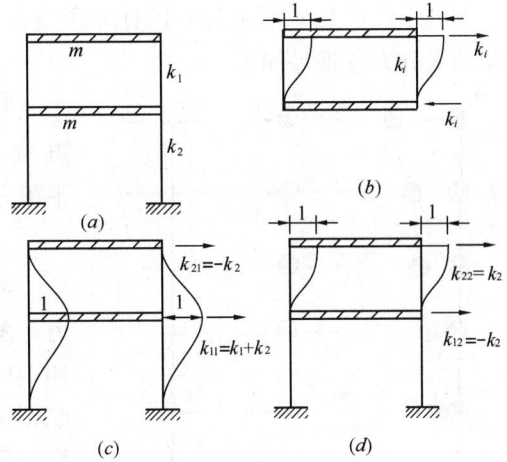

图 10-28 例题 10-8 图 I

【解】 由图 10-28（c）和（d）可求出结构的刚度系数。

$$k_{11} = k_1 + k_2, \quad k_{21} = k_{12} = -k_2, \quad k_{22} = k_2$$

代入式（10-61）得

$$(k_1 + k_2 - \omega^2 m_1)(k_2 - \omega^2 m_2) - k_2^2 = 0 \tag{10-65}$$

分两种情况讨论：（1）当 $m_1 = m_2 = m$，$k_1 = k_2 = k$ 时，式（10-65）变为

$$(2k - \omega^2 m)(k - \omega^2 m) - k^2 = 0$$

由此求得

$$\omega_1 = 0.61803\sqrt{\frac{k}{m}}, \qquad \omega_2 = 1.61803\sqrt{\frac{k}{m}}$$

由式（10-63）和式（10-64）求出两个主振型，并画出振型图如图 10-29 所示。

第一主振型

$$\frac{Y_{11}}{Y_{21}} = \frac{k}{2k - 0.38197k} = \frac{1}{1.618}$$

第二主振型

$$\frac{Y_{12}}{Y_{22}} = \frac{k}{2k - 2.61803k} = -\frac{1}{0.618}$$

（2）当 $m_1 = nm_2$，$k_1 = nk_2$ 时，可得

$$\omega_{1,2} = \sqrt{\frac{1}{2}\left[\left(2 + \frac{1}{n}\right) \mp \sqrt{\frac{4}{n} + \frac{1}{n^2}}\right]\frac{k_2}{m_2}},$$

$$\frac{Y_2}{Y_1} = \frac{1}{2} \pm \sqrt{n + \frac{1}{4}}$$

如 $n = 90$ 时，$\dfrac{Y_{21}}{Y_{11}} = \dfrac{10}{1}$，$\dfrac{Y_{22}}{Y_{12}} = -\dfrac{9}{1}$。

由上可见，当上部质量和刚度很小时，顶部位移很大。建筑结构中，因顶部质量和刚度突然变小，在振动中引起巨大反响的现象，称为鞭梢效应。地震灾害中常发现，屋顶的小阁楼，女儿墙

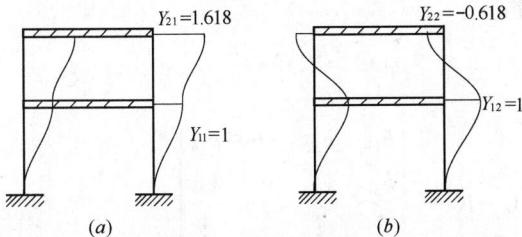

图 10-29 例题 10-8 图 II

等附属结构物破坏严重，就是因为顶部质量和刚度的突变，由鞭梢效应引起的结果。

下面讨论 n 个自由度的体系。

如图 10-30 (a) 所示为一具有 n 个自由度的体系。按照上面的方法可将无阻尼自由振动的微分方程推导如下。

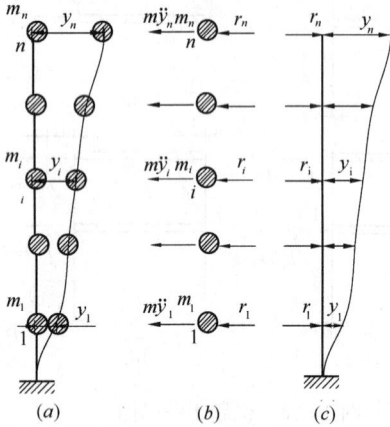

图 10-30　多自由度体系自由
振动刚度法模型

取各质点作隔离体，如图 10-30 (b) 所示。质点 m_i 所受的力包括惯性力 $-m_i\ddot{y}_i$ 和弹性力 r_i，其平衡方程为

$$m_i\ddot{y}_i + r_i = 0 \quad (i=1,2,\cdots,n) \quad (10\text{-}66)$$

弹性力 r_i 是质点 m_i 与结构之间的相互作用力，图 10-30 (b) 中的 r_i 是质点 m_i 所受的力，图 10-30 (c) 中的 r_i 是结构所受的力，两者的方向彼此相反。在图 10-30 (c) 中，结构所受的力 r_i 与结构的位移 y_1，y_2，$\cdots$，y_n 之间应满足刚度方程：

$$r_i = k_{i1}y_1 + k_{i2}y_2 + \cdots + k_{in}y_n \quad (i=1,2,\cdots,n) \quad (10\text{-}67)$$

这里，k_{ij} 是结构的刚度系数，即使点 j 产生单位位移（其他各点的位移保持为零）时在 i 点所须施加的力。

将式（10-67）代入式（10-66），即得自由振动微分方程组如下：

$$\left.\begin{array}{l}
m_1\ddot{y}_1 + k_{11}y_1 + k_{12}y_2 + \cdots + k_{1n}y_n = 0 \\
m_2\ddot{y}_2 + k_{21}y_1 + k_{22}y_2 + \cdots + k_{2n}y_n = 0 \\
\quad\vdots\qquad\quad\vdots\qquad\quad\vdots\qquad\quad\vdots \\
m_n\ddot{y}_n + k_{n1}y_1 + k_{n2}y_2 + \cdots + k_{nn}y_n = 0
\end{array}\right\} \quad (10\text{-}68)$$

用矩阵形式表示为

$$
\begin{bmatrix}
m_1 & & & \\
 & m_2 & & \\
 & & \ddots & \\
 & & & m_n
\end{bmatrix}
\begin{bmatrix}
\ddot{y}_1 \\ \ddot{y}_2 \\ \vdots \\ \ddot{y}_n
\end{bmatrix}
+
\begin{bmatrix}
k_{11} & k_{12} & \cdots & k_{1n} \\
k_{21} & k_{22} & \cdots & k_{2n} \\
\vdots & \vdots & & \vdots \\
k_{n1} & k_{n2} & \cdots & k_{nn}
\end{bmatrix}
\begin{bmatrix}
y_1 \\ y_2 \\ \vdots \\ y_n
\end{bmatrix}
=
\begin{bmatrix}
0 \\ 0 \\ \vdots \\ 0
\end{bmatrix}
$$

或简写为

$$M\ddot{y} + Ky = 0 \quad (10\text{-}69)$$

这里，y 和 $\ddot{y}$ 分别是位移向量和加速度向量：

$$y = (y_1, y_2, \cdots, y_n)^T, \quad \ddot{y} = (\ddot{y}_1, \ddot{y}_2, \cdots, \ddot{y}_n)^T$$

M 和 K 分别是质量矩阵和刚度矩阵：

$$
M = \begin{bmatrix}
m_1 & & & \\
 & m_2 & & \\
 & & \ddots & \\
 & & & m_n
\end{bmatrix}, \quad
K = \begin{bmatrix}
k_{11} & k_{12} & \cdots & k_{1n} \\
k_{21} & k_{22} & \cdots & k_{2n} \\
\vdots & \vdots & & \vdots \\
k_{n1} & k_{n2} & \cdots & k_{nn}
\end{bmatrix}
$$

K 是对称方阵；在集中质量的体系中，M 是对角矩阵。

下面求方程（10-69）的解答。设解答为如下形式：

$$y = Y\sin(\omega t + \alpha) \tag{10-70}$$

这里，Y 是位移幅值向量，即：$Y = (Y_1, Y_2, \cdots, Y_n)^T$

将式（10-70）代入式（10-69），消去公因子 $\sin(\omega t + \alpha)$，即得

$$(K - \omega^2 M)Y = 0 \tag{10-71}$$

上式是位移幅值 Y 的齐次方程。为了得到 Y 的非零解，应使系数行列式为零，即

$$|K - \omega^2 M| = 0 \tag{10-72}$$

方程式（10-72）为多自由度体系的频率方程。其展开形式如下：

$$\begin{vmatrix} k_{11} - \omega^2 m_1 & k_{12} & \cdots & k_{1n} \\ k_{21} & k_{22} - \omega^2 m_2 & \cdots & k_{2n} \\ \vdots & \vdots & & \vdots \\ k_{n1} & k_{n2} & \cdots & k_{nn} - \omega^2 m_n \end{vmatrix} = 0 \tag{10-73}$$

将行列式展开，可得到一个关于频率参数 ω^2 的 n 次代数方程（n 是体系自由度的次数）。求出这个方程的 n 个根 $\omega_1^2, \omega_2^2, \cdots, \omega_n^2$，即可得出体系的 n 个自振频率 ω_1，ω_2，$\cdots$，ω_n。把全部自振频率按照由小到大的顺序排列而成的向量称为频率向量。其中最小的频率称为基本频率或第一频率。

令 $Y^{(i)}$ 表示与频率 ω_i 相应的主振型向量：$Y^{(i)^T} = (Y_{1i}, Y_{2i}, \cdots, Y_{ni})$

将式 ω_i 和 $Y^{(i)}$ 代入式（10-71）得

$$(K - \omega_i^2 M)Y^{(i)} = 0 \tag{10-74}$$

令 $i = 1, 2, \cdots, n$，得出 n 个向量方程，由此可求出 n 个主振型向量 $Y^{(1)}, Y^{(2)}, \cdots, Y^{(n)}$。

每一个向量方程式（10-74）都代表 n 个联立代数方程，以 $Y_{i1}, Y_{i2}, \cdots, Y_{in}$ 为未知数。这是一组齐次方程，如果 $Y_{i1}, Y_{i2}, \cdots, Y_{in}$ 是方程组的解，则 $CY_{i1}, CY_{i2}, \cdots, CY_{in}$ 也是方程组的解（这里 C 是任一常数）。也就是说，由式（10-74）我们可唯一地确定主振型 $Y^{(i)}$ 的形状，但不能唯一地确定它的振幅。

为了使主振型 $Y^{(i)}$ 的振幅也具有确定值，需要另外补充条件。这样得到的主振型称为标准化主振型。进行标准化的作法有多种。一种作法是规定主振 $Y^{(i)}$ 中的某个元素为某个给定值。例如规定第一个元素 Y_{1i} 等于1，或者规定最大元素等于1。另一种作法是规定主振型 $Y^{(i)}$ 满足下式：

$$Y^{(i)^T} M Y^{(i)} = 1$$

【例 10-9】 试求如图 10-31 所示刚架的自振频率和主振型。设横梁的变形略去不计，第一、二、三层的层间刚度系数分别为 $k, \dfrac{k}{3}, \dfrac{k}{5}$。刚架的质量都集中在楼板上，第一、二、三层楼板处的质量分别为 $2m$、m、m。

【解】 （1）求自振频率

刚架的刚度矩阵和质量矩阵分别为

$$K = \frac{k}{15}\begin{bmatrix} 20 & -5 & 0 \\ -5 & 8 & -3 \\ 0 & -3 & 3 \end{bmatrix}, \quad M = m\begin{bmatrix} 2 & 0 & 0 \\ 0 & 1 & 0 \\ 0 & 0 & 1 \end{bmatrix}$$

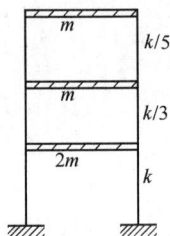

图 10-31 例题
10-9 图 I

因此
$$K - \omega^2 M = \frac{k}{15}\begin{bmatrix} 20-2\eta & -5 & 0 \\ -5 & 8-\eta & -3 \\ 0 & -3 & 3-\eta \end{bmatrix} \quad (10\text{-}75)$$

其中
$$\eta = \frac{15m}{k}\omega^2$$

频率方程为
$$|K - \omega^2 M| = 0$$

展开为
$$\eta^3 - 42\eta^2 + 225\eta - 225 = 0$$

它的三个根为　　$\eta_1 = 1.293,\ \eta_2 = 6.680,\ \eta_3 = 13.027$

于是得到三个自振频率

$$\omega_1 = 0.2936\sqrt{\frac{k}{m}}, \qquad \omega_2 = 0.6673\sqrt{\frac{k}{m}}, \qquad \omega_3 = 0.9319\sqrt{\frac{k}{m}}$$

(2) 求主振型

主振型 $Y^{(i)}$ 由式 (10-73) 求解，在标准化时取第三个元素 $Y_{3i} = 1$。

先求第一主振型，将 ω_1 和 η_1 代入式 (10-75)，得

$$K - \omega_1^2 M = \frac{k}{15}\begin{bmatrix} 17.414 & -5 & 0 \\ -5 & 6.707 & -3 \\ 0 & -3 & 1.707 \end{bmatrix}$$

代入式 (10-74) 中展开，并保留后两个方程，

$$\left.\begin{array}{r} -5Y_{11} + 6.707Y_{21} - 3Y_{31} = 0 \\ -3Y_{21} + 1.707Y_{31} = 0 \end{array}\right\}$$

由于设定 $Y_{31}=1$，故上式的解为

$$Y^{(1)} = \begin{Bmatrix} Y_{11} \\ Y_{21} \\ Y_{31} \end{Bmatrix} = \begin{Bmatrix} 0.163 \\ 0.569 \\ 1 \end{Bmatrix}$$

同样方法，可求得第二、第三主振型

$$Y^{(2)} = \begin{Bmatrix} Y_{12} \\ Y_{22} \\ Y_{32} \end{Bmatrix} = \begin{Bmatrix} -0.924 \\ -1.227 \\ 1 \end{Bmatrix},$$

$$Y^{(3)} = \begin{Bmatrix} Y_{13} \\ Y_{23} \\ Y_{33} \end{Bmatrix} = \begin{Bmatrix} 2.760 \\ -3.342 \\ 1 \end{Bmatrix}$$

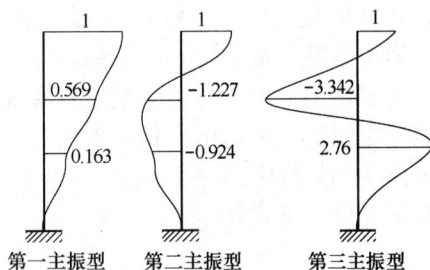

图 10-32　例题 10-9 图 II

三个主振型的大致形状如图 10-32 所示。

10.5.2 柔度法

现在改用柔度法讨论多自由度体系自由振动问题，仍以如图 10-33（a）所示 2 个自由度的体系为例进行讨论。

按柔度法建立自由振动微分方程的思路是：在自由振动过程中的任一时刻 t，质量 m_1、m_2 的位移 $y_1(t)$，$y_2(t)$ 应当等于体系在当时惯性力 $-m_1\ddot{y}_1$，$-m_2\ddot{y}_2$ 作用下所产生的静力位移。据此可列出方程如下

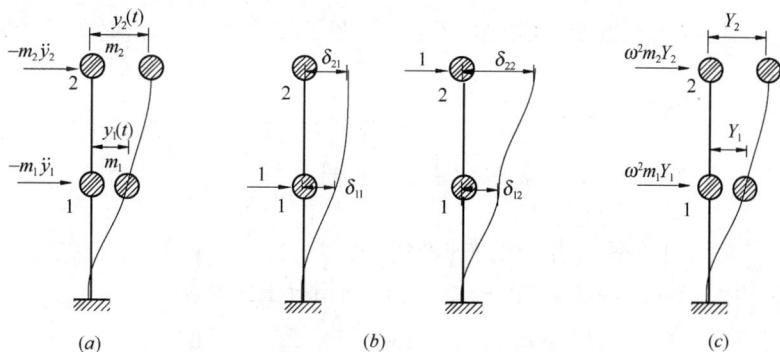

图 10-33 两个自由度体系自由振动柔度法模型

$$y_1(t) = (-m_1\ddot{y}_1(t))\delta_{11} + (-m_2\ddot{y}_2(t))\delta_{12} \left.\right\}$$
$$y_2(t) = (-m_1\ddot{y}_1(t))\delta_{21} + (-m_2\ddot{y}_2(t))\delta_{22} \left.\right\} \tag{10-76}$$

这里 δ_{ij} 是体系的柔度系数，如图 10-33（b）所示。这个按柔度法建立的方程可与按刚度法建立的方程式（10-57）加以对照。

下面求微分方程式（10-76）的解。仍假设解为如下形式：

$$y_1(t) = Y_1\sin(\omega t + \alpha) \left.\right\}$$
$$y_2(t) = Y_2\sin(\omega t + \alpha) \left.\right\} \tag{10-77}$$

即假设多自由度体系按某一主振型像单自由度体系那样做自由振动，Y_1、Y_2 分别是 2 个质点的振幅（如图 10-33（c）所示）。由式（10-77）可知各质点的惯性力为：

$$-m_1\ddot{y}_1(t) = m_1\omega^2 Y_1\sin(\omega t + \alpha) \left.\right\}$$
$$-m_2\ddot{y}_2(t) = m_2\omega^2 Y_2\sin(\omega t + \alpha) \left.\right\} \tag{10-78}$$

因此各质点的惯性力的幅值为 $\omega^2 m_1 Y_1$，$\omega^2 m_2 Y_2$。将式（10-77）和式（10-78）代入式（10-76），消去公因子 $\sin(\omega t + \alpha)$ 后，得

$$Y_1 = (\omega^2 m_1 Y_1)\delta_{11} + (\omega^2 m_2 Y_2)\delta_{12} \left.\right\}$$
$$Y_2 = (\omega^2 m_1 Y_1)\delta_{21} + (\omega^2 m_2 Y_2)\delta_{22} \left.\right\} \tag{10-79}$$

上式说明，主振型的位移幅值（Y_1，Y_2）就是体系在此主振型惯性力幅值（$\omega^2 m_1 Y_1$、$\omega^2 m_2 Y_2$）作用下所引起的静力位移，如图 10-38（c）所示。式（10-79）改写成

$$\left(\delta_{11} m_1 - \frac{1}{\omega^2}\right)Y_1 + \delta_{12} m_2 Y_2 = 0 \left.\right\}$$
$$\delta_{21} m_1 Y_1 + \left(\delta_{22} m_2 - \frac{1}{\omega^2}\right)Y_2 = 0 \left.\right\} \tag{10-80}$$

为了求得振幅向量 Y 不全为零的解，应使系数行列式等于零，即

$$D = \begin{vmatrix} \delta_{11} m_1 - \dfrac{1}{\omega^2} & \delta_{12} m_2 \\[2mm] \delta_{21} m_1 & \delta_{22} m_2 - \dfrac{1}{\omega^2} \end{vmatrix} = 0 \tag{10-81}$$

这就是用柔度系数表示的频率方程或特征方程，设 $\lambda = \dfrac{1}{\omega^2}$，则方程的两个根：

$$\lambda_{1,2} = \frac{(\delta_{11}m_1 + \delta_{22}m_2) \pm \sqrt{(\delta_{11}m_1 + \delta_{22}m_2)^2 - 4(\delta_{11}\delta_{22} - \delta_{12}\delta_{21})m_1 m_2}}{2}$$

于是由它可求出 2 个频率 ω_1、ω_2。

$$\omega_1 = \sqrt{\frac{1}{\lambda_1}}, \quad \omega_2 = \sqrt{\frac{1}{\lambda_2}}$$

同样令 $Y^{(i)}$ 表示与频率 ω_i 相应的主振型向量：$Y^{(i)T} = (Y_{1i}, Y_{2i})$

将式 ω_i 和代入式（10-80）的第一式，可得到相应主振型。

$$\frac{Y_{11}}{Y_{21}} = -\frac{\delta_{12}m_2}{\delta_{11}m_1 - \dfrac{1}{\omega_1}} \quad \text{和} \quad \frac{Y_{12}}{Y_{22}} = -\frac{\delta_{12}m_2}{\delta_{11}m_1 - \dfrac{1}{\omega_2}}$$

对多自由度体系，可类似刚度法推广得到，兹不赘述。

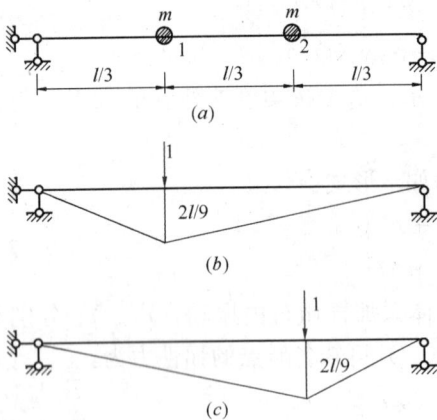

图 10-34　例题 10-10 图 I

【例 10-10】 试求如图 10-34（a）所示等截面简支梁的自振频率和主振型。设梁在三分点 1 和 2 处有两个相等的集中质量 m。

【解】 先求柔度系数，为此作 $\overline{M}_1$、$\overline{M}_2$ 图如图 10-34（b）、（c）所示。用图乘法求得

$$\delta_{11} = \delta_{22} = \frac{4l^3}{243EI}, \quad \delta_{12} = \delta_{21} = \frac{7l^3}{486EI}$$

代入式（10-81），求解得到两个自振圆频率

$$\omega_1 = \frac{1}{\sqrt{(\delta_{11} + \delta_{12})m}} = 5.69\sqrt{\frac{EI}{ml^3}},$$

$$\omega_2 = \frac{1}{\sqrt{(\delta_{11} - \delta_{12})m}} = 22\sqrt{\frac{EI}{ml^3}}$$

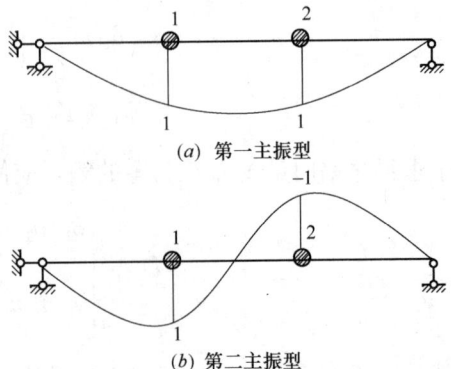

最后求主振型

$$\frac{Y_{11}}{Y_{21}} = -\frac{\delta_{12}m_2}{\delta_{11}m_1 - \dfrac{1}{\omega_1^2}} = \frac{1}{1},$$

$$\frac{Y_{12}}{Y_{22}} = -\frac{\delta_{12}m_2}{\delta_{11}m_1 - \dfrac{1}{\omega_2^2}} = \frac{1}{-1}$$

第一个主振型是对称的（如图 10-35a 所示），第二个主振型是反对称的（如图 10-35b 所示）。主振型是对称的和反对称的，这是对称体系振动的一般规律。

10.5.3　主振型的正交性

对多自由度体系的每一个自振频率 ω_i，可得到相应的主振型 $Y^{(i)}$，利用虚功原理可以证明不同的主振型是相互正交的。

第一正交性：对任意两个不同的主振型 $Y^{(l)}$ 和 $Y^{(k)}$ 对于质量矩阵 M 正交，即

（a）第一主振型

（b）第二主振型

图 10-35　例题 10-10 图 II

$$Y^{(l)T}MY^{(k)} = 0 \tag{10-82}$$

展开为
$$\sum_{i=1}^{n} m_i Y_{il} Y_{ik} = 0$$

第二正交性：对任意两个不同的主振型 $Y^{(l)}$ 和 $Y^{(k)}$ 对于刚度矩阵 K 正交，即

$$Y^{(l)T}KY^{(k)} = 0 \tag{10-83}$$

利用主振型的正交性可以判断主振型的形状特点。以如图 10-32 所示三个自由度问题的主振型为例。第一主振型的特点是各点位移位于结构的同一侧；第二主振型的特点是位移图分两区，各居结构一侧；第三主振型的位移图分三区，交替位于结构不同侧。这样才能保证三个主振型间的正交性。

还可以利用正交性来确定位移展开公式中的系数。在多自由度体系中，任意一个位移向量 y 都可按主振型展开，写成主振型的线性组合，

$$y = \eta_1 Y^{(1)} + \eta_2 Y^{(2)} + \cdots + \eta_n Y^{(n)} = \sum_{i=1}^{n} \eta_i Y^{(i)}$$

其中，η_j 根据正交关系确定
$$\eta_j = \frac{Y^{(j)T}My}{Y^{(j)T}MY^{(j)}} = \frac{Y^{(j)T}My}{M_j}$$

10.6　多自由度体系的强迫振动

在式（10-68）、式（10-76）的右端增加动力荷载项 $F_{Pi}(t)$，即可得到刚度法、柔度法描述多自由度体系强迫振动的运动微分方程。在此仅以刚度法求解两个自由度体系在简谐载荷作用下强迫振动的为例，说明问题的求解方法与特点。

两个自由度体系的强迫振动的刚度法运动微分方程

$$\left.\begin{array}{l} m_1 \ddot{y}_1(t) + k_{11} y_1(t) + k_{12} y_2(t) = F_{P1}(t) \\ m_2 \ddot{y}_2(t) + k_{21} y_1(t) + k_{22} y_2(t) = F_{P2}(t) \end{array}\right\} \tag{10-84}$$

如果载荷为简谐载荷

$$\left.\begin{array}{l} F_{P1}(t) = F_{P1} \sin \theta t \\ F_{P2}(t) = F_{P2} \sin \theta t \end{array}\right\} \tag{10-85}$$

则平稳振动阶段，各质点也作简谐振动

$$\left.\begin{array}{l} y_1(t) = Y_1 \sin \theta t \\ y_2(t) = Y_2 \sin \theta t \end{array}\right\} \tag{10-86}$$

将式（10-85）、式（10-86）代入式（10-84），消去公因子 $\sin \theta t$ 后得：

$$\left.\begin{array}{l} (k_{11} - \theta^2 m_1)Y_1 + k_{12}Y_2 = F_{P1} \\ k_{21}Y_1 + (k_{22} - \theta^2 m_2)Y_2 = F_{P2} \end{array}\right\}$$

由此可得位移的幅值为

$$Y_1 = \frac{D_1}{D_0}, \quad Y_2 = \frac{D_2}{D_0} \tag{10-87}$$

式中

$$D_0 = (k_{11} - \theta^2 m_1)(k_{22} - \theta^2 m_2) - k_{12}k_{21}$$
$$D_1 = (k_{22} - \theta^2 m_2)F_{P1} - k_{12}F_{p2} \qquad (10\text{-}88)$$
$$D_2 = (k_{11} - \theta^2 m_1)F_{P2} - k_{21}F_{P1}$$

式中，D_0 与式（10-60）中的行列式 D 具有相同的形式，只是 D 中 ω 的换成了 D_0 中的 θ。因此，如果载荷频率 θ 与任何一个自振频率 ω_1、ω_2 重合，则

$$D_0 = 0$$

当 D_1、D_2 不全为零时，则位移幅值即为穷大，这时即出现共振现象。

当 $F_{P2} = 0, \dfrac{k_2}{m_2} = \theta$ 时，$Y_1 = 0, Y_2 = -\dfrac{F_{P1}}{k_2}$，这可作为吸振器的设计原理。

小　结

本章前一部分讨论单自由度体系的振动问题。在自由振动中，强调了自振周期的不同表现形式和它的一些重要性质。在强迫振动中，先讨论简谐荷载，后讨论一般荷载。一般荷载的影响按照自由振动、冲量的影响、强迫振动的顺序，主要利用力学概念进行推导，从而更清晰地了解它们之间的相互关系。结合几种重要的动力荷载，讨论了结构的动力反应的一些特点，并与静力荷载进行了比较。单自由度体系的计算是本章的基础，对这一部分应进行一定的练习，切实掌握。

本章后一部分讨论多自由度体系的振动问题。首先说明了多自由度体系按单自由度振动的可能性，并由此在自由振动中引出主振型的概念。在强迫振动中，只介绍了简谐荷载。在讨论中，同时介绍了刚度法和柔度法，两者各有用处，学习时可以其一为主。

学习时，可进行一些对比以加深理解。如动力计算与静力计算的比较，结构静力特性与动力特性的比较，单自由度体系与多自由度体系在计算和性能方面的差异等。

思 考 题

1. 结构动力计算与静力计算的主要区别是什么？

2. 本章中的"自由度"与几何组成分析时的"自由度"概念有何差异？

3. 为什么说自振周期是结构的固有性质？它与结构的哪些量有关？

4. 在建立振动微分方程时，如考虑重力的影响，动位移的方程有无改变？

5. 什么叫动力系数？动力系数与哪些因素有关？单自由度体系的位移动力系数与内力动力系数是否一样？

6. 何时出现动力系数 $\beta \rightarrow 1$ 的情况？

7. 什么叫临界阻尼？什么叫阻尼比？怎样测量体系振动过程中的阻尼比？

8. 对比刚度法和柔度法求频率的原理和计算步骤，在什么情况下用刚度法较好，什么情况下用柔度法较好？

9. 在什么情况下，多自由度体系只按某个特定的主振型振动？

10. 多自由度体系各质点的位移动力系数是否都一样？它们与内力动力系数是否相同？与单自由度体系有什么不同？

习　题

1. 试求图示梁的自振周期和圆频率。设梁端有重物 $W=1.23\text{kN}$；梁重不计，$E=21\times10^4\text{MPa}$，$I=78\text{cm}^4$。

2. 试求图示体系的自振频率。

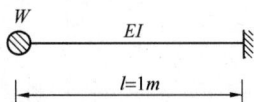

图 10-36　习题 1 图

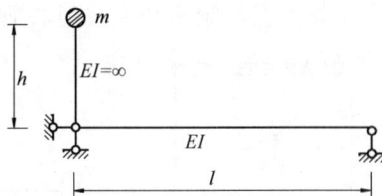

图 10-37　习题 2 图

3. 一块形基础，底面积 $A=18\text{m}^2$，重量 $W=2352\text{kN}$，土壤的弹性压力系数为 3000kN/m^3。试求基础块竖向振动的自振频率。

4. 设图示竖杆顶端在振动开始时的初始位移为 0.1cm，初始速度为 0，试求顶端的位移振幅、最大速度和加速度。

5. 试求图示排架的水平自振周期。柱的重量已经简化到顶部，与屋盖重合在一起。

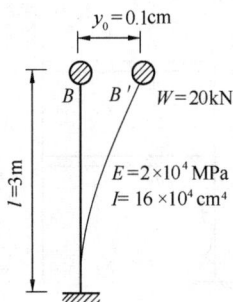

图 10-38　习题 4 图

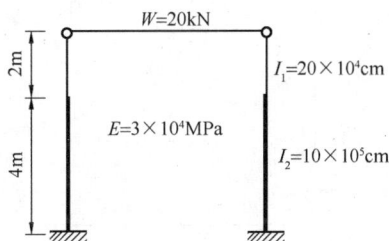

图 10-39　习题 5 图

6. 试求图示梁的最大竖向位移和梁端弯矩幅值。已知：$W=10\text{kN}$，$F_P=2.5\text{kN}$，$E=21\times10^5\text{MPa}$，$I=1130\text{cm}^4$，$\theta=57.6\text{s}^{-1}$，$l=150\text{cm}$。

7. 图示结构在柱顶有电动机，试求电动机转动时的最大水平位移和柱端弯矩的幅值。已知：电动机和结构的重量集中在柱顶，$W=20\text{kN}$，电动机水平离心力的幅值 $F_P=250\text{N}$，转速 $n=550\text{r/min}$，柱的线刚度 $i=EI_1/h=5.88\times10^8\text{N}\cdot\text{cm}$。

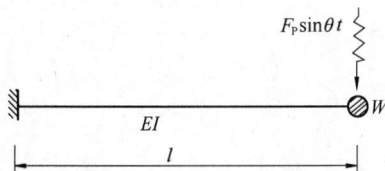

图 10-40　习题 6 图

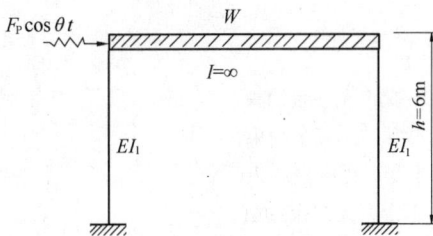

图 10-41　习题 7 图

8. 某结构自由振动经过 10 个周期后，振幅降为原来的 10%，试求结构的阻尼比 ξ 和在简谐载荷作用下共振时的动力系数。

9. 通过图示结构做自由振动实验。当使梁侧移 0.49cm 时，需加侧向力 90.698kN。在此状态下放松梁，经过一个周期（$T=1.40s$）后，横梁最大位移为 0.392cm。试求 (1) 结构的重量 W（设重量集中在横梁上）。(2) 阻尼比。(3) 振动 6 周后的位移振幅。

10. 试求图示梁的自振频率和主振型，梁抗弯刚度 EI。

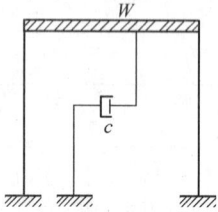

图 10-42　习题 9 图

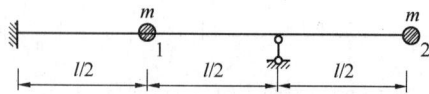

图 10-43　习题 10 图

11. 试求图示刚架的自振频率和主振型。

12. 试求图示两层刚架的自振频率和主振型。设横梁刚度无限大，柱的质量集中于横梁，横梁质量 $m_1=120t$，$m_2=100t$，柱的线刚度 $i_1=20MN \cdot m$，$i_2=14MN \cdot m$，每层高 4m。

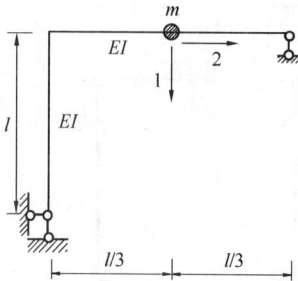

图 10-44　习题 11 图

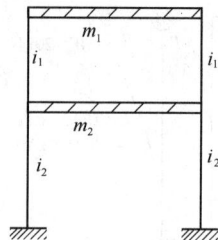

图 10-45　习题 12 图

13. 在习题 12 的结构的第二层梁上，作用水平方向简谐干扰力 $F_P\sin\theta t$，其幅值为 5kN，机器转速 $n=150r/min$。试求两层横梁处的振幅值和弯矩的幅值。

部分习题参考答案

第 2 章

(a) 不变，无多余约束。

(b) 不变，无多余约束。

(c) 不变，无多余约束。

(d) 不变，无多余约束。

(e) 不变，无多余约束。

(f) 不变，无多余约束。

(g) 不变，有一个多余约束。

(h) 几何可变（瞬变）。

(i) 几何可变（瞬变）。

(j) 几何可变。

(k) 不变，无多余约束。

(l) 不变，有一个多余约束。

(m) 不变，有一个多余约束。

(n) 不变，有二个多余约束。

第 3 章

1. (a) $F_{yA} = 52.5\text{kN}(\uparrow)$

 (b) $M_D = 26\text{kN} \cdot \text{m}$(下侧受拉)

2. (a) $M_B = -6.09\text{kN} \cdot \text{m}$(上侧受拉)，$F_{QB}^L = -11\text{kN}$

 (b) $M_F = 22.5\text{kN} \cdot \text{m}$(下侧受拉)

3. (a) $M_{AB} = 30\text{kN} \cdot \text{m}$(左侧受拉)

 (b) $M_{BA} = \dfrac{qa^2}{2}$(外侧受拉)

 (c) $M_{CA} = 60\text{kN} \cdot \text{m}$(右侧受拉)

 (d) $M_{ED} = 120\text{kN} \cdot \text{m}$(上侧受拉)，$M_{FB} = 80\text{kN} \cdot \text{m}$(右侧受拉)

4. (a) $M_{DA} = 12.5\text{kN} \cdot \text{m}$(左侧受拉)

 (b) $M_{DC} = 12.5q$(上侧受拉)，$M_{DA} = 9.37q$(左侧受拉)

 (c) $M_{DA} = 6\text{kN} \cdot \text{m}$(左侧受拉)，$M_{CE} = 5\text{kN} \cdot \text{m}$(上侧受拉)

 (d) $M_{DA} = \dfrac{3ql^2}{2}$(右侧受拉)，$M_{FE} = \dfrac{ql^2}{2}$(下侧受拉)

5. (a) $F_{yA} = \dfrac{3}{4}F_P$，$F_{yB} = \dfrac{1}{4}F_P$，$F_H = \dfrac{1}{2}F_P$

 (b) $M_E = -0.5F_P$

 (c) $F_{ND}^L = 0.78F_P$，$F_{QD}^L = 0.45F_P$

6. (a) $F_{NAB} = -4\text{kN}$

 (b) $F_{NCE} = F_{NDE} = \dfrac{\sqrt{2}}{2}F_P$，$F_{NCD} = -\dfrac{1}{2}F_P$

 (c) $F_{NAC} = -F_P$，$F_{NBC} = \sqrt{2}F_P$

7. (a) $F_{N1} = 3.75\text{kN}$，$F_{N2} = 12.5\text{kN}$，$F_{N3} = -11.25\text{kN}$

 (b) $F_{N3} = -\dfrac{10\sqrt{5}}{3}\text{kN}$

 (c) $F_{N1} = 50\text{kN}$，$F_{N2} = 40\text{kN}$，$F_{N3} = 20\text{kN}$，$F_{N4} = -105\text{kN}$

第 4 章

1. (a) $\Delta_{AV} = \dfrac{ql^4}{8EI}$ ($\downarrow$)

 $\theta_A = \dfrac{ql^3}{6EI}$ ($\curvearrowleft$)

 $\Delta_{CV} = \dfrac{17ql^4}{384EI}$($\downarrow$)

$$\theta_C = \frac{7ql^3}{48EI} \ (\curvearrowleft)$$

$$(b)\ \Delta_{AV} = \frac{5F_P l^3}{48EI} \ (\downarrow)$$

$$\theta_A = \frac{F_P l^2}{8EI} \ (\curvearrowright)$$

$$\Delta_{CV} = \frac{F_P l^3}{24EI} \ (\downarrow)$$

$$\theta_C = \frac{F_P l^2}{8EI} \ (\curvearrowleft)$$

2. $\Delta_{BV} = 0.768\text{cm} \ (\downarrow)$

3. $(a)\ \phi_B = \dfrac{ql^3}{3EI} \ (\curvearrowright)$, $\Delta_{CV} = \dfrac{ql^4}{24EI} (\uparrow)$;

   $(b)\ \phi_B = \dfrac{ql^3}{24EI} \ (\curvearrowright)$, $\Delta_{CV} = \dfrac{ql^4}{24EI} (\downarrow)$;

   $(c)\ \phi_B = \dfrac{ql^3}{12EI} \ (\curvearrowright)$, $\Delta_{CV} = \dfrac{F_P l^3}{12EI} (\downarrow)$

4. $(a)\ \Delta_{CV} = \dfrac{18250KN \cdot m^3}{12EI} (\downarrow)$;

   $(b)\ \Delta_{CV} = \dfrac{53.67q}{EI} (\downarrow)$, $\Delta_{AV} = \dfrac{112q}{EI} (\downarrow)$

5. $\Delta_V = \Delta_y - 3a\Delta_\phi (\downarrow)$, $\Delta_H = \Delta_x + a\Delta_\phi (\leftarrow)$, $\theta = \Delta_\phi (\curvearrowright)$

6. $\Delta_1 = \dfrac{l}{4f} (\downarrow)$

   $\Delta_2 = \dfrac{1}{2} (\rightarrow)$

   $\Delta_3 = -\dfrac{1}{f} (\curvearrowright)(\curvearrowleft)$

7. $\Delta_{EH} = \dfrac{243}{EI}q(\rightarrow)$

   $\theta_B = \dfrac{49.5}{EI}q (\curvearrowright)$

8. $\Delta_{AV} = \dfrac{112}{EI}q(\downarrow)$

   $\Delta_{DV} = \dfrac{53.67}{EI}q(\downarrow)$

9. $\Delta_B = \dfrac{432q}{EI_1} \ (\rightarrow)$

10. $\Delta_B = \dfrac{F_P(l^3 - a^3)}{3EI_1} + \dfrac{F_P a^3}{3EI_2} \ (\downarrow)$

11. $\Delta_C = 180\alpha + \dfrac{1080\alpha}{h}(\uparrow)$

第 5 章

8. $R_A = 82\text{kN}$, $M_C = 4\text{kN} \cdot \text{m}$, $Q_C = 2\text{kN}$

9. $R_B = 25\text{kN}$, $M_C = 5\text{kN} \cdot \text{m}$, $Q_C = 5\text{kN}$

10. $M_{Cmax} = 242.5\text{kN} \cdot \text{m}$

11. $M_{max} = 426.7\text{kN} \cdot \text{m}$

第 6 章

2. $\delta_{11}=2L/3EI$　　　$\Delta_{1p}=PL^2/16EI$　　　$X_1=-3PL/32$

3. $\delta_{11}=4L^3/3EI$　　$\Delta_{1p}=-5qL^4/8EI$　　　$X_1=15qL/32$

4. $\delta_{11}=a^3/(EI)$, $\Delta_{1P}=-Pa^3/(4EI)$, $X_1=P/4(\leftarrow)$

5. $EI\delta_{11}=4$; $EI\Delta_{1P}=40$; $X_1=-10\text{kN}\cdot\text{m}$

6. $EI\delta_{11}=4L^3/3$; $EI\Delta_{1P}=-ql^4/48$; $X_1=ql/64$

7. $EI\delta_{11}=4l^3/3$; $EI\Delta_{1P}=ql^4/6$; $X_1=-ql/8$

第 7 章

1. (a) 当 EI、$EA\rightarrow\infty$ 时和当 EI、EA 为有限值时的基本未知量如图所示。

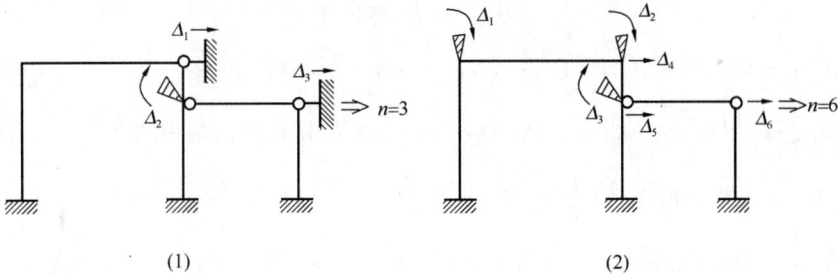

(1)　　　　　　　　　　　　　　　　　　(2)

习题 1 (a) 答案图

(b) 将图中原结构的各个角点都转换为铰点，需附加 4 个杆件，才能将其化为静定结构，原结构有 4 个水平侧移未知量，再加上 6 个转角，共有 10 个基本量。

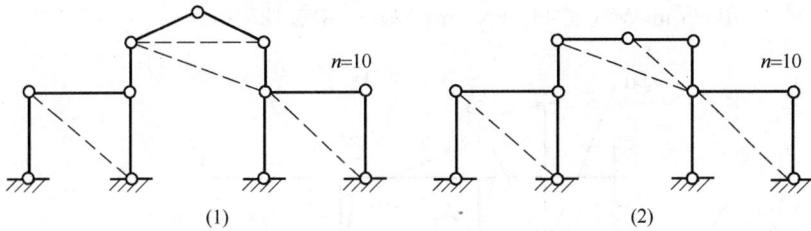

(1)　　　　　　　　　　　　　　　　　　(2)

习题 1 (b) 答案图

(c) 不考虑轴向变形时：有 1 个侧移，3 个转角，共四个基本未知量。当考虑轴向变形时，每个节点有三个未知量，共有 9 个基本未知量。

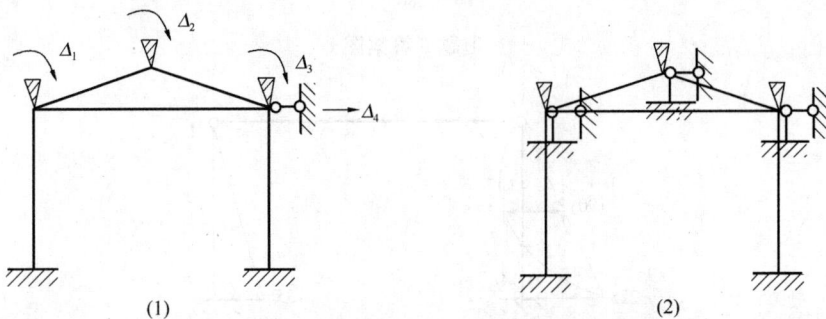

(1)　　　　　　　　　　　　　　　　　　(2)

习题 1 (c) 答案图

205

(d) $\alpha \neq 0$ 时：$n=3$。而当 $\alpha = 0$ 时，Δ_3 可以不为未知量，$n=2$。

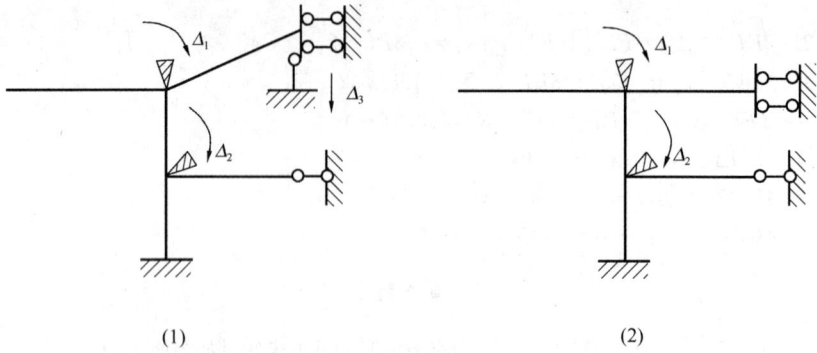

(1) (2)

习题 1 (d) 答案图

2. (a) $M_{DB} = 4i\vartheta_D$，$M_{DA} = 3i\vartheta_D + \dfrac{3ql^2}{16}$，$M_{DC} = i\vartheta_D - \dfrac{ql^2}{3}$，$8i\vartheta_D - \dfrac{7ql^2}{48} = 0$

(b) $M_{DA} = \dfrac{3EI}{4}\theta_D + 5$，$M_{DB} = EI\theta_D$，$M_{DC} = -40\text{kN} \cdot \text{m}$，$1.75\,EI\theta_D = 35$

(c) $M_{EA} = \dfrac{4E}{l}\theta_E$，$M_{ED} = 24\dfrac{E}{l}\theta_E$，$M_{EC} = 2\dfrac{E}{l}\theta_E$，$M_{EB} = 0$，$30\dfrac{E}{l}\theta_E = M$

(d) $M_{AB} = 4i\vartheta_A + 2i\vartheta_B$，$M_{BA} = 4i\vartheta_B + 2i\vartheta_A$，$M_{BF} = i\vartheta_B + \dfrac{3ql^2}{8}$，$M_{BE} = 3i\vartheta_B - \dfrac{3ql^2}{16}$，$8i\vartheta_A + 2i\vartheta_B +$

$\dfrac{ql^2}{2} = 0$，$2i\vartheta_A + 8i\vartheta_B + \dfrac{3ql^2}{16} = 0$

3. $M_{AB} = 27.2\text{kN} \cdot \text{m}$，$M_{BC} = -54.3\text{kN} \cdot \text{m}$，$M_{CB} = 70.3\text{kN} \cdot \text{m}$

4. $M_{AC} = -150\text{kN} \cdot \text{m}$，$M_{CA} = -30\text{kN} \cdot \text{m}$，$M_{BD} = M_{DB} = -90\text{kN} \cdot \text{m}$

5. $M_{AC} = -34.4\text{kN} \cdot \text{m}$，$M_{CA} = 14.7\text{kN} \cdot \text{m}$，$M_{BD} = -20.1\text{kN} \cdot \text{m}$

6.

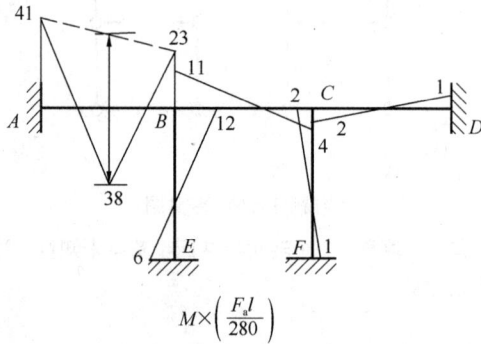

$M \times \left(\dfrac{F_{\text{a}}l}{280} \right)$

习题 6 答案图

7.

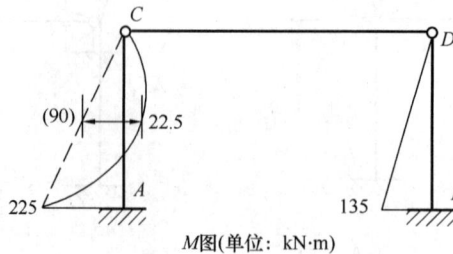

M图(单位：kN·m)

习题 7 答案图

8.

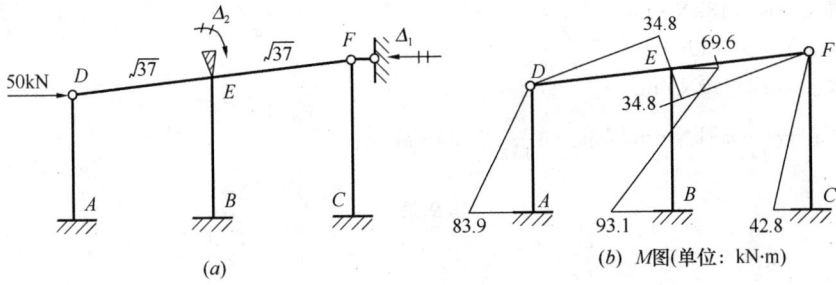

(a)

(b) M图(单位: kN·m)

习题 8 答案图

9.

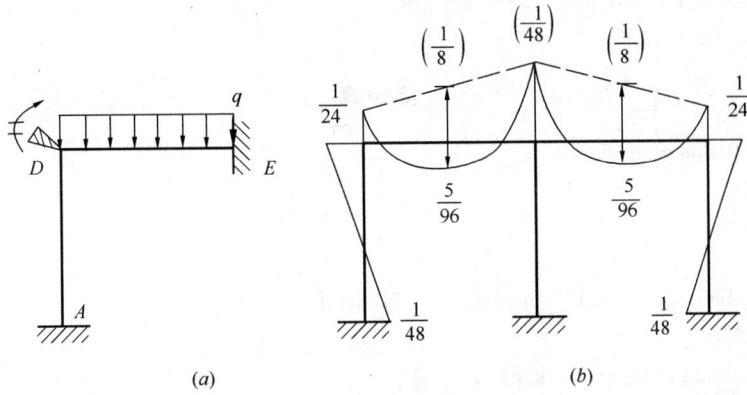

(a)   (b)

习题 9 答案图

10.

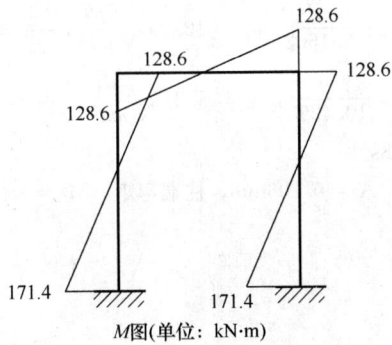

M图(单位: kN·m)

习题 10 答案图

第 8 章

1. (a) $M_{CB} = 32.67$kN·m

   (b) $M_{BA} = -30$kN·m

   (c) $M_{CD} = 10$kN·m

2. (a) $M_{AB} = -24.5$kN·m, $M_{CD} = -68.3$kN·m

(b) $M_{BA} = 32.73\text{kN} \cdot \text{m}$, $M_{CD} = -13.64\text{kN} \cdot \text{m}$

3. (a) $M_{BA} = -7.18\text{kN} \cdot \text{m}$

   (b) $M_{AB} = -61.3\text{kN} \cdot \text{m}$

4. (a) $M_{AB} = 13.33\text{kN} \cdot \text{m}$

   (b) $M_{AB} = \dfrac{9}{112}ql^2\text{kN} \cdot \text{m}$, $M_{BA} = \dfrac{27}{112}ql^2\text{kN} \cdot \text{m}$

第 9 章

3. $K = 10^4 \begin{bmatrix} 612 & 0 & -30 \\ 0 & 324 & 0 \\ -30 & 0 & 300 \end{bmatrix}$

4. $M_{AB} = -6.82\text{kN} \cdot \text{m}$, $M_{BA} = 10.36\text{kN} \cdot \text{m}$

5. $M_{13} = -34.16\text{kN} \cdot \text{m}$, $M_{31} = 25.84\text{kN} \cdot \text{m}$

   $Q_3 = 16.629$，$Q_5 = 6.292$

第 10 章

1. $T = 0.1004\text{s}, \omega = 62.58\text{s}^{-1}$

2. $\omega = \sqrt{\dfrac{3EI}{Mh^2 l}}$

3. $\omega = 15\text{s}^{-1}$

4. $y_{\max} = 0.1\text{cm}, v_{\max} = 4.175\text{cm/s}, a_{\max} = 174.3\text{cm/s}^2$

5. $T = 0.1053\text{s}$

6. $y_{\max} = 0.697\text{cm}, M_A = 20.6\text{kN} \cdot \text{m}$

7. $y_{\max} = -0.0884\text{cm}$,（与 F_P 方向相反）$M_{\max} = 0.52\text{kN} \cdot \text{m}$

8. $\xi = 0.0367, \beta = 14$

9. $W = 8817\text{kN}, \xi = 0.0355, y = 0.1285\text{cm}$

10. $\omega_1 = 3.0618\sqrt{\dfrac{EI}{ml^3}}, \dfrac{Y_{11}}{Y_{21}} = -\dfrac{1}{0.1602}, \omega_2 = 12.298\sqrt{\dfrac{EI}{ml^3}}, \dfrac{Y_{12}}{Y_{22}} = \dfrac{0.1602}{1}$

11. $\omega_1 = 1.2193\sqrt{\dfrac{EI}{ma^3}}, \dfrac{Y_{11}}{Y_{21}} = \dfrac{1}{10.4293}, \omega_2 = 8.213\sqrt{\dfrac{EI}{ma^3}}, \dfrac{Y_{12}}{Y_{22}} = -\dfrac{10.4028}{1}$

12. $\omega_1 = 9.88\text{s}^{-1}, \omega_2 = 23.18\text{s}^{-1}$

13. 楼面振幅 $A_1 = 0.028\text{mm}$，$A_2 = 0.206\text{mm}$，柱端弯矩，$M_A = 6.06\text{kN} \cdot \text{m}$。

参 考 文 献

[1] 龙驭球，包世华. 结构力学Ⅰ——基本教程. 第2版. 北京：高等教育出版社，2006.
[2] 李家宝，洪范文. 建筑力学(第3分册)结构力学. 第4版. 北京：高等教育出版社，2006.